《北京地质环境丛书》之三

北京地裂缝

北京市地质环境监测所　编著

地质出版社

·北　京·

内 容 简 介

本书是对20多年来北京市地裂缝调查、监测、研究、防控及其与工程结合应用的系统分析总结，涵盖了北京地裂缝形成的地质背景、发育历史与现状；北京地裂缝勘查和监测方法的原理、技术特点；地裂缝的形成原因及发育规律；地裂缝研究工作与工程相结合的应用案例。

本书可供从事地裂缝灾害相关工作的专业技术人员、科研人员或者政府管理人员参考，也可供从事工程地质、水文地质、环境地质、城乡规划、工程勘察与设计等相关领域的科研人员、专业技术人员以及高等院校师生参考。

图书在版编目（CIP）数据

北京地裂缝 / 北京市地质环境监测所编著 . —北京：地质出版社，2023.10

ISBN 978-7-116-13833-9

Ⅰ. ①北… Ⅱ. ①北… Ⅲ. ①地裂缝—研究—北京 Ⅳ. ① P315.3

中国国家版本馆CIP数据核字（2023）第197907号

BEIJING DILIEFENG

责任编辑： 肖莹莹　蔡卫东

责任校对： 陈　曦

出版发行： 地质出版社

社址邮编： 北京市海淀区学院路31号，100083

电　　话： （010）66554528（发行部）；（010）66554628（编辑室）

网　　址： https://www.gph.clmpg.com

传　　真： （010）66554686

印　　刷： 北京地大彩印有限公司

开　　本： 787mm × 1092mm　1/16

印　　张： 11.25

字　　数： 280千字

版　　次： 2023年10月北京第1版

印　　次： 2023年10月北京第1次印刷

定　　价： 80.00元

书　　号： ISBN 978-7-116-13833-9

《北京地裂缝》编委会

主　　编：罗　勇

副 主 编：田　芳　雷坤超

编写人员：罗　勇　田　芳　雷坤超　沙　特

贾三满　江　剑　崔文君　王新惠

赵　龙　孔祥如　田苗壮　刘　贺

齐鸣欢　杨　艳　孙爱华　叶　超

吕梦涵　陶芳芳　夏瑞麟　刘明坤

陈柘舟　周　毅　寇文杰　杨　庆

王海刚　王树芳　王丽亚　周　涛

总 序

“北京的发展要着眼于可持续，要以资源环境承载力为硬约束，确定人口总量上限，划定生态红线和城市开发边界。”2017年，习近平总书记视察北京市时对首都发展与环境的关系予以明确指示。建设生态文明是中华民族永续发展的千年大计，地质环境工作是生态文明建设的排头兵，是服务于城市发展的公益性、基础性和先行性工作，它在保障首都地质环境安全方面发挥着重要作用，也是城市规划、建设和运行的重要技术支撑。

北京是我国首都，也被誉为“中国地质摇篮”。随着城市的发展，北京市的地质环境工作以保障首都城市可持续发展为目标，在不同的历史时期发挥出十分重要的作用。中华人民共和国成立以来，地质工作在基础地质、水文地质、工程地质领域取得长足发展。随着城市的发展，城市地质工作聚焦水文地质勘查，特别是应急水源工程，保证了首都供水安全。近年来，北京地质环境发生了显著变化，地下水超采、水质恶化和土壤污染等环境地质问题频发，地面沉降、地裂缝和地面塌陷等地质灾害正在威胁着城市的发展，应急水源地开采、岩溶水开采和地热开采正在改变北京地下水资源环境。

北京环境地质工作起步较早，在新世纪得到飞速发展，取得了大量成果，研究程度处于国内先进水平。先后完成了不同比例尺农田供水、城市供水、厂矿供水等水文地质勘查；完成了怀柔、平谷、房山等应急水源工程建设；完成了北京生活垃圾处置现状调查及规划选址，为生活垃圾处置场地选址规划提供了科学依据；开展了岩溶水资源勘查，进一步查明了岩溶水水文地质条件，系统评价了本市岩溶水总量、分布情况和利用潜力，编制了岩溶水开发利用、保护与监测体系建设规划，增强了城市水资源保障和管理能力；多年来坚持开展地下水动态和水质调查、监测和研究，为保障首都地质环境安全、保护地下水资源、防治地下水污染、保障饮水安全提供了强有力支撑；先后完成了三轮北京市地下水资源调查评价，基本查明了水文地质条件、地下水空间结构及地下水演化规律等，摸清了地下水资源、环境状况，建立了北京市地下水流数值模拟模型，开展了地下水资源分层计算评价，为北京市地下水可持续开发利用、水资源保护和管理提供了科学依据；城市地质安全方面，完成了区县地质灾害区划和防治规划，开展了地面沉降、地裂缝调查、监测、研究预警和防治等工作，刻画了北京地面沉降和地裂缝动态发育状况，深入分析了地面沉降等灾害演化特征、成因机制和致灾模式，通过典型工程与区域联动的模式创新性地开展连续干旱和外调水等不同水情下地面沉降防治工作，开展了北京市地面沉降防治规划研究，完成了北京市地面沉降防控区划，为城市规划和国土安全提供了技术支撑。基于地下水动态、资源和环境的研究工作持续开展，深入研究了北京不同历史时期、不同水情下地质环境的演变特征、演化规律和机理机制等。

北京的城市发展是一幅立体动态的开阔画卷，地质环境是这幅画卷的背景，它既支撑着城市的发展，又对发展形成约束，它的动态演化特征需要一代代地质人不断去刻画、理解和思索。作为首都地质环境的守护人，北京市地质环境监测所（原北京市水文地质工程地质大队）秉承“水蕴精华、文涵大地、公益兴队、科技创新”的发展理念，开展着长期环境地质工作。回顾60余年来的系列工作，我们通过系统的整理、分析和研究，开始编撰《北京地面沉降》《北京岩溶水》《北京地下水资源现状及可持续利用》和《北京地裂缝》等专著，计划分阶段推出系列著作，共同形成《北京地质环境丛书》，以不断总结过去，启示未来。

2023年7月

序 言

自然和人为因素诱发的地裂缝灾害在全球范围内广泛分布。作为华北平原主要地质灾害之一，其引发的问题受到了社会各界的高度关注。北京地裂缝问题十分突出，对道路、管线、建构筑物等造成破坏，对人民生命财产安全构成威胁。

北京平原构造发育，存在多条全新世活动断裂，断裂的活动极易形成地表裂缝；平原区是人类活动最密集的区域，这些活动对地层的扰动越来越大，尤其是地下水的人工开采与回补，带来地层的较快沉降和上升，形变在时间和空间上的不均匀量积累到一定程度，就会发生地裂缝；同时，北京平原是一个冲洪积平原，地层岩性和结构十分复杂，这也是地裂缝高发的重要地质背景。

为防治地裂缝危害，北京市建立了以调查、监测、研究和防控于一体的地裂缝防治工作体系。周期性开展地裂缝调查，将地裂缝历史、分布、发育和致灾破坏现象等准确刻画出来；实时开展地裂缝三维形变监测，积累了大量监测数据，揭示了地裂缝动态演变特征；对地裂缝成因机理和致灾机制等开展综合研究，不断提升认识水平；对地裂缝影响带穿越或可能穿越的工程建设实施专项防治，划分不同影响带，采取相应的避让、地下水开采控制或工程治理等措施。2008 年北京市建立的第一座地裂缝监测站——西王路地裂缝监测站，标志着北京地裂缝专业化监测进入一个全新的时期。2013 年未来科学城地裂缝专项治理获得成功；2018 年北京市地面沉降和地裂缝 1∶5 万调查工作完成；2019 年宋庄地裂缝监测站建成并投入使用；2022 年北京市通州区宋庄镇徐辛庄组团地面沉降和地裂缝 1∶2000 地裂缝调查工作完成。工作的开展，获得了大量真实可靠的成果，应用到灾害治理、城市规划和水资源管理等各个领域，保障了首都地质环境安全，取得了良好的环境和社会效益。

本书是指导北京市地裂缝防治工作的重要论著，对北京地裂缝调查、监测、研究和防治工作进行了系统阐述，详细介绍了北京平原地裂缝的历史、现状和成因机制；图文并茂地再现了地裂缝防治成果，集实践和理论于一体，可供北京和类似地区地裂缝防治工作参考使用。

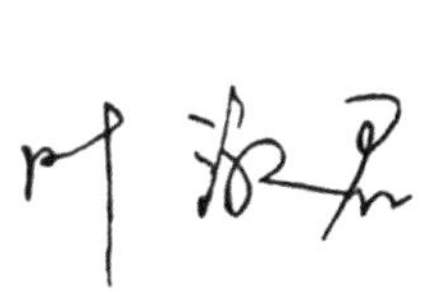

2023 年 7 月

前言

地裂缝泛指地表岩土体中产生的一种线形破裂现象。地裂缝灾害是地质灾害中的地面变形灾害之一，是直接或间接地恶化环境、降低环境质量、危害人类和生物圈发展的地质事件。目前，北京地区的地裂缝活动已经造成了大量建（构）筑物、公路、农田林地等的直接破坏。地裂缝致灾过程相对缓慢且预防难度较大，成为北京城市规划建设发展中较为突出的一种地质问题。

地裂缝灾害是国内外地学界和工程界研究的重要环境地质问题之一。地裂缝灾害研究是多学科交叉融合的研究，既涉及地球深部，又涉及浅层构造与地表系统；既包含岩土力学、工程力学研究，又包含地球物理探测；既涉及地质环境变化，又涉及人类工程活动影响。地裂缝灾害是一个需要持续开展监测和研究攻关的重大科学问题。

北京地区的地裂缝灾害在历史上多有记载。20 世纪 80 年代以来，在顺义、昌平、怀柔、平谷、通州等地，都发现有地裂缝灾害现象，地裂缝活动性有增强的趋势。为满足城市规划建设的需要，北京开展了大量的地裂缝调查、勘查、监测和研究工作，尤其是随着西王路地裂缝监测站和宋庄地裂缝监测站的建成，地裂缝的活动特征得到了精准识别，地裂缝的历史、分布和致灾破坏现象等得到了全面准确的刻画，地裂缝的成因机理和致灾机制方面得到了相对系统深入的认识，在地裂缝的避让和防治方面也形成了典型案例，积累了一定的经验。

《北京地裂缝》的编撰出版是对上述近 20 年工作成果的一次全面梳理、总结和展现。它是关于北京地裂缝调查、勘查、监测、研究和防控等的一部融资料性、理论性和实践性为一体的专著，旨在供北京市乃至国内外从事地裂缝灾害相关工作的专业技术人员、科研人员或者政府管理部门参考和查阅。

本书包含绪论和五章，共六个部分。第一章阐述了北京地裂缝形成的区域地质构造、地层、水文地质和工程地质背景。第二章论述了北京地裂缝勘查和监测方法手段的原理、技术特点和工作流程。第三章重点阐述了最近 30 年间活动性较强、危害性较大的 9 条地裂缝的平面位置、分布范围、致灾情况等。第四章论述了北京地裂缝的复杂成因及发育规律。第五章介绍了两个地裂缝勘查评价案例，详尽描述了各种勘查方法手段的应用过程及取得的成果、避让距离确定的原则和方法、分区评价的方法和结果等。

本书各章作者编写分工如下。绪论由罗勇、田芳、雷坤超、江剑撰写，第一章由刘明坤、田芳、王树芳、王丽亚撰写，第二章由江剑、罗勇、雷坤超、贾三满、叶超、王海刚、周毅撰写，第三章由罗勇、雷坤超、沙特、赵龙、孔祥如、刘贺、陈拓舟、齐鸣欢、吕梦涵撰写，第四章由罗勇、田芳、沙特、赵龙、田苗壮撰写，第五章由罗勇、王海刚、刘明坤、田芳、杨艳、孙爱华、陶芳芳、夏瑞麟、周涛撰写。图件处理由王新惠、沙特、田苗壮和田芳完成。参与本书统稿和修改的人员有江剑、崔文君、寇文杰、杨庆和周涛。本书由江剑、罗勇和雷坤超负责审核。

北京地裂缝调查、勘查、监测、研究和防控工作，既是地质灾害领域科学研究上的探索，又具有重大的实际应用价值，对于北京城市规划、韧性城市建设等具有重要意义。北京地裂缝工作将持续深入地开展下去。本书难免存在不足和遗漏之处，敬请广大读者批评指正。

编著者

2023 年 6 月

目　录

绪　论

地裂缝是岩土体开裂，并在地面形成一定长度和宽度的地质灾害现象。20 世纪末期，美国、冰岛、埃塞俄比亚、肯尼亚和中国等地已经出现了较为严重的地裂缝灾害，导致了地下和地表建（构）筑物的严重破坏，带来了巨大的经济损失，成为城市用地规划中的重点难题。我国是地裂缝发育规模最大、分布范围最广且灾害破坏性最强的国家之一。从 20 世纪 70 年代至 21 世纪前 10 年，全国范围内共发现地裂缝 5000 余条，主要集中在汾渭盆地、华北平原以及苏锡常地区，造成的经济损失近百亿元。

北京地区是地裂缝灾害的发育区，历史上多有地裂缝。当代地裂缝主要出现于 1965 年邢台地震后，一类地裂缝于平原地区出现，与主要构造方向一致；另一类为西山采煤区因采空引起的地裂缝。从 1975 年至今，北京地区发生了多处、多起地裂缝灾害。尤其是 1976 年唐山发生的 7.8 级大地震，直接或间接地导致了许多地区，如昌平南新村、通州西集乡、顺义俸伯镇以及房山小次洛村等都出现了地裂缝。进入 20 世纪 80 年代以来，地裂缝活动有增强的趋势，在顺义、昌平、怀柔、平谷、通州等地都有发育，给人民生产和生活造成了巨大危害。

地质工作是城市规划建设中带有基础性、先行性和前瞻性的工作。北京城市地质工作在通州、顺义、亦庄等 11 个规划新城、昌平未来科学城、北京城市副中心和大兴新航城等重大区域规划中，发挥了极为重要的作用。地裂缝勘查、监测、研究和防控工作属于城市地质工作中的重要一环。2008 年北京市第一座地裂缝监测站——西王路地裂缝监测站建成使用，2013 年“未来科学城”地裂缝专项治理获得成功，2018 年北京市地面沉降和地裂缝 1∶5 万调查工作完成，2019 年宋庄地裂缝监测站建成使用，2022 年北京市通州区宋庄镇徐辛庄组团 1∶2000 地面沉降与地裂缝调查工作完成。在大量实际工作中，逐步形成了一套较为成熟的勘查评价体系，获得了地裂缝成因机理和致灾机制的系统认识，在地裂缝的避让和防治方面也形成了典型案例，积累了一定的经验。成果应用到地质灾害治理、城市规划和水资源管理等各个领域，保障了首都地质环境安全，取得了良好的环境和社会效益。

1. 北京地裂缝发育状况

20 世纪 80 年代之后，经过详细调查的地裂缝主要有高丽营地裂缝、顺义地裂缝、顺义庙卷地裂缝、怀柔北小营地裂缝、怀柔桥梓地裂缝、通州宋庄地裂缝、房山五街地裂缝和平谷地裂缝。随着城市规划建设，一些地裂缝灾害现象在野外已经踪迹难寻，目前野外仍可以观察到明显灾害现象的地裂缝主要有高丽营地裂缝、顺义地裂缝、宋庄地裂缝、庙卷地裂缝和平谷地裂缝。

2. 地裂缝勘查评价体系

北京地区地裂缝成因复杂，不同类型的地裂缝勘查方法、技术手段不尽相同。一套完整的地裂缝勘查评价体系包含 5 个部分：首先从资料收集分析入手，全面分析工作区的地质环境条件、人类社会活动对地质环境影响的程度，初步研究地裂缝与区域地质条件和人类活动的关系；开展遥感解译和综合地质调查工作，查明地裂缝发展历史、现状和危害程度；通过物化探、钻探、槽探、室内（外）试验等多种有效勘查技术手段，研究地裂缝成因、发育规律和深部发育特征；基于工程地质分析，建立地裂缝物理、数学模型，对地裂缝发展趋势进行预测，分析评价其危险性；结合工作区地质环境和工程建设特点，提出地裂缝防治措施和建议。

地裂缝勘查常用的方法有遥感解译、地质调查、物（化）探、钻探、槽探和各种试验等方法。勘探方法的选择往往因勘查阶段和工作目的不同而不同。同时，地裂缝勘查方法的选择，需考虑地裂缝成因、勘查场地用地性质、建筑物性质与特点等多种因素。勘查工作布置一般采取多种勘探手段联合使用、工作精度先粗后细、勘探深度深浅结合的方法。在调查的基础上，通过浅层地震、可控源电法、地质雷达等多种物化探手段初步确定地裂缝可能的发育范围、深部构造特征及两者之间的关系。钻探工作对物化探成果进一步验证，探查地裂缝中深部特征，圈定地裂缝位置。在上述工作的基础上，开挖探槽，揭露地裂缝浅部发育特征，精确量测地裂缝位置，详细描述地裂缝发育特征。

3. 北京地裂缝成因及发育规律

地裂缝的成因机制十分复杂。地裂缝的形成需要一定的构造背景、岩性条件和人为环境，不同的构造、地层岩性和人为环境形成的地裂缝种类也不同，从而导致了地裂缝研究出现了地域差异性。国内外学者提出了很多地裂缝成因机制的理论模型，引起的学术争论也长达数十年。我国的地裂缝研究则主要集中在汾渭盆地、华北平原和苏锡常地区。汾渭盆地处于拉张环境中，断裂发育，以构造性地裂缝研究为主。华北平原断裂活跃且区域破裂严重，河流的变迁造成古河道分布广泛加之采坑区塌陷，因而构造性地裂缝和非构造性地裂缝研究均较为广泛。苏锡常地区由于基岩起伏较大，地下水的超量开采造成大量非构造性地裂缝的出露，因而以非构造性地裂缝研究为主。

北京地区地裂缝的成因研究，也有“构造成因说”“抽水成因说”和“混合成因说”的争论。根据目前的调查与研究，北京地区地裂缝的各种发育特征，如产状、规模、活动性等，与基底构造、地面沉降、岩性、地貌及砂土液化密切相关。

4. 地裂缝勘查评价防治案例

地裂缝勘查评价工作的最终目的是对地裂缝灾害的防灾避灾，为城市规划建设保驾护航，保障人民群众的生命财产安全。北京地裂缝勘查评价为城市规划建设服务主要体现在3个方面：一个是城市线性工程（如轨道交通工程、高速铁路等）的规划选址；二是重大城市工程（如高科技园区、重要城市设施等）的规划建设；三是区域城市规划建设（如北京市规划新城等）。

1　区域地质和水文地质背景

北京平原区地表大部分被第四纪松散沉积物所覆盖，厚度由山前到平原从数十米变化到近千米。影响第四纪沉积特征的主要因素是新构造运动和第四纪气候的演变。前者引起不同地块的抬升和下降，从而导致古地貌的分异和沉积速率的巨大差异，形成了新生代不同时期的北京断陷盆地、延庆－怀来盆地、马池口凹陷、顺义凹陷及平谷盆地，在其中堆积了巨厚的河湖相碎屑沉积物，最终在地貌上表现为山地、丘陵、平原与盆地等，制约了第四纪沉积物的分布和厚度变化。后者则决定了降水量的大小、温度的冷热交替，致使地表植被演化和风化强度的变化，表现在第四纪沉积作用上则是河流搬运能力的变化，造成河道的变迁，形成了多期冲洪积扇和古河道。以上两种因素共同作用，相互影响、互相交错，共同建造了复杂多变的地层特征。

1.1　区域地质构造与地层分布特征

1.1.1　区域构造单元

北京平原区喜马拉雅期构造活动强烈，始新世初期开始出现裂陷，到了始新世中期强烈裂陷，除了老断裂继续活动外，在本区的东部产生了夏垫断裂，南部产生了礼贤断裂，形成了大兴隆起（$Ⅲ_4$）、大厂断陷（$Ⅲ_5$）及固安－武清断陷（$Ⅲ_6$），从而古构造解体，结束了太行山与华北原来统一的构造体系。在此同时，本区的中部，黄庄断裂、顺义断裂、南苑－通县（今通州）断裂继续活动，形成了北京断陷（$Ⅲ_3$），构成了北京平原‘两隆一凹’的构造格架（两隆为大兴隆起、京西隆起，一凹即北京断陷）；新近纪断陷继续下陷。第四纪高丽营断裂活动强烈，同时北西向的断裂构造活跃，形成了南口第四纪盆地、后沙峪第四纪盆地、倴伯第四纪盆地及平谷第四纪盆地等一系列第四纪盆地（图 1.1）。

1.1.2　第四纪活动断裂

北京平原区内主要的第四纪活动断裂有北东（北北东）向的黄庄－高丽营断裂、顺义断裂、南苑－通县断裂、礼贤断裂带、夏垫－马坊断裂带和北西向的南口－孙河断裂（图 1.2）。

（1）黄庄－高丽营断裂

前人亦有称衙门口－北苑断裂，属张扭性断裂，其南西起自涿州市西城坊，经坨里、黄庄、八里庄、高丽营至怀柔一线，总长约 110 km，区内长度 65 km，其中平原区长 42 km，山区长 23 km。走向北东 20° ～ 50°，断裂面倾向南东，倾角 55° ～ 75°，为高角度正断裂，在玉泉路口断裂两侧钻孔控制的最大断距超过 1200 m。断裂于燕山运动末期切断了侏罗系及其以前的地层，控制了白垩系、古近系、新近系沉积，是Ⅱ级构造单元的分界线。

图 1.1　北京市构造单元划分略图

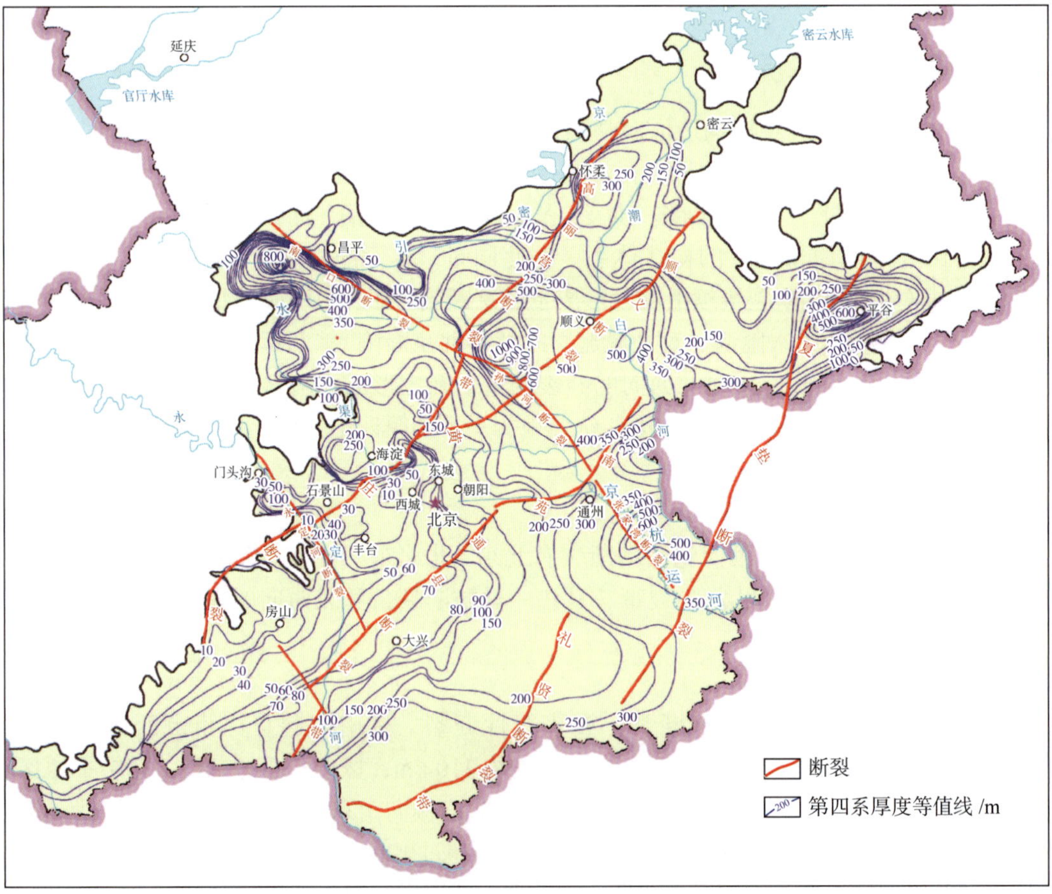

图 1.2　北京市平原区基底构造与第四系厚度图

从地层上看，下白垩统直到古近系、新近系仅分布于黄庄－高丽营断裂以东南的北京凹陷内，它们与断裂西北侧的地层皆呈断层接触。这种现象通常可以解释为断裂活动与新近系沉积同步，是边断边沉积。黄庄－高丽营断裂可能是从早白垩世开始到新近纪末，局部地区延续到第四纪，边断边沉积的同生断裂，也就是说，在黄庄－高丽营断裂形成与发展的同时，北京凹陷也在不断发展之中。

黄庄－高丽营断裂对古近系沉积具有控制作用。其形成期应在八宝山断裂之后，即中侏罗世之后。

黄庄－高丽营断裂在挽近地质时期的活动性的研究，诸多地质工作者曾做过大量工作，物探揭示为切割莫霍面的深断裂。电测深的推断结果为在北京和石景山幅内，1500 m 以上倾角近直立，从 1500 ～ 3000 m 倾角变缓，约 45°。初步推断在深处可能与南苑－通县断裂相交，从电阻率断面图上判断，断裂断开了第四系，现今仍有活动。人工地震测深也证实了这一点，从重力资料上分析，断裂西北侧重力值高，一般为 10×10^{-5} ～ 16×10^{-5} m/s^2，而东南侧则为 0 ～ 4×10^{-5} m/s^2。

从钻孔资料来看，北段断裂两侧新生界落差可达 800 m。如北七家附近断裂西盘第四系厚 500 m，东盘第四系厚 900 m，两盘第四系相差 400 m。在八宝山附近 76–6 号孔与铁 –1 号孔间，水平距离仅 500 m，前者孔深 26 m 处见中元古代碳酸盐岩，后者在孔深 1205 m 尚未揭穿白垩系，可见落差之大。南段断裂上盘发育巨厚的白垩系，而下盘不发育该套地层。沿此断裂古近纪—新近纪以来沉积中心由西南向东北迁移：如古近系沉积中心在丰台凹陷，新近系在北京城区，第四系在顺义凹陷。反映了黄庄－高丽营断裂西盘向北，东盘向南做顺扭运动。据跨断层水准测量资料，怀京 2—怀京 3，1968 ～ 1978 年断层上盘下降 2.3 mm，平均速率约为 0.2 mm/a。

沿断裂历史强震记录很少，但中强地震屡有发生。1996 年 12 月 16 日 5 时 30 分，高丽营地区发生 M_S 4.0 级地震。断裂北端密云曾发生 $M_S > 4$ 级地震 10 次，南端与涞水－涿州断裂交会部位 1658 年曾发生 6 级地震及 5 次 4 级地震。有记载以来沿断裂总计发生 4 级以上地震 20 余次，主要集中在南段与北段，中段没有地震发生。

2002 年，国家地震局地质研究所和地壳应力研究所在北段布置了 3 个钻孔就其活动性及古地震序列进行了探讨。3 个钻孔总进尺 80 m，其中，1 号孔深 26.5 m，2 号孔深 33.0 m，3 号孔深 21.0 m。1 号孔与 2 号孔相距 650 m，孔位高差 7.3m；2 号孔与 3 号孔相距 350 m，孔位高差 6.7 m。3 个钻孔共实测 ^{14}C 样品 7 个，TL（光释光）样品 10 个。根据两盘钻孔地层对比结合地质样品测年数据，认为在距今 28 ka 期间，北段至少发生过 6 次错动事件，平均间隔约 4600 a，推测最新一次错动发生在距今（3500 ± 100）a，单个错动事件的垂直落差为 1.5 ～ 1.7 m。

2007 年，在顺义规划新城前期区域地质勘查项目中对黄庄－高丽营断裂展开工作，在顺义区高丽营镇西王路村西南开挖一个探槽。探槽揭露黄庄－高丽营断裂错断全部第四系，断裂面直达地表，具有多期活动的特点，累计断距约 1.5 m。黄庄－高丽营断裂的地表断面位置与地裂缝完全一致，进一步说明黄庄－高丽营断裂目前仍在活动。

（2）顺义断裂

顺义断裂北起唐指山，向西南经木林、北彩、顺义、军营、天竺、孙河等地在北京城北与黄庄－高丽营断裂相交。根据钻孔揭示断裂总体呈北东 35° ～ 45° 方向展布，倾向南东，倾角较陡，为一高角度的正断层。随着向深度延伸，倾角逐渐变缓。从现有资料来看，断裂是由数条北北东—北东走向的断裂组成的，这些断裂在走向上并不连续。

该断裂孙河以北段活动性较强。为了进一步确定顺义断裂在该段的活动性，北京市地震局对该断裂沿线进行了一系列野外调查和研究工作。在顺义区南布设了两条垂直于该断裂走向的化探测线（图 1.3），化探剖面清楚地显示出该断裂的存在，并且其位置与“北京地区构造体系图”（北京市地震地质会战第二专题、国家地震局地震大队，1979）中的断裂位置基本吻合。在顺义区城西南开挖了两条探槽，从探槽剖面可以看到延伸至地表的破裂，破裂面倾向北西（图 1.4），垂直运动量很小。通过调查及有关研究表明，该破裂成因可以排除地下水、人工活动等外动力因素。因此，初步认为该破裂的产生和发展是顺义断裂段活动的结果，也就是说顺义断裂在这一段现今仍在活动。

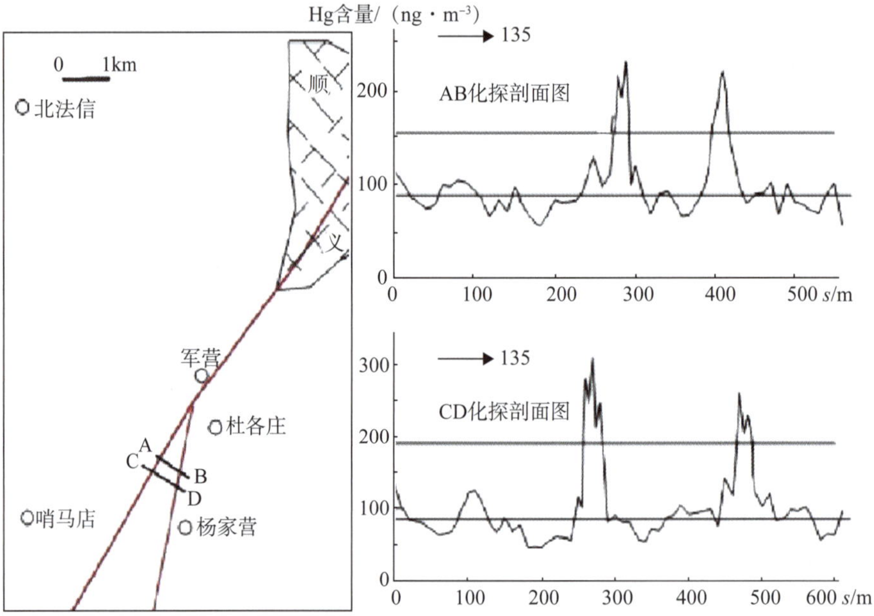

图 1.3　顺义断裂顺义区西南化探剖面图

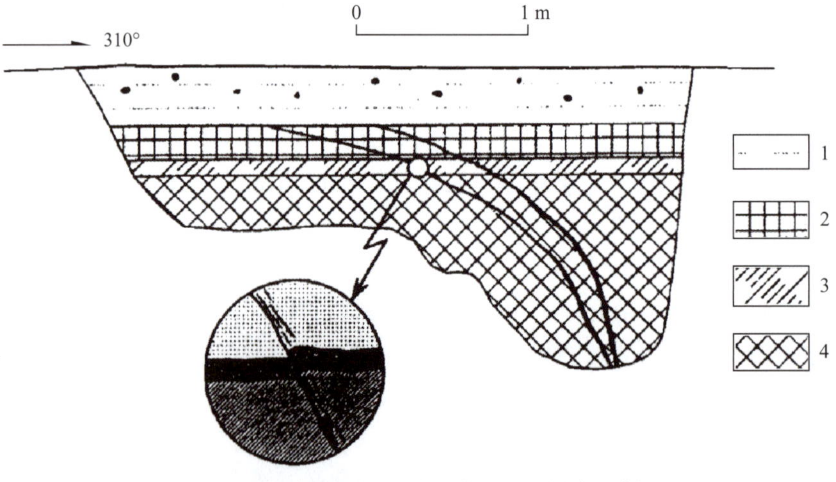

图 1.4　顺义断裂顺义区城西南 1 号探槽南壁剖面图

1—填土；2—粉土；3—淤泥质土；4—黄土

（3）南苑－通县断裂

南苑－通县断裂为平原区的隐伏断裂，是北京断陷（$Ⅲ_6$）与大兴隆起（$Ⅲ_7$）的分界线。断裂南起码头，经窑上、公义庄、葫芦垡、西芦城、西红门、高碑店、通州、富豪，至南庄头附近。断裂在通州以东地表有显示，总体走向北东 50° ～ 30°，断裂面倾向北西，倾角约 50°，北西盘下降，南东盘上升，为一正断层。现已经基本查明，该断裂由两支间距 1 ～ 2 km 大致平行而行的断裂组成，南支断裂东南侧第四系下伏地层为古生界，而其西北侧第四系下伏地层为新近系。

（4）礼贤断裂带

由两支断裂组成的断裂带。在本区沿榆垡、礼贤、安定南、长子营方向展布，西南伸出区外，往宫村镇方向延伸，走向北东东，区内长达 45 km。

礼贤断裂带是固安－武清断陷与大兴隆起的分界断裂，它控制了固安断陷盆地古近纪以来的地层沉积。断裂向东南倾斜，倾角较缓，一般倾角 30° ～ 40°，覆盖层厚度很大，断裂在平面上的投影是一条带而不是一条线。断裂西北侧基岩为中新元古界，埋深仅有数百米至近千米，上覆有第四系，断裂对断陷盆地古近纪的沉积起明显控制作用；断裂的东南侧沉积了巨厚的古近系和新近系。据人工地震资料，最大厚度可达 9000 多米，下伏基岩为中、新元古界和古生界。

（5）夏垫－马坊断裂带

一般意义的夏垫断裂或夏垫－马坊断裂是指作为大厂凹陷及廊坊－固安凹陷与大兴隆起分界的断裂。包括东段的夏垫－马坊断裂和西段的礼贤－牛堡屯断裂。其分布北从平谷区的马坊经夏垫、西集，在大杜社—牛堡屯一带向西北偏移后经长子营、礼贤至固安，呈北东向延伸，长度约 90 km。其显著特征是控制了上述两个凹陷的巨厚古近系、新近系的堆积。因而在重力水平梯度图上显示为明显的梯度带。

由于该断裂的夏垫一带于 1679 年曾发生过 8 级地震，因而备受地质、地震工作者的注意。向宏发等（1993）根据对夏垫一带人工地震剖面的解释提出“夏垫新断裂”的概念。认为夏垫新断裂是在古近系、新近系夏垫－马坊断裂带的基础上在第四纪新形成的活动断裂。其与夏垫－马坊断裂相伴生，但产状较夏垫－马坊断裂陡，并切割夏垫－马坊断裂，是华北平原北部一条重要的发震断层。断裂在第四纪时期的长期活动造成上盘大厂凹陷内第四系厚度最深达 700 m。据研究，断裂两侧下更新统夏垫组的相对落差达 3.19 m；中更新统翟里组的相对落差达 1.39 m（徐锡伟等，2002）；上更新统军营组的相对落差达 1.5 m（李鼎容，1979；彭一民，1981）。但并未对其向南西方向的延伸给出明确结论。

夏垫新断裂不仅自身在全新世活动频繁，而且其对周边地区发生的地震也有明显的震前反映。对周边发生的一般地震，夏垫新断裂有明显震前断层气异常逸出；而对华北地区近年来最强的包头地震虽然相距较远，但断裂不仅在震前有异常，震后一段时间内断裂仍有异常出现。这也从侧面说明该断裂是一条活动断裂。

（6）南口－孙河断裂

其延伸自南口沿百泉、七间房、东三旗、孙河至通州附近，其总体呈南东 130° ～ 140° 方向展布。南口－孙河段以往工作密集，包括人工地震、钻孔、面积性综合物探、探槽等，定位准确。从重力水平梯度上看南口至孙河段为明显的梯度带。该断裂由东、西两段组成。从南口至百善段称南口断裂，断面倾向南西，上盘下落，形成一个北西向的陷落带，即马池口第四纪凹陷，堆积了厚达 800 m 的第四纪沉积物。在马池口的钻孔钻至 800 m 未穿透第四系，下伏基岩为侏罗系。而在断层的下盘，第四系厚度极薄，并在雪山—百泉庄一带有基岩残丘裸露地表。重力图上此段为明显的重力梯度带。从百善至通州段称孙河断裂，断裂倾向北东，控制了顺义第四纪凹陷南部的东坝沉积中心。上盘下降，如后沙峪、古城一带堆积了厚达 800 余米的第四系，下盘相对抬升，如来广营一带第四系厚仅 200 ~ 300 m。

该断裂形成于第四纪初期，其形成和活动对第四系沉积、沿线的地貌和地表水系有强烈影响；全新世至少有 3 次强烈活动，活动间隔为 4446 a 左右，最晚一期强烈活动发生在距今 3500 a 前左右，所以该段目前正处在间歇期的后期。

1.1.3 构造与地层

马池口第四纪沉积盆地位于本区西北部南口—马池口一带，布格重力异常呈现一条不规则的负异常带，走向北西。分析重力异常，盆地宽度 8 ~ 10 km，长度达 18 km；由北东向的山前断裂及北西向的南口断裂控制。盆地内堆积物为第四系，盆地中心位于马池口，钻孔揭露第四系厚度 601 m，基底为侏罗系及中新元古界。

后沙峪第四纪沉积盆地位于本区北部古城—后沙峪一带，布格重力异常图上显示似圆状的负异常。盆地面积 9 km^2。后沙峪盆地是由北东向的高丽营断裂及北西向的孙河断裂控制；基底为侏罗系及古生界，西深东浅，靠近高丽营断裂，沉积厚度大；盆地内堆积第四纪沉积物，沉积厚度 600 ~ 1300 m，为第四纪断陷盆地。沉积中心位于古城附近，JY-138 孔揭露第四系厚度 1283 m，下伏地层为侏罗系。JY-459 孔揭露第四系厚度 1355 m，下伏地层为侏罗系。

俸伯第四纪沉积盆地位于本区北部俸伯—南彩一带，在布格重力异常图上，后沙峪盆地与俸伯盆地表现为一条负异常带，实际这两个盆地是受不同的构造控制。后沙峪盆地前面已叙述，主要是受高丽营断裂控制，俸伯盆地主要受顺义断裂控制，呈带状分布，走向北东，宽约 5 km，长约 15 km。盆地基底为古生界及中、新元古界，基底面向西北倾斜，西北深，东南翘，盆地内沉积为第四纪地层，厚度 500 ~ 700 m，为第四纪沉积盆地。在顺义城东 JY-460 号孔揭露第四纪沉积物厚度 608 m，下伏地层为蓟县系；JY-144 孔揭露第四系厚度 479 m，下伏为蓟县系；俸伯附近 JY-180 孔埋深 677 m 未穿透第四系。

2.6 Ma 以来，北京的山区基本处于上隆剥蚀阶段，平原区则在新近纪末的构造格局基础上整体处于下降状态。

早更新世时，北京平原的构造格架已基本形成，周边山地不断抬升，遭受强烈剥蚀。北山与西山山前相对下降，发育了以粗砾为主的冲洪积扇，形成了似扇形堆积平原。平原区则断陷形成了沙河凹陷、顺义凹陷带、大厂凹陷和平谷凹陷等，因不断下降而接受厚度不一的沉积物。沉积特点为凹陷区厚，隆起区薄。凸起区小于 100 m，凹陷区一般 200 ~ 300 m。主要岩性为粉砂质黏土与细砂，或黏性土夹砾石。

中更新世时，古地理格局基本未变，地壳运动强烈，山区遭受剥蚀与抬升。由于河流冲积扇的不断扩展，把早更新世的一些残丘覆盖，并使北京微隆起地块在地表出露面积缩小，中更新统分布范围扩大。在广大的山前地带发育有洪积扇裙和扇缘洼地，平原低洼地区有湖沼发育。平原地区继续下降接受砂质黏土、黏质砂土沉积，组成洪冲积平原。

中更新统广泛分布于平原区的东部和北部，其中以通州一带最为发育。由于所处构造部位不同，沉积类型与沉积厚度也不同。在凹陷区沉积了河湖相的黏性土和砂层，厚 60 ~ 300 m。在凸起区为山麓相黏性土与砾石沉积，厚度小于 20 m。

晚更新世早、中期是北京地区地壳强烈活动的时期，也是现代地貌的形成时期。晚更新世晚期由于永定河、潮河、白河、泃河等冲积扇的形成使大兴隆起地块面积大大缩小，第四系分布范围继续扩大，基本形成了现在的格局。

上更新统主要出露于北部的二级阶地之上，至南部则隐伏于全新统之下。一般厚 30 ~ 50 m，凹陷中心厚 60 ~ 70 m，城区以西小于 20 m。与下伏地层接触关系为整合接触。其主要岩性为冲洪积相砂、砂砾（卵）石，或黄土质黏质砂土（砂质黏土）。

全新世时，由于受新构造运动的影响，永定河不断由北向南移动，使新近冲积扇也随之南移；潮河、白河的汇流点不断北移，由通州附近至牛栏山一带，地表留下多条古河道；全新统厚度一般为 5 ~ 10 m，最厚可达 20 ~ 25 m，与下伏各地层接触关系为平行不整合。沉积物以冲积物为主。

1.2 平原区河流沉积相的特点

北京平原的第四纪沉积环境复杂，不仅具有山前洪积、冲积相堆积物，而且在扇中多条河流互相交叠，到了扇缘地带由于河流的坡度降低，散流和漫流严重，许多地区形成牛轭湖，构成湖相堆积。除此以外，许多地区还存在一定规模的风成堆积物。这些来自不同物源区的堆积物，在不同搬运营力沉积作用下形成了不同成因的第四纪沉积。第四纪堆积作用不仅受到气候、构造运动的强烈控制，而且期间还发生了沉积区和剥蚀区的多次交叠和变迁，致使平原区厚度极大的第四纪松散沉积物的相变十分突出。即使在很小的区域内其岩性自下而上也有显著的差异，岩性特征的变化又极其剧烈。这就造成了在同一时期不同地点，由于古地理环境的不同、地貌部位的不同形成了不同相的第四纪沉积特征。

北京平原是在永定河、潮白河、温榆河、泃河和大石河几大河流联合作用下形成的具有不同成因、不同沉积相和不同厚度的沉积特征。据此，可将北京平原区划分为 5 个地层分区（图 1.5）：永定河冲洪积扇分区（Ⅰ）、潮白河冲洪积扇分区（Ⅱ）、温榆河冲洪积扇分区（Ⅲ）、泃河冲洪积扇分区（Ⅳ）和大石河冲洪积扇分区（Ⅴ）。

1.2.1 永定河冲洪积扇分区（Ⅰ）

该区位于北京平原区的中部，北京城就位于该区中部。该区西部基本以大石河为界，东部则以南口 – 孙河断裂为界。由于河流冲积、洪积作用的不同，堆积物颗粒组成、胶结程度、结构构造均存在很大差异，从而造成岩性特征的巨大差别，故将本区细分为 4 个次区（图 1.5）：清河次区（Ⅰ – 1）、卢沟桥次区（Ⅰ – 2）、马驹桥次区（Ⅰ – 3）、凤河营次区（Ⅰ – 4）。

清河次区（Ⅰ – 1）：永定河古出山口在此形成冲洪积扇，沉积物主要来自西山地区。该区下更新统为一套由棕色砂质黏土、粉砂和粉砂质亚黏土组成的河湖相沉积，厚度在 100 m 左右；中更新统由浊棕色粉质黏土、砂质亚黏土及棕黄色中砂组成，厚度在 20 m 左右；上更新统下部由黄棕色到浊黄棕色、棕灰色粉质黏土、粉砂、中砂、细砂组成，厚度在 25 m 左右。全新统厚度为 5 m 左右，岩性以灰黄色粉土为主。

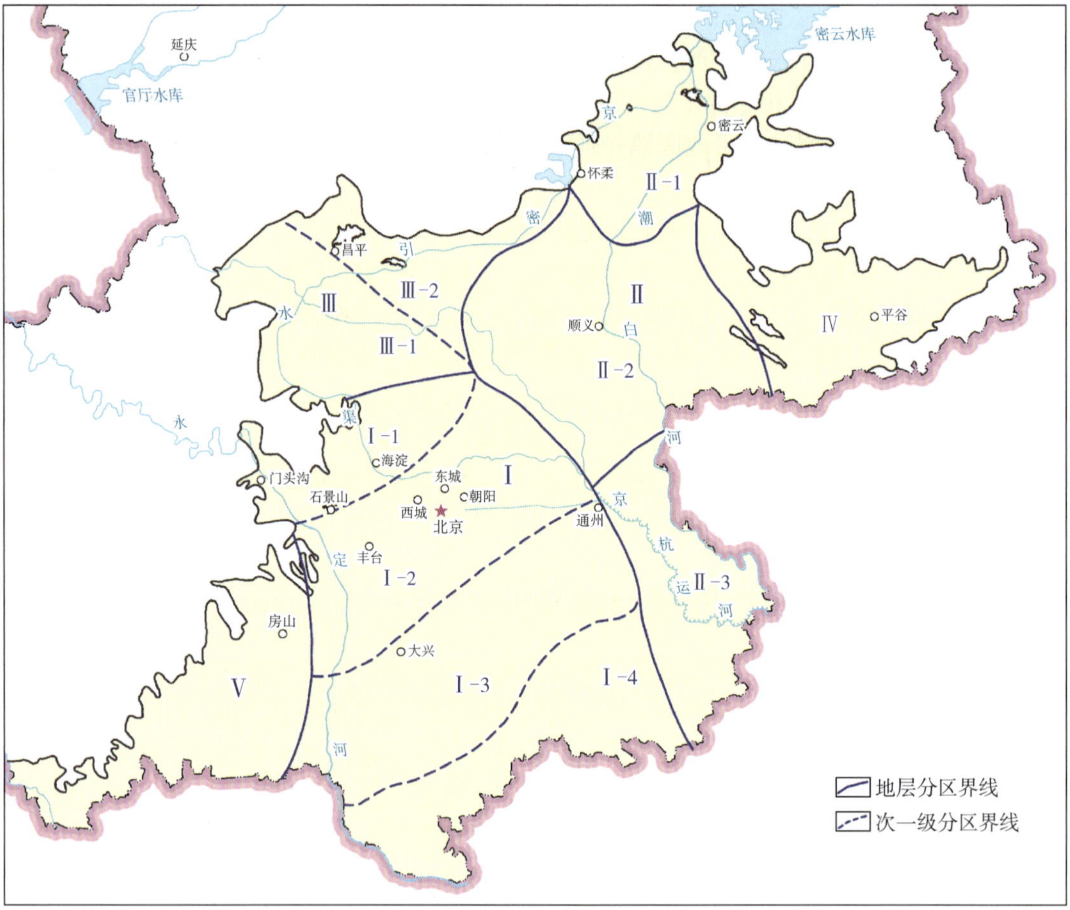

图 1.5　北京平原区第四纪地层分区图（延庆盆地除外）

永定河冲洪积扇分区（Ⅰ）包括清河次区（Ⅰ-1）、卢沟桥次区（Ⅰ-2）、马驹桥次区（Ⅰ-3）、凤河营次区（Ⅰ-4）；潮白河冲洪积扇分区（Ⅱ）包括河南寨次区（Ⅱ-1）、怀柔次区（Ⅱ-2）、西集次区（Ⅱ-3）、温榆河冲洪积扇分区（Ⅲ）包括马池口次区（Ⅲ-1）、小汤山次区（Ⅲ-2）、泃河冲洪积扇分区（Ⅳ）；大石河冲洪积扇分区（Ⅴ）

卢沟桥次区（Ⅰ-2）：为永定河近期多期古河道的主体部位，第四纪地层发育齐全，厚度由西南向东北逐渐增大，西部约 40 m，东部则大于 100 m。下更新统由浊黄棕色中砂、粗砂、粉砂、粉质黏土和砂卵石组成；中更新统下部为浊黄棕色中砂、粗砂、砂卵石、粉砂和粉质黏土；上更新统为黄棕色粉质黏土、粉砂质亚黏土、含卵砂砾石；全新统为浊黄棕色回填土。

马驹桥次区（Ⅰ-3）：为永定河多期古河道扇中所在，地层岩性复杂。本区下更新统主要岩性为棕色、浊黄棕色、亮棕色、浊红棕色粉砂、中砂夹薄层粉质黏土层；中更新统为薄层浊黄棕色粉砂、细砂、中砂与浊黄色、棕色砂质黏土互层，厚度为 30 ~ 50 m；上更新统下部为暗灰色、灰黄色中砂、粗砂、细砂层，整体特征下部较粗，上部较细，厚度为 30 ~ 60 m；全新统主要分布在各河流的一级阶地、河漫滩和河床上，岩性为黄灰、灰黄色粉土、粉细砂层，厚度为 10 ~ 20 m。

凤河营次区（Ⅰ-4）：第四纪地层发育齐全，与下伏新近系为整合接触，沉积厚度由北向南、自东往西逐渐增大。下更新统下部为黄棕色、灰色、橄榄色、灰黄棕色粉砂、细砂、中砂；中部为黄棕色、棕色、灰黄棕色中砂、粉砂与砂质黏土互层，局部见零星姜石；上部为浊黄棕色砂质黏土夹橄榄色、橄榄棕色中砂、细砂，下更新统厚度为 120 ~ 180 m。中更新统为棕色、浊棕色中砂、粉砂、粉质黏土。上更新统为细砂、中砂和粉质黏土层。全新统为暗棕色细砂、砂质黏土、浊黄色耕植土。

1.2.2 潮白河冲洪积扇分区（Ⅱ）

该区位于北京平原区的东部，基本呈条状南北向展布，由北往南逐渐变窄。西部大致以南口－孙河断裂为界，东部则以二十里长山断裂为界，南部则基本以潮白河为界。本区主要由潮白河冲、洪积作用堆积而成，由北到南划分为 3 个次区：河南寨次区（Ⅱ－1）、怀柔次区（Ⅱ－2）和西集次区（Ⅱ－3）。

河南寨次区（Ⅱ－1）：该区为潮白河冲洪积扇的上游，主要由潮白河从山区带来的洪、冲积物组成，砾石颗粒较大，分选一般，胶结性差。厚度由东北山区地带向西南逐渐增厚，最厚地带近 300 m。

怀柔次区（Ⅱ－2）：该区为潮白河冲洪积扇的中游。该区下更新统下部为灰色、黄灰色、灰绿色含砾粗砂、中砂及粉细砂层，层中加灰绿色粉砂质黏土，呈多层韵律层，属于冲洪积相沉积；上部为灰绿色黏土、粉砂质黏土和粉砂、细砂互层，具有水平层理，属于湖沼相沉积，该组在本区厚度为 300 m 左右。中更新统岩性则以灰绿色粉砂质黏土及黏土为主，其中夹有 3 ~ 4 层中、细砂。上更新统为灰褐色、黄绿色含砾中、细砂、砂砾石层，厚度 40 m 左右。全新统为灰绿色中细砂、灰色粉质黏土层。

西集次区（Ⅱ－3）：该区为潮白河冲洪积扇的下游。沉积特征比较复杂，呈现出多相变多韵律层的特征，沉积物颗粒组成较细，在该区的西部与永定河冲积扇缘相交叠，地层多由薄层的砂质黏土、黏质砂土、细粉砂组成。下更新统下部为暗绿色、灰白色含砾粗砂及暗灰色粉砂土层；中部为灰黄、黄灰色中砂、细砂、粉砂层，其中夹有暗灰色砂质黏土；上部为浅灰色中、细砂及含砾粗砂层、暗灰色粉质黏土层。下更新统地层总厚度为 126 m。中更新统下部由灰色中、粗砂夹灰黄色、褐黄色粉砂褐砂质黏土互层，组成 5 ~ 6 次由河流沉积形成的旋回层，该层总厚度为 104.07 m。上更新统岩性为灰色、暗灰色中砂夹砂质黏土和黄褐色、黄灰色、褐灰色粉砂层，厚度为 58.17 m。全新统下部为浅灰色、灰白色含砾粗砂、粗砂及中砂组成的沉积旋回。全新统厚度为 14.23 m。

1.2.3 温榆河冲洪积扇分区（Ⅲ）

该区西部和北部以山区平原界限为界，南部边界基本沿永定河清河古道北岸为界，东部则大致沿黄庄－高丽营断裂东北部为界。受山前地貌和构造断裂控制，将本区划分为两个次区：马池口次区（Ⅲ－1）和小汤山次区（Ⅲ－2）。

马池口次区（Ⅲ－1）：基底东、东北部为蓟县系白云岩，南、东南部则为上侏罗统。第四纪地层发育齐全，是北京地区第四系沉积中心之一。本区下更新统为一套河湖相沉积物，厚度为 200 ~ 300 m，岩性为细粒的褐黄色、灰色黏质砂土和黄灰色、灰色砂质黏土；中更新统同样为一套河湖相堆积，厚度为 50 ~ 70 m，主要有黄棕—浊棕色砂质黏土、粉质黏土与粉砂、砂组成的多个旋回；上更新统在本区厚度为 40 m 左右，为黄色粉细砂、褐黄色砂质黏土、黄色灰色粉细砂和黄色黏质砂土组成的两个旋回。

小汤山次区（Ⅲ－2）：基地东部由侏罗系—白垩系组成，西部为蓟县系和青白口系。第四纪地层发育齐全。主要为出山口的小规模水力搬运作用形成的坡积、洪积锥，沉积厚度由山前向平原区逐渐增大。

1.2.4 泃河冲洪积扇分区（Ⅳ）

该区西部以二十里长山断裂为界，北部与东部则以山区边界为界限。本区的最大特点是物质组成比较单一，特征比较相似，均由厚层的砂卵石夹薄层的细粒堆积物组成，第四系厚度为 50 ~ 650 m。下更新统厚度约为 250 m，主要有杂色砂卵石夹薄层粉土组成，砾石具有一定的磨圆和分选；中更新统厚度在 100 m 左右，主要由灰白色卵石、砂卵石组成；上更新统主要由杂色砂卵石夹多层粉土组成，卵石磨圆和分选均较差，厚度为 40 m 左右。全新统则主要分布在泃河、错河的河床和一级阶地上，主要由砂、砂砾及粉土组成。

1.2.5 大石河冲洪积扇分区（Ⅴ）

该区位于北京平原区的东部。东部基本以现永定河冲积扇西部边缘为界，西部则以山区平原区界限为界。该区基底为白垩纪地层，地层普遍缺失下更新统。中更新统直接不整合于基岩之上。中更新统厚度为 60 m 左右，岩性为杂色角砾夹粉质黏土、杂色砂卵石和粉砂质亚黏土；上更新统厚度在 30 m 左右，岩性主要由较厚层棕色粉砂质亚黏土夹薄层粉砂组成多个旋回。全新统主要为拒马河河床和山麓地带，厚度在 0 ~ 9 m 之间，主要由棕色—棕灰色中细砂组成一个旋回。

1.3 松散孔隙水系统水文地质特征

1.3.1 松散孔隙水系统划分

北京平原区第四系（含山间盆地第四系）松散孔隙水系统总体边界，西北为第四系沉积边界，接受山前岩溶水和山区基岩裂隙水补给；东南为行政界线，地下水以侧向径流向区外排泄。由于各河流冲洪积作用形成的冲洪积扇和冲洪积平原范围、沉积物的差异，各冲洪积扇交互地带地下水渗透性能相对减弱，构成了子系统内部之间的边界。因此，该松散孔隙水系统可划分为潮白－蓟运－温榆河地下水系统、永定河地下水系统和大石河－拒马河地下水系统 3 个子系统，考虑到 3 个子系统内部的地貌单元、地层沉积环境、地下水的赋存条件、水力联系等特征，又进行了次一级系统的划分，详见图 1.6。由于各次一级系统的空间分布及相接地带的沉积物特性和交错程度不同，其边界处具有不同的水力联系特征。如永定河地下水子系统$Ⅱ_{3-1}$西南部与拒马河、大石河冲洪积扇地下水子系统$Ⅲ_{3}$相接，东部与潮白河地下水子系统$Ⅰ_{3-1}$相接，在扇缘交接地带，岩性颗粒细，透水性差，交换流量少，为弱透水边界；永定河地下水子系统$Ⅱ_{3-1}$北部与温榆河冲洪积扇地下水子系统$Ⅰ_{3-2}$相接，永定河与温榆河的冲洪积物交接相对好，接受其地下水侧向补给，为流量边界；永定河地下水子系统$Ⅱ_{3-1}$的两个子区$Ⅱ_{3-1-1}$和$Ⅱ_{3-1-2}$之间，水力联系密切。

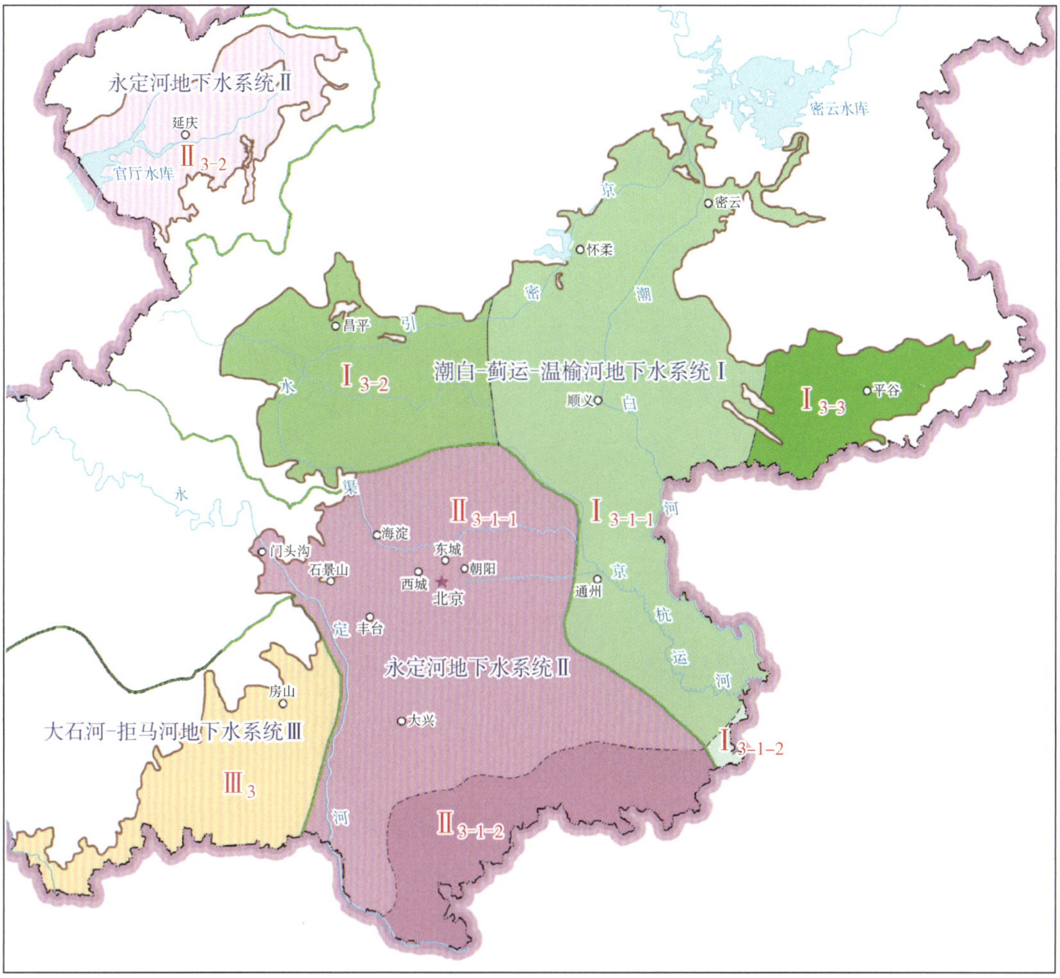

次一级系统名称	系统代码	次一级系统名称	系统代码
潮白河冲洪积扇地下水子系统	$\mathrm{I}_{3\text{-}1\text{-}1}$ $\mathrm{I}_{3\text{-}1\text{-}2}$	永定河冲洪积扇地下水子系统	$\mathrm{II}_{3\text{-}1\text{-}1}$ $\mathrm{II}_{3\text{-}1\text{-}2}$
温榆河冲洪积扇地下水子系统	$\mathrm{I}_{3\text{-}2}$	永定河上游山间盆地地下水子系统	$\mathrm{II}_{3\text{-}2}$
蓟运河（泃河、错河）冲洪积扇地下水子系统	$\mathrm{I}_{3\text{-}3}$	大石河-拒马河冲洪积扇地下水子系统	III_{3}

图 1.6　北京市平原区第四系松散孔隙水子系统次一级系统划分图

1.3.2　地下水赋存特征

北京平原区第四系孔隙水主要赋存于河流冲洪积作用形成的砂及砂卵砾石含水层中。不同地区富水特征各有不同（图 1.7）。由图 1.7 可见，各河流第四系松散沉积物沉积规律大致相同，即从冲洪积扇顶部至下部及冲洪积平原地区，含水层颗粒由粗变细，含水层结构由单一层过渡到多层。具体特征如下：

1）主要河流冲洪积扇顶部地区，砂卵石裸露，大气降水入渗及河水入渗条件良好，是平原区地下水的主要补给区。含水层为单层砂卵砾石，富水条件好，单井出水量（降深 5 m 时，下同）一般大于 5000 m^3/d；主要分布地区有：潮白河冲洪积扇地下水子系统（$\mathrm{I}_{3\text{-}1}$）牛栏山、北小营以北区域，温榆河冲洪积扇地下水子系统（$\mathrm{I}_{3\text{-}2}$）南口镇以南流村、北小营地

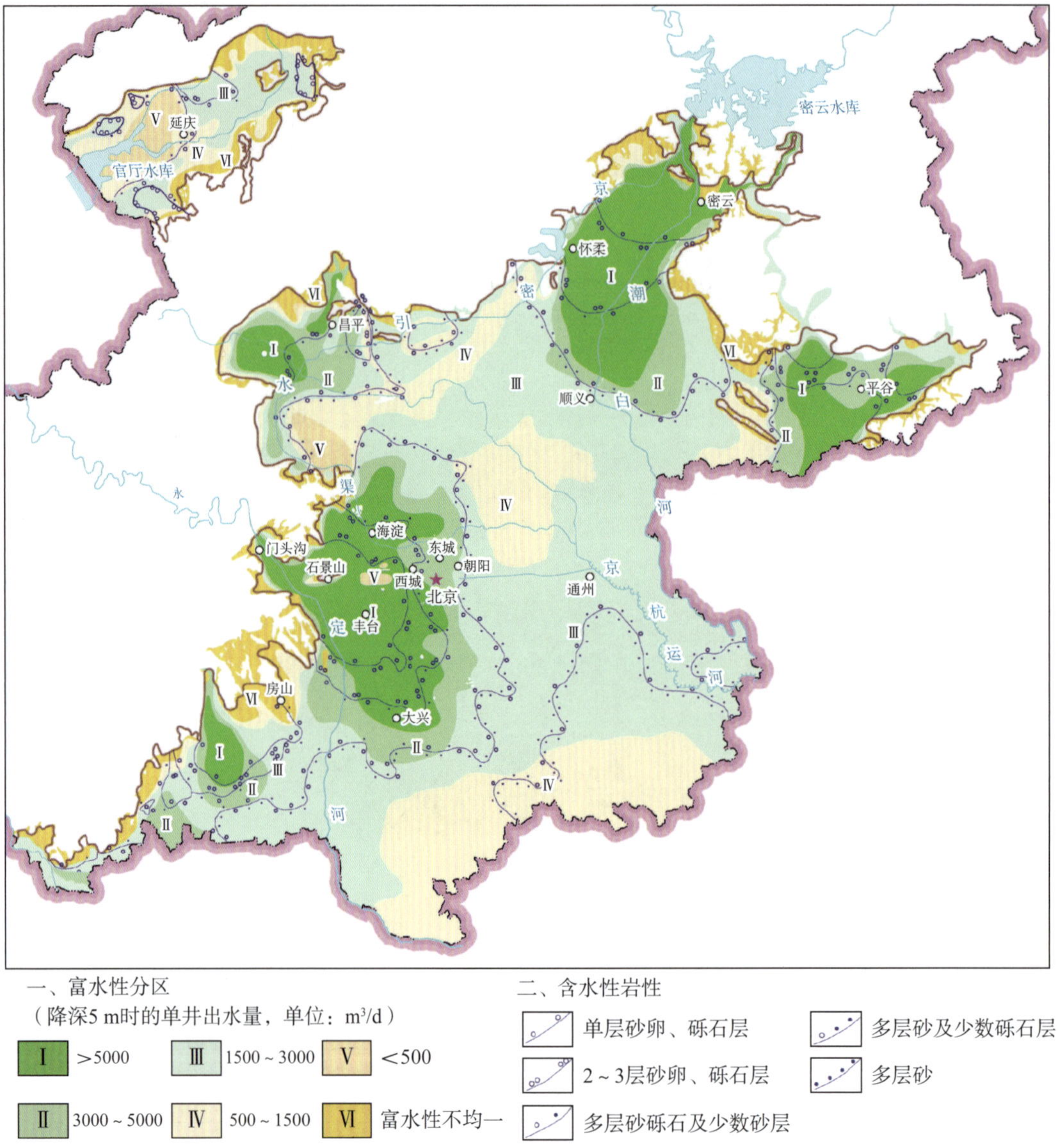

图 1.7　北京平原区松散岩层孔隙水含水层结构及富水性分区图

区，平谷泃河、错河冲洪积扇地下水子系统（I_{4-2}）的南独乐河—马各庄及峪口—中桥地区；永定河冲洪积扇地下水子系统（II_{3-1}）门头沟、石景山、丰台 3 个地区和大兴城区以北、海淀、城区等地的部分区域；大石河－拒马河冲洪积扇地下水子系统（III_{3}）窦店以北地区。

2）冲洪积扇中上部地区，含水层为 2 ~ 3 层砂卵石，富水条件较好，单井出水量一般可达 3000 ~ 5000 m^3/d。富水性较好的地区有：潮白河冲洪积扇地下水子系统（I_{3-1}）顺义区、杨各庄以北，向阳闸、后俸伯以南地区，在温榆河冲洪积扇地下水子系统（I_{3-2}）比较富水的地区是南邵—阳坊—北安河以西，以北部分区域，泃河、错河冲洪积扇地下水子系统（I_{3-2}）平谷区西北、鲁各庄以东区域和峪口—马昌营一线以西大部分地区；永定河冲洪积扇地下水子系统（II_{3-1}）东北旺—清河—朝阳—大兴北臧村一线以西，太阳宫—玉渊潭—大红门—南苑以东，大兴北臧村、兴隆庄以北、城区以南地区，延庆盆地零星分布在北部山前王化营、苏庄以西的山前洪积扇地区；大石河－拒马河冲洪积扇地下水子系统（$Ⅲ_3$）石楼—交道以北、窦店以南部分区域。

3）山前的非主要河谷出口地带，包气带岩性主要由黏砂碎石及带状分布的砂卵石组成，大气降水及山区洪水入渗条件较前者稍差，含水层厚度及富水条件亦较前者为差，单井出水量一般为 1500 ～ 3000 m^3/d 或小于 1500 m^3/d。

4）冲洪积扇中下部至冲洪积平原区，含水层结构由冲洪积扇中上部单、双层结构向下逐渐过渡到多层结构，颗粒由砂卵石逐渐过渡到以粗砂、中砂、细砂、粉细砂为主。单井出水量由 1500 ～ 3000 m^3/d 逐渐过渡到 500 ～ 1500 m^3/d。主要分布于广大平原地区及延庆盆地城区以东的广大地区及张山营、康庄一带。

富水性不均一地区主要分布在各冲洪积扇山前，主要为山前坡积、洪积物，岩性为黏性土含碎石砾石。含水层分布不均一，富水性大小不一。

1.3.3　补、径、排条件及变化

（1）补给

北京第四系地下水的补给来源，主要是大气降水入渗补给，其次是山区侧向补给（山区侧向径流和河谷潜流）、农田灌溉补给（地表水灌溉和地下水灌溉）、河水入渗补给、渠道及城市管网渗漏补给和人工回灌补给。

1）大气降水入渗补给。大气降水入渗补给是最主要的补给来源。北京平原区地形较为平坦，降水产流较小，具有良好的入渗条件。从地域上看，北、西部山前地带的冲洪积扇顶部包气带和含水层的颗粒较粗，大气降水入渗条件好；向东南方向包气带岩性颗粒变细，大气降水入渗条件有所减弱。此外，地势较低的河床和河漫滩地带岩性以砂、砂卵砾石为主，渗透性强，是大气降水直接入渗和产流入渗的有利场所。

2）山区侧向径流补给和河谷潜流补给。山区侧向径流补给：西部的西山和北部的燕山山区与平原交界的地区，为山前丘陵地带，相对高度不超过 200 m，主要由碳酸盐岩、砂砾岩、页岩及火成岩组成。第四系砂卵石与山区基岩直接接触，平原区第四系孔隙水系统直接接受大量的山区基岩裂隙水系统和山前岩溶水系统地下水的侧向径流补给，并且在局部地带，接受山前岩溶水系统中隐伏岩溶水的顶托补给。河谷潜流补给：包括水库控制区的坝下渗漏和河谷潜流。自然状态下，在长期的地质营力作用下，流经山区的各河流常年过水，河流出山口处形成了各冲洪积扇的顶部，是河谷潜流补给的主要地带。由于修建水库拦蓄地表径流，大大减少了河谷潜流对平原区的补给。

3）农田灌溉补给。农田灌溉补给包括地表水灌溉和地下水灌溉补给。北京地区主要农灌期一般是在旱季，即每年的 3 ～ 5 月份和 10 ～ 11 月份，灌溉补给是地下水重要的补给来源。北京地区的农田灌溉经历了以地表水为主逐渐过渡到以地下水为主的过程。20 世纪 60 年代之前，灌溉水以地表水为主；70 年代以后逐渐转变为以地下水为主，2000 年之后地表水可用灌溉水量已经很少，基本以地下水灌溉为主。

4）河水入渗补给。河水入渗补给包括河道入渗和山前洪水补给。北京平原区河流众多、分布广泛，河床和河漫滩岩性颗粒较粗，曾是地下水重要的补给来源。据计算 1980 ～ 2000 年河水入渗占总补给量的 11% 左右。但由于山区水库的修建及多年的干旱少雨，河流径流量显著减少，河道渗漏对平原地下水的补给已大大减弱。

5）渠道及城市管网渗漏补给和人工回灌补给。渠道渗漏也是平原区地下水补给来源之一。中华人民共和国成立后，由于国家对农业生产的重视，北京陆续兴建了永定河引水渠、京密引水渠、潮河总干渠等输水渠道。除上述渠道之外，在北京的其他区县也修建了一批用于农田灌溉的渠道。目前渠道的供水功能与以前大不相同，特别是密云、官厅两大水库由为农业灌溉供水转变为向工业和城市生活供水，潮河干渠目前的输水量明显减少，永定河灌溉引水渠多年来已不再输水。各引水渠道大部分做了衬砌及防渗处理，两条主要干渠京引、永引也相继衬砌，漏失率很小，因此，渠道入渗能力降低，入渗量也相应减小。

随着城市供水面积的扩大，供水管网和排水管网长度不断增大，管网的渗漏也必将补给地下水。北京城区 2004 年城区管网中的雨污水下水管道达 4822.0 km，自来水管网达 7272 km，管网的渗漏量也已成为城区地下水的补给水源。

除此以外，自 20 世纪 70 年代后期北京开始地下水人工回灌试验和深井回灌工作，80 年代末又开始雨水回灌研究工作。多年来人工（空调冷却水）深井回灌和北京西郊西黄村砂石坑人工回灌，对城区近郊的地下水也起到了一定的补给作用。

（2）径流

1）现状条件下地下水径流状况。北京平原区地下水流动的总体趋势是由山区向平原、由北西向南东流动。山前地带径流条件好，水力坡度为 0.5‰ ~ 1.8‰；由冲洪积扇顶部向中部含水层水力坡度逐渐减小，径流变弱，水力坡度为 0.25‰ ~ 0.5‰；冲洪积扇下部地下水径流条件变差，水力坡度为 0.1‰ ~ 0.2‰。但目前一些地区由于地下水的集中和超量开采形成局部的降落漏斗，在地下水降落漏斗分布区，地下水的径流方向由原来依地形地貌变化而改为流向漏斗中心。

2）地下水流场及水位变化。北京平原区地下水位在 20 世纪 60 年代之前基本呈天然状态。进入 70 年代以后，由于工业的发展，城区近郊地下水开采量大幅增加，城区近郊地下水位下降很快，在东郊地区形成了地下水降落漏斗；在远郊区县，地下水水位下降幅度较小，仍然处于天然状态。80 年代初期，由于 1980 ~ 1984 年北京地区出现了连续 5 年的干旱少雨天气（5 年平均降水量 459.4 mm），地下水补给量减少，开采量增加，地下水位快速下降，加之水源八厂开始投入使用，潮白河断流，使该地区地下水补给条件和开采条件都发生了变化，水位开始逐年下降；在水源八厂地区、城区近郊的东部、东北部出现了大面积的地下水降落漏斗。进入 90 年代，地下水开采量基本得到控制，1994 ~ 1998 年连续出现 4 个偏丰年份，城区地下水位有所上升；至 1998 年，永定河冲洪积扇顶部、潮白河冲洪积扇顶部的潜水水位和城区地下水位普遍回升。但是在顺义、通州等地下水集中开采区，水位仍在持续下降。从 1999 ~ 2006 年，连续 8 年干旱，地下水补给量减少，平原区的地下水水位普遍加速下降，特别是冲洪积扇的顶部及山前地区，水位下降十分明显，见图 1.8。

（3）排泄

平原区地下水的排泄包括自然消耗和人工开采，其中自然消耗方式包括地下水溢出、潜水自然蒸发、地下水侧向流出等。

1）地下水溢出。北京市平原区地下水溢出带主要分布于地下水单一含水层向多层含水层过渡地带，北京市大量开采地下水之前，各冲洪积扇均有地下水溢出。自 20 世纪 70 年

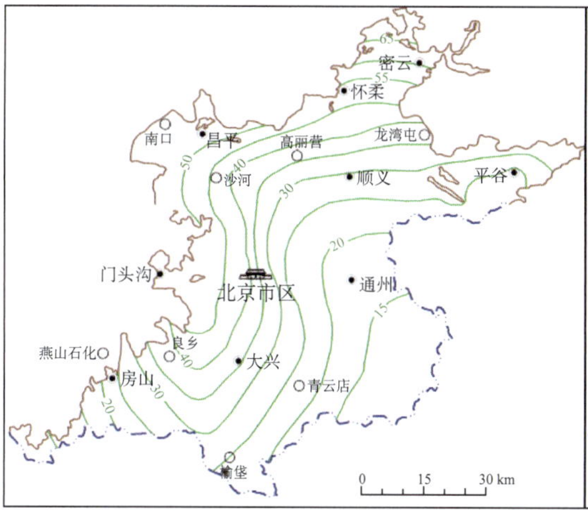

1965年开采层地下水位等值线图

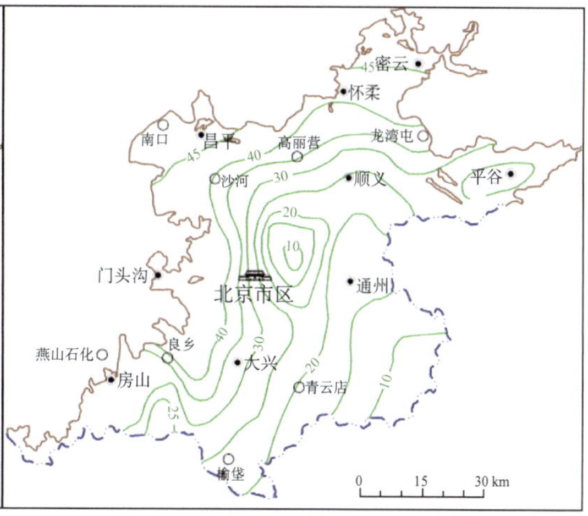

1975年开采层地下水位等值线图

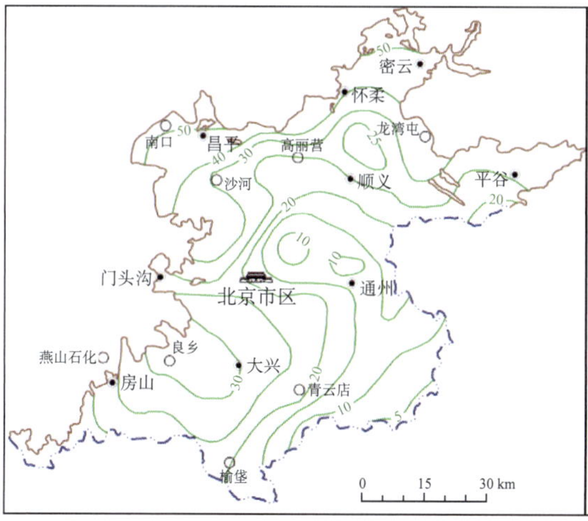

1985年开采层地下水位等值线图

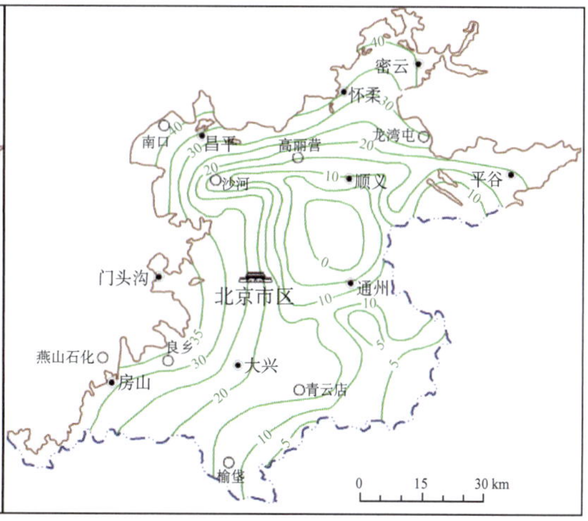

1995年开采层地下水位等值线图

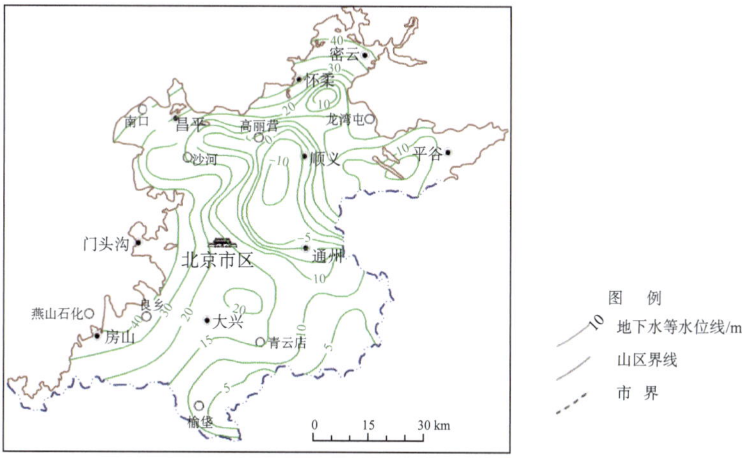

2005年开采层地下水位等值线图

图 1.8 北京平原区开采层地下水位等值线历年变化

代以后，随着地下水的大规模开采，各冲洪积扇溢出逐步缩小甚至消失，永定河冲洪积扇自 70 年代以来基本无地下水溢出，潮白河溢出带于 90 年代末消失，泃河、错河溢出带也在近几年逐渐消失，仅在温榆河冲洪积扇中上部地区尚有少量溢出。

2）潜水自然蒸发。潜水蒸发量与包气带岩性、潜水位埋深、空气饱和度和水面蒸发量等因素密切相关，其中与潜水水位埋深关系最为密切。据北京廖公庄均衡试验场资料，当潜水水位埋深大于 4 m 时，潜水蒸发几乎停止。由于地下水过量开采，出现区域性地下水水位下降，平原区潜水位埋深小于 4 m 的范围在逐渐减小。北京平原区 2005 年有效蒸发面积减少为 410 km^2，潜水蒸发量也大幅度减少。

3）地下水侧向流出。北京市平原区东南部与河北、天津接壤。地下水有侧向径流流出境外，在排泄地下水的同时，也是下游河北、天津平原的侧向补给来源之一。

4）人工开采。目前，北京平原区地下水人工开采是地下水排泄的主要方式，据以往水资源计算北京平原区 1980 ~ 2000 年地下水人工开采量占总排泄量的 88%。

地下水开采量的变化是北京地下水排泄变化的最大影响因素。北京地区地下水资源开采历史久远，中华人民共和国成立后随着经济建设的发展，地下水开采量不断增加，20 世纪 50 ~ 60 年代地下水开采规模逐步扩大；进入 70 年代，随人口增加和工农业的发展，水资源利用程度不断提高，地下水人工开采量不断增加，人工开采逐渐成为地下水排泄的主要方式，城区近郊地下水出现超采。80 年代初期处于连续偏枯年份，地下水开采量较大，达到最高值；80 年代以后由于节水、地下水统一管理等措施实施，地下水开采量相对稳定，但开采布局的不合理造成了一些地区地下水处于超量开采状况。

1.3.4 地下水动态特征

（1）地下水水位年内动态特征

地下水水位年内动态总体来讲，以降水入渗 – 开采型为主，即水位变化受降水和人工开采因素的影响。一般 4 ~ 6 月份，降水较少，农业用水增加，水位迅速下降；7 ~ 9 月份，降水集中，农业开采很少，地下水水位上升；10 ~ 11 月份，降水减少，受农业秋冬开采影响，水位小幅下降；12 月至翌年 3 月，降水较少，农业基本不开采，水位变化不大，见图 1.9。

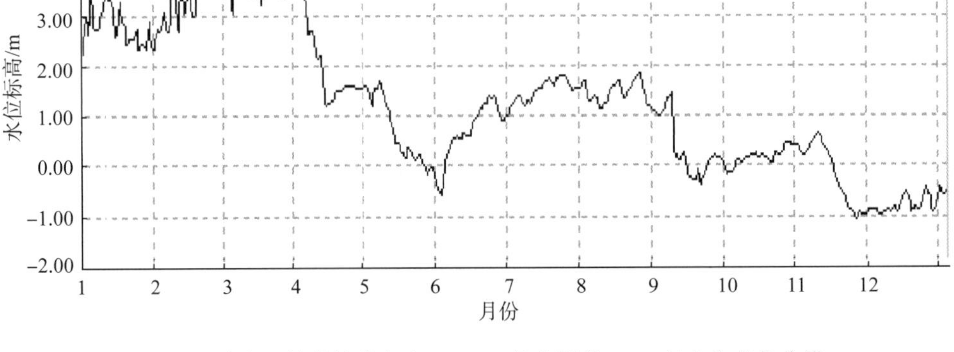

图 1.9　大兴区榆垡镇公各庄 DJ47–1 号监测井 2010 年水位变化曲线

影响北京地区地下水水位动态的主要因素有气候、水文、含水层空间结构等。北京地区从 1999 ~ 2012 年，枯水年居多，降水补给减小，地下水水位普遍下降，许多监测井的水位不再具有一般的水位变化特征。尤其是在各冲洪积扇上部和中上部地区，由于分布集中开采水源地，长期大量开采使这些地区的地下水水位一直处于下降状态，以潮白河冲洪积扇顶部地区（图 1.10）、城西郊永定河冲洪积扇顶部及南口冲洪积扇更为突出。

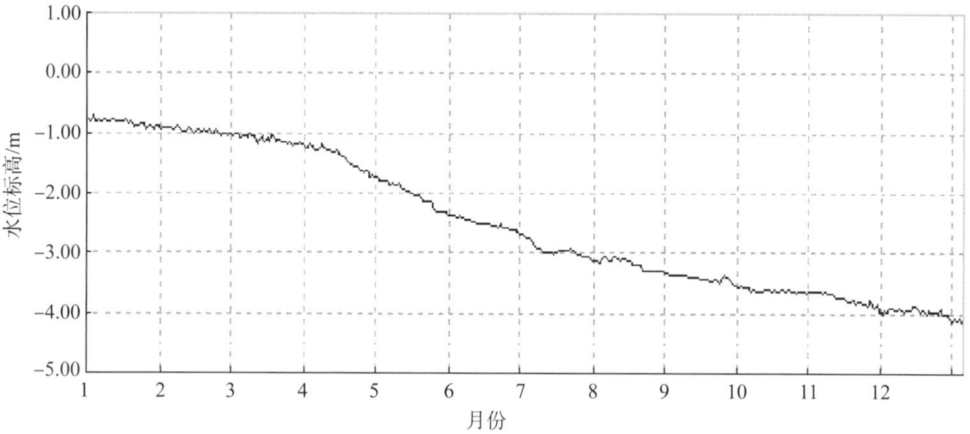

图 1.10　潮白河冲洪积扇顶部怀柔区 H232-2A 号监测井 2010 年水位变化曲线

（2）地下水水位多年动态变化

地下水水位多年动态直接反映出该地区地下水补排条件的变化，由于各个子系统不同时期的补排条件不同，地下水水位多年动态变化各异。现按系统分述如下。

1）潮白 - 蓟运 - 温榆河松散孔隙水地下水子系统：

a. 潮白河地下水子系统。潮白河冲洪积扇地区地下水动态变化与降水、河道行洪及开采关系密切。可分为以下几个阶段：1980 年以前潮白河河道常年过水，地下水动态变化不大；1980 年以后潮白河断流，20 世纪 80 年代初期连续降水偏枯年份使地下水补给量减少，地下水水位连续下降；1985 年以后降水量增加，地下水水位有所回升，水位在一定范围内波动；1994 ~ 1998 年密云水库放水河道行洪，加上降水偏丰，水位有所上升，靠近河道 309 号孔（图 1.11）更为明显；1999 年以后连续降水偏枯年份的出现及地下水开采，造成水位大幅度持续下降，达到历史最低水位。

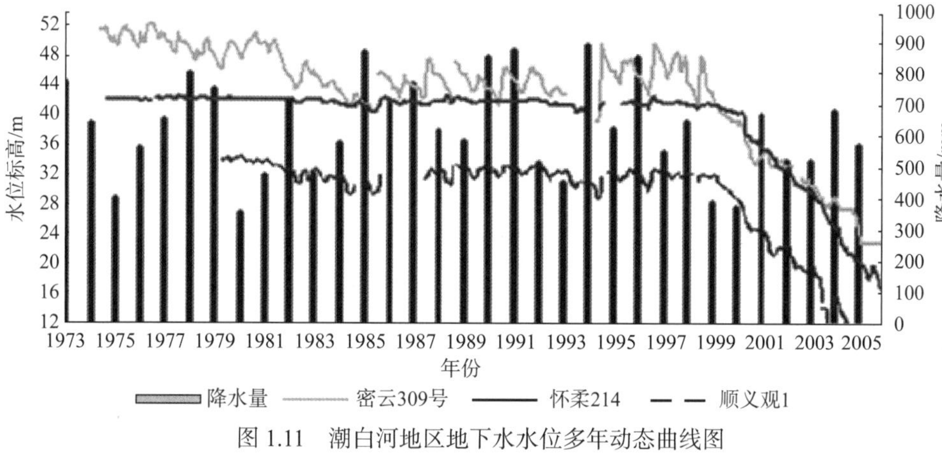

图 1.11　潮白河地区地下水水位多年动态曲线图

b. 温榆河冲洪积扇地下水子系统。影响温榆河冲洪积扇地下水子系统地下水动态最主要的因素是水文气象条件的变化和人工开采，C10—A 和 C82—B 监测孔分别位于昌平区土楼和北小营，监测层位分别为潜水和承压水，通过对比可以看出，潜水和承压水变化趋势比较一致，由于区内潜水和承压水均作为地下水开采层，1980 ～ 1996 年地下水开采量增加，水位持续下降近 20 m，1996 ～ 2001 年地下水开采得到一定的控制，加之 1998 年区内降水量较大，地下水水位处于恢复状态，2001 年以后随着连续几年的枯水年，地下水水位又呈下降趋势（图 1.12）。

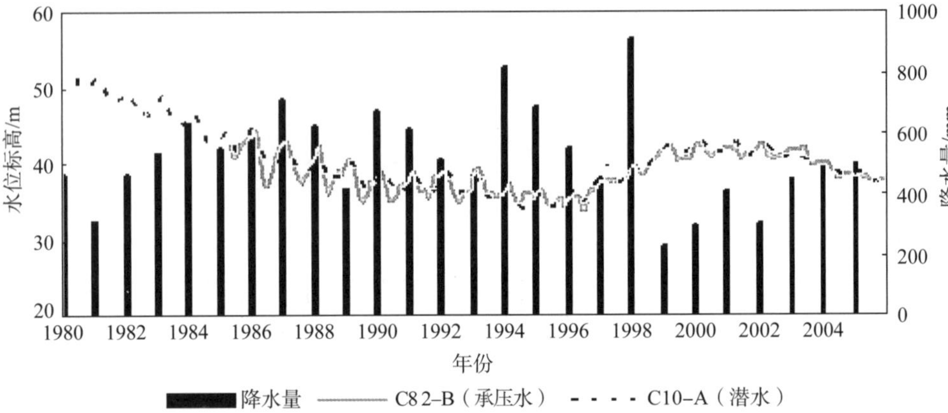

图 1.12　温榆河地区地下水水位多年动态曲线图

c. 蓟运河冲洪积扇地下水子系统。平谷泃河、错河冲洪积扇地区地下水水位随降水变化而变化（图 1.13），图 1.13 中显示，遇枯水年水位下降，丰水年水位上升，在 1999 年以前，其开采量与补给量平衡，水位多年动态只是在一定范围内上下波动，20 世纪 80 年代初期的地下水水位与 1998 年的地下水水位持平，从 1999 年开始，由于连续多年的干旱，地下水水位加速下降，达到历史最低水位。

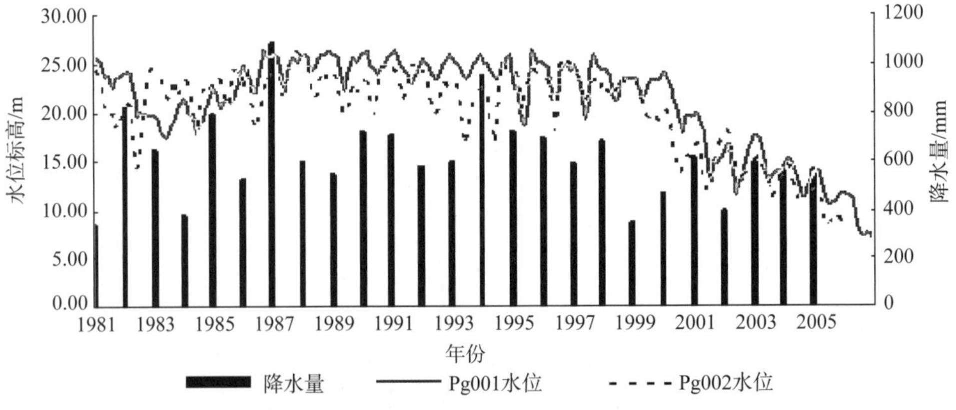

图 1.13　平谷地下水水位多年动态曲线图

2）永定河松散孔隙水地下水子系统：

a. 永定河地下水子系统。从图 1.14 中可见，在 1970 年以前，该地区地下水水位保持相对稳定状态，1970 年以后水位持续下降，到 20 世纪 80 年代中期达到最低点，之后水位逐渐回升。分析其原因，1970 年以前，地下水开采量少，水位只是季节性变化，处于自然状态。1970 年以后，地下水的开采量逐步增加；1980 年开始，永定河断流及连续降水偏枯年份，使地下水补给量减少，地下水水位下降，到 80 年代中期达到最低点。自 80 年代初，为缓解城近郊用水紧张，实施“引潮济京”及广泛开展城市节水工作，有效控制了地下水开采量，加之 80 年代后期降水量偏大，地下水水位回升；1995 ～ 1996 年官厅水库大量弃水，地下水接受大量补给，水位出现上升峰值，但从 1999 年起，连续多年的干旱，使地下水水位加速下降，达到历史最低水位。

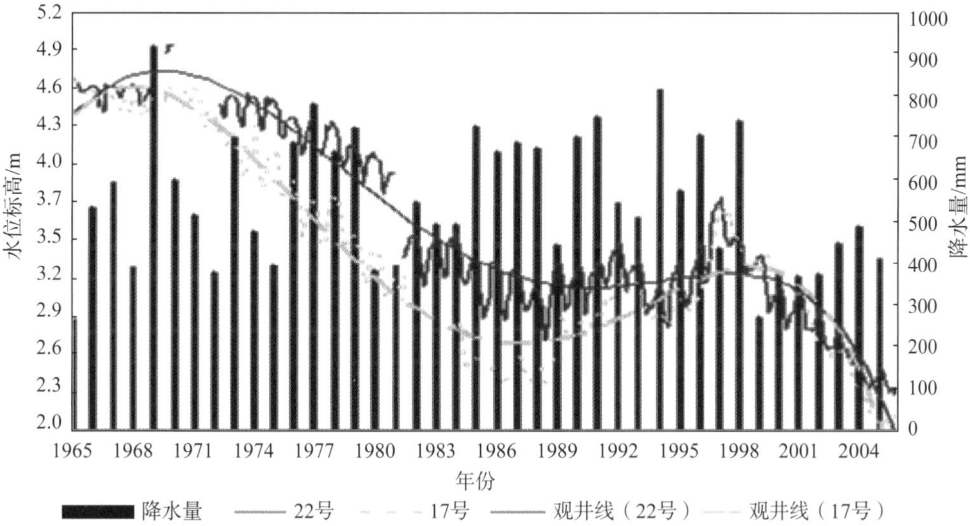

图 1.14　北京大学（22 号承压水）和首都师范大学（17 号潜水）观测孔地下水水位动态曲线图

3）拒马河和大石河冲洪积扇地下水子系统：

在入渗补给条件较好的冲洪积扇中上部，地下水多年变化主要受降水量的控制，即枯水年水位下降，丰水年水位上升，水位变化幅度较大，水位多年在一定范围内上下波动，如 F18 与 F309 两眼长期观测孔，这两个专门监测孔位于房山区军留庄，分别监测潜水和承压水。从 F18（潜水）和 F309（承压水）监测井监测资料可以看出，地下水水位的变化比较相似。地下水水位在 21 ～ 31 m 范围内波动（图 1.15）。

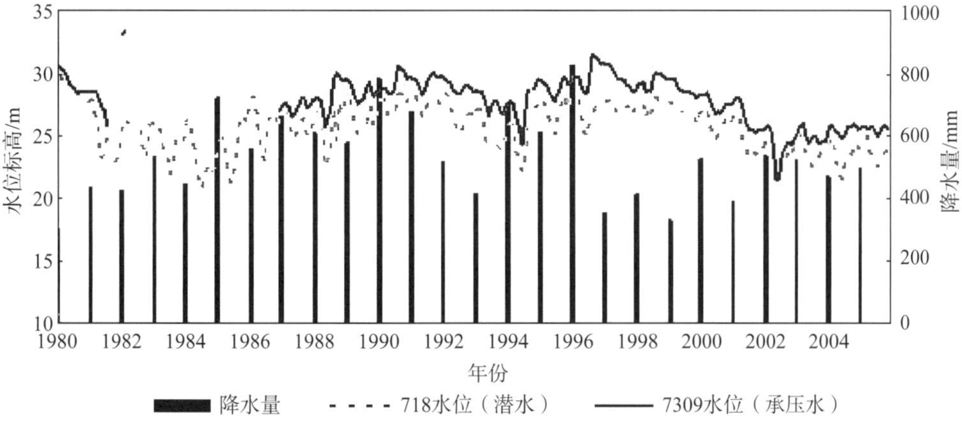

图 1.15　拒马河和大石河地区地下水水位多年动态曲线图

1.3.5 地下水开发利用状况

（1）地下水开采格局

北京市地下水开采呈现自来水地下水水源厂集中开采、自备井点状开采及农业机井分散开采相结合的格局。

地下水水源厂包括城区地下水水源厂和远郊区县地下水水源厂（表 1.1）。远郊区县在建水厂前，大部分县区利用自备井为居民、厂矿供水，20 世纪 70 年代以后陆续建设了自来水厂。随着用水需求的提高，多数郊区县通过扩大供水规模或加修自来水厂实现集中供水。1999 年至今由于处于连续干旱年份，为应对新一轮的水资源危机，北京陆续在位于远郊区县的五大冲洪积扇的上部地区建设了怀柔应急水源地、平谷应急水源地、房山张坊应急水源地和昌平马池口应急水源地。

表 1.1 北京市区及远郊区县水厂一览表

系统代码	系统	水厂分布
$\mathrm{I}_{3\text{-}3}$	蓟运河（泃河、错河）冲洪积扇地下水子系统	市级：平谷应急水源地 区县级：平谷地下水水源地
$\mathrm{I}_{3\text{-}1}$	潮白河地下水系统	市级：第八水厂、怀柔应急水源地 区县级：密云水厂、怀柔水厂、怀柔雁栖水厂、顺义第一、第二、第三水厂
$\mathrm{I}_{3\text{-}2}$	温榆河冲洪积扇地下水子系统	市级：马池口应急水源地 区县级：西关水厂、化庄水厂、邓庄水厂、沙河水厂、真顺水厂等
$\mathrm{II}_{3\text{-}1}$	永定河地下水系统	市级：第一、第二、第三、第四、第五、第七水厂水源地 区县级：石景山杨庄水厂、大兴水厂水源地
III_{3}	大石河 - 拒马河冲洪积扇地下水子系统	市级：张坊水源地

自备井包括厂矿企事业单位、机关、学校、部队等单位的自备供水井及大型厂矿企业自备水源地地下水供水井。据 2000 年统计资料，共有自备井 2655 口，开采量达到 $2.65\times10^8\ \mathrm{m}^3$。

中华人民共和国成立初期，北京市没有农灌机井。到 1961 年，农业机井发展到 3000 多眼，地下水开采量约 $1.06\times10^8\ \mathrm{m}^3$，进入 70 年代，农业发展和农村人口的增加使地下水开采利用量成倍增长，据统计 1978 年平原区农业机井达到 4 万眼，开采地下水 $17.58\times10^8\ \mathrm{m}^3$，至 20 世纪 80 ~ 90 年代，农业地下水开采量基本稳定在 16×10^8 ~ $18\times10^8\ \mathrm{m}^3$。至 2000 年，北京农业机井数为 4.39 万眼，地下水开采量为 $16.41\times10^8\ \mathrm{m}^3$。近几年来，北京地区农业用水量呈下降趋势，从 2000 年的 $19.45\times10^8\ \mathrm{m}^3$ 逐步下降到 2012 年的 $9.3\times10^8\ \mathrm{m}^3$。

（2）地下水开采量呈下降趋势

北京市 20 世纪 60 年代初每年地下水开采量为 $5.2\times10^8\ \mathrm{m}^3$，70 年代初为 $13.8\times10^8\ \mathrm{m}^3$，20 世纪 70 年代末期已经达到 $25.59\times10^8\ \mathrm{m}^3$，整个 80 年代和 90 年代的地下水开采量相对稳定，维持在 26×10^8 ~ $28\times10^8\ \mathrm{m}^3$。从 21 世纪初开始，地下水开采量整体呈现下降的趋势（表 1.2）。2000 年达 $27.08\times10^8\mathrm{m}^3$，2005 ~ 2007 年连续 3 年在 $24\times10^8\ \mathrm{m}^3$ 左右，到 2012 年已减少到 $20.4\times10^8\ \mathrm{m}^3$。2014 年南水北调进京，预计每年调水约 $10\times10^8\ \mathrm{m}^3$，可在一定程度上减轻对地下水的严重依赖。

表 1.2　北京市地下水开采量及用水结构图

年份	用水总量 /10^8m^3	地下水开采量 / 10^8m^3	百分比 /%	用水结构			
				生活用水 /10^8m^3	环境用水 /10^8m^3	工业用水 /10^8m^3	农业用水 /10^8m^3
2000①	40.48	27.08	66.9	9.37	0.29	8.37	19.45
2005	34.5	24.90	72.2	13.38	1.1	6.8	13.22
2006	34.3	24.34	71.0	13.7	1.62	6.2	12.78
2007	34.8	24.18	69.5	13.89	2.72	5.75	12.44
2008	35.1	22.9	65.2	14.7	3.2	5.2	12.0
2009	35.5	21.8	61.4	14.7	3.6	5.2	12.0
2010	35.2	21.2	61.0	14.7	4.0	5.1	11.4
2011	36.0	20.9	59.0	15.6	4.5	5.0	10.9
2012	35.9	20.4	57.0	16.0	5.7	4.9	9.3

注：① 2000 年数据引自《北京地下水》，用水结构中的各项数据不包含供水损失量 $3 \times 10^8m^3$；2005 ~ 2012 年数据引自历年《北京市水资源公报》。

1.3.6　含水层系统划分

从上述北京平原区的水文地质特征描述可以看出，冲洪积扇顶部地区为单一的砂卵砾石层，冲洪积扇下部及冲洪积平原地区的地层为砂、砂砾石、黏性土层相互交错出现。第四系孔隙水主要赋存于河流冲洪积作用形成的砂及砂卵砾石中，地面沉降则主要发生在平原区各冲洪积扇中下部地区。基于北京地面沉降与地下水开采之间的关系，本着下述原则，对平原区的含水层组进行结构划分，并阐述其在平面和垂向上的分布特征和差异。

含水层组的划分原则主要包括：

1）第四系成因类型、时代、岩性、埋藏条件。

2）第四系地下水赋存条件。

3）第四系地下水补、径、排条件。

4）第四系地下水的开发特征。

据此，将北京平原区第四系含水层划分为 3 个含水层组：第一含水层组（潜水、浅层承压含水层）为第四系全新统和上更新统含水层，第二含水层组（中深层承压含水层）为第四系中更新统含水层，第三含水层组（深层承压含水层）为第四系下更新统含水层。

（1）第一含水层组（Ⅰ）

广泛分布于北京平原区。在平原区各河流冲洪积扇顶部地区为单一砂砾石结构的潜水含水层，中下部地区地下水类型为孔隙潜水，底板埋深为 20 m 左右。浅层微承压水埋深为 20 ~ 40 m，浅层承压水埋深为 40 ~ 80 m，含水层组底板埋深小于 100 m，主要为全新统和上更新统冲洪积物。根据水文地质条件、地下水类型和开采状况等划分潜水含水层亚组（$Ⅰ_1$）和浅层承压水含水层亚组（$Ⅰ_2$）两个亚组。

潜水含水层亚组（$Ⅰ_1$），由于水文地质结构不同，可详细分为冲洪积扇顶部潜水区、冲洪积扇中下部潜水区。

冲洪积扇顶部潜水区主要分布于永定河、潮白河、拒马河、大石河、温榆河和泃河冲洪积扇的顶部。

永定河冲洪积扇顶部潜水区，在丰台—玉渊潭一线以西，含水层为上更新统（Qp_3）和全新统（Qh）冲洪积相为主的砂卵砾石构成的单一孔隙潜水含水层。含水层颗粒粗、砾卵石成分主要为安山岩、玄武岩、白云岩、石英岩等，砾卵石呈圆状，次圆状，砾径一般为 2 ~ 8 cm，大者可达 30 cm，由西北向东南颗粒变细，厚度各地不一。永定河冲洪积扇八宝山以南地区，砂卵石厚度小于 50 m；八宝山以北的闵家庄、小屯村至昆明湖地区，砂卵石厚度大于 70 m。含水层富水性好，渗透系数为 300 ~ 500 m/d，单井出水量大于 5000 m^3/d。目前，该地区已成为严重超采区，八宝山以南地区，潜水水位已达含水层底板附近，大部分潜水含水层已被疏干。

潮白河冲洪积扇顶部潜水区，含水层由上更新统和全新统单一砂卵砾石层构成，砂卵石厚度为 70 ~ 90 m；在北房—河南寨以北地区，潜水位埋深为 22 ~ 36 m，含水层厚为 30 ~ 70 m，渗透系数为 300 ~ 500 m/d，富水性极强，单井出水量大于 5000 m^3/d。虽然潮白河冲洪积扇顶部潜水区，潜水水位与 20 世纪 70 年代相比，下降 20 ~ 30 m，但由于砂砾石层巨厚，目前仍是北京平原中上部地区第四系孔隙潜水最具供水潜力的地区之一。

拒马河、大石河冲洪积扇在田各庄—苏村—小十三里一线以北地区，孔隙潜水含水层岩性为第四系全新统和上更新统单一砂卵石层，砂卵石厚度为 10 ~ 15 m，局部地段含水层厚度为 1 ~ 3 m，含水层富水性较好，单井出水量为 3000 ~ 5000 m^3/d。目前，潜水含水层大部分地段已被疏干。

温榆河冲洪积扇顶部潜水区，含水层为第四系全新统和上更新统，在北流村一线以西为单一结构的砂卵砾石层，厚度为 0 ~ 120 m，粒径大，局部含少量黏性土。根据 2010 年 12 月水位观测资料，潜水水位埋深一般大于 60 m，但由于砂砾石厚度较大，含水层厚度大于 50 m。含水层富水性较强，单井出水量达 3000 m^3/d 以上。

泃河冲洪积扇张辛庄—南太务一线以东地区，潜水含水层由上更新统和全新统单一砂砾石层构成，在南独乐村以西，砂砾石层厚度为 80 m，根据 2010 年水位观测资料，水位埋深约 20 m。含水层厚 60 余米，南独乐村以东，随着基岩埋深变浅，潜水含水层变薄。泃河冲洪积扇顶部潜水区含水层富水性强，透水系数为 300 ~ 500 m/d，单井出水量大于 5000 m^3/d。与 19 世纪 70 年代相比，潜水水位下降 3 ~ 5 m。

在各冲洪积扇顶部潜水区，潜水的补给主要是大气降水入渗，山区对平原区的侧向径流补给，地表水、渠道水的渗漏补给以及农田灌溉回归水的入渗补给。潜水的径流主要从扇顶部向下游方向水平径流，潜水的排泄，主要是人工开采，其次是向下游径流排泄。潜水水化学类型为 HCO_3-Ca · Mg 型水，溶解性总固体小于 0.5 g/L。

本区含水层透水性强，地下水径流条件好，富水性强，单井出水量一般大于 5000 m^3/d。含水层埋藏浅或砂卵石、砂砾石裸露地表，易接受降水和地表水补给，是平原地区地下水的主要补给区。

冲洪积扇中下部潜水区：广泛分布于各冲洪积扇顶部潜水区以下的地区，含水层为上更新统（Qp_3）和全新统（Qh）沉积物。永定河冲洪积扇中下部潜水主要分布在丰台—玉渊潭一线以东地区，潮白河冲洪积扇中下部潜水主要分布在北房—河南寨一线以南，拒马河、大石河冲洪积扇中下部潜水主要分布在田各庄—苏村—小十三里一线以南地区，温榆河冲洪积扇中下部潜水主要分布在北流村一线以东，泃河冲洪积扇中下部潜水主要分布在张辛庄—南太务一线以西地区。含水层岩性为中细砂、粉砂或粉质砂土、砂质黏土、黏土层。根据 2010 年 12 月水位观测资料，潜水水位埋深为 3 ~ 15 m，与 1970 年潜水水位埋深 3 ~ 5 m 比较，潜水水位下降幅度较小。潜水主要接受大气降水入渗、地表水和渠道水渗漏补给，农田灌溉回归水的入渗补给，以及冲洪积扇顶部潜水区的径流补给，潜水的排泄主要是蒸发、人工开采，在降落漏斗区部分排泄越流补给浅层承压水。西部、北部含水层岩性以中粗砂、砾石为主，富水性较好。向东、南粒径逐渐变细，含水层主要为粉细砂层，局部河道地区有少量砂卵砾石层，富水性由西、北向东、南逐渐变差。

浅层承压水含水层亚组（I_2），含水层顶板埋深为 20 m 左右，底界深度为 80 ~ 100 m，广泛分布于北京平原中下部地区。主要为上更新统（Qp_3）沉积物。永定河冲洪积扇在丰台—玉渊潭一线以东，北海—南苑一线以西；潮白河冲洪积扇在北房—河南寨一线以南，在牛栏山—木林一线以北；拒马河、大石河冲洪积扇，在田各庄—苏村—小十三里一线以南，石楼—窦店—大紫草坞一线以北；温榆河冲洪积扇在北流村一线以东，土楼村一线以西；泃河冲洪积扇在张辛庄—南太务一线以西，中罗庄—平谷区—稻地一线以东，主要为第四系上更新统浅层微承压水，底板埋深为 20 ~ 40 m，浅层承压水，底板埋深为 40 ~ 100 m。永定河冲洪积扇北海—南苑一线以西，含水层岩性为 2 ~ 3 层砂砾石或砂层，根据 2010 年 12 月水位观测资料，浅层承压水水位埋深一般小于 20 m。含水层单层厚度为 2 ~ 8 m，最厚达 40 m，含水层累计厚度为 20 ~ 40 m，含水层单井出水量为 3000 ~ 5000 m^3/d。永定河冲洪积扇北海—南苑一线以东，为冲洪积扇中下部地区，浅层承压含水层以多层中细砂、粉细砂层为主。含水层单层厚为 3 ~ 15 m，最厚可达 20 m。根据 2010 年 12 月水位观测资料，浅层承压水水位埋深为 10 ~ 20 m。多年来地下水严重超采，地下水水位持续下降，如海子角 DJ35-2B 地下水观测资料，1991 ~ 2012 年地下水水位降深 11 m（图 1.16）。

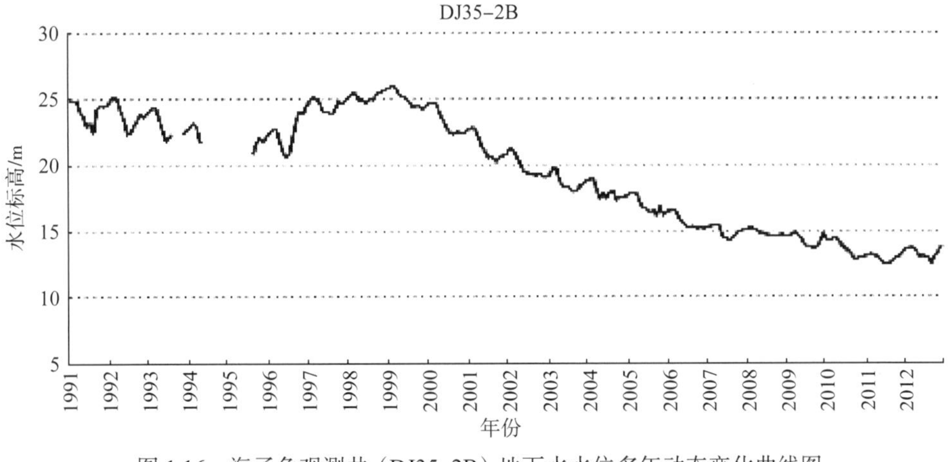

图 1.16　海子角观测井（DJ35-2B）地下水水位多年动态变化曲线图

根据望京地面沉降监测站和王四营地面沉降监测站分层抽水实验资料，该区浅层承压水含水层渗透系数一般在 5 ~ 20 m/d 之间。单井出水量为 1500 ~ 3000 m^3/d，向下游方向减至 500 ~ 1500 m^3/d。

潮白河冲洪积扇牛栏山—木林一线以北，浅层承压水含水层主要为 2 ~ 3 层砂砾石层，单层厚度一般大于 10 m。根据 2010 年 12 月水位观测资料，浅层承压水水位埋深为 20 ~

25 m，含水层累计厚度为 30 ~ 50 m，单井出水量为 5000 m^3/d。潮白河冲洪积扇牛栏山—木林一线以南地区，浅层承压水含水层由多层砂砾石和砂层组成，含水层颗粒由北向南逐渐变细，层次增多。牛栏山—天竺间，主要由两到 3 个较稳定的砂砾石层构成，单层厚度为 8 ~ 15 m，根据 2010 年 12 月水位观测资料，浅层承压水水位埋深为 10 ~ 25 m，含水层累计厚度为 20 ~ 30 m。根据天竺地面沉降监测站分层抽水试验资料，浅层微承压水渗透系数一般在 3 ~ 5 m/d 之间，浅层承压水渗透系数一般在 10 ~ 20 m/d 之间，单井出水量为 3000 ~ 5000 m^3/d。根据 2010 年 12 月水位观测资料，浅层承压水埋深为 10 ~ 12 m。多年来地下水受开采影响，地下水水位呈下降趋势，如通州一中观测井 TJ1-3D，1989 ~ 2012 年地下水水位累计下降 5 m 左右（图 1.17）。含水层累计厚度为 20 ~ 30 m，单井出水量大于 3000 m^3/d。

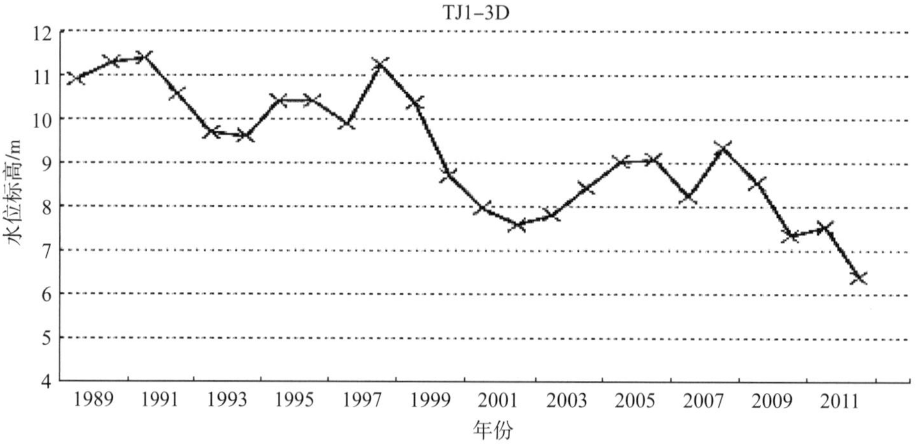

图 1.17　通州一中观测井（TJ1-3D）地下水水位多年动态变化曲线图

拒马河、大石河冲洪积扇在石楼—窦店—大紫草坞一线以西，含水层为单层或 1 ~ 2 层砂砾石，在石楼—窦店—大紫草坞一线以东，含水层为多层中细砂层夹少许砾石。含水层单层厚度为 6 ~ 20 m，累计厚度为 20 ~ 35 m，单井出水量为 1500 ~ 3000 m^3/d。

温榆河冲洪积扇在土楼村一线以西，浅层承压水含水层为 2 ~ 3 层砂砾石或砂层，含水层单层厚度为 5 ~ 10 m。根据 2010 年 12 月水位观测资料，浅层承压水水位埋深大于 30 m。含水层累计厚度为 20 ~ 30 m，单井出水量为 3000 m^3/d。温榆河冲洪积扇在土楼村一线以东，含水层层次较少，含水层单层厚度一般为 5 ~ 10 m，根据 2010 年 12 月水位观测资料，浅层承压水水位埋深为 10 ~ 15 m。多年来受开采影响，地下水水位呈下降趋势。含水层累计厚度小于 20 m，单井出水量为 500 ~ 1500 m^3/d。

泃河冲洪积扇在中罗庄—平谷区—稻地一线以东，含水层为 2 ~ 3 层砂砾石层，单层厚度一般为 10 ~ 15 m。根据 2010 年 12 月水位观测资料，浅层承压水水位埋深小于 15 m，含水层累计厚度为 40 ~ 50 m，单井出水量为 5000 m^3/d。泃河冲洪积扇在中罗庄—平谷区—稻地一线以西，含水层由多层砂层夹砾石构成，单层厚度为 5 ~ 10 m，含水层累计厚度小于 30 m。根据 2010 年 12 月水位观测资料，浅层承压水水位埋深为 5 ~ 15 m，单井出水量为 3000 ~ 5000 m^3/d。

浅层承压水含水层的补给，主要为冲洪积扇顶部潜水向下游的径流补给，以及大气降水入渗，地表水和渠道水渗漏补给。在开采条件下，可得到上部潜水的越流补给。浅层承压水主要以水平径流为主，人工开采是主要排泄方式。

浅层承压水含水层水质一般较好，但城近郊区承压水污染较为严重。远郊区县，较近郊区水质好，地下水类型为 HCO_3-Ca·Mg 型水，溶解性总固体小于 0.5 g/L。

该含水层组主要用于农业开采及少量工业和生活用水。

（2）第二含水层组（Ⅱ）

广泛分布于北京平原冲洪积扇中下部地区。地下水为中深层孔隙承压水，含水层组顶板埋深为 80 ～ 100 m，底板埋深为 300 m 左右。本含水层组为第四系中更新统（Qp_2）冲洪积物、冲湖积物，含水层为多层结构，岩性以中粗砂为主，部分含砾。埋深越大，水力联系越差，在开采条件下，可得到侧向径流和部分越流补给。地下水开采主要用于生活、工业用水及农业灌溉。按开采现状及其动态特征分为中深层承压水上段（$Ⅱ_1$）和下段（$Ⅱ_2$），上段埋深为 100 ～ 200 m，下段埋深为 200 ～ 300 m。

第二含水层组上段（$Ⅱ_1$），为农村生活用水和工业用水的主要开采层段。永定河冲洪积扇含水层组底板埋深小于 150 m，含水层由多层砂砾石构成，累计厚度为 5 ～ 20 m，地下水水位多年来呈快速下降趋势。如朝阳区大鲁店 204-3（孔深 112 m）和 204-4（孔深 185 m）分层观测井的地下水水位从 1989 年到 2012 年下降幅度分别达到 21.6 m 和 25.7 m（图 1.18）。根据望京站、王四营站分层抽水资料，中深层承压水渗透系数一般为 5 ～ 30 m/d，单井出水量为 500 ～ 1500 m^3/d。潮白河冲洪积扇含水层组底界深度为 200 m 左右，为中更新统（Qp_2）沉积物。含水层由多层砂砾石、砂层构成，单层厚度一般为 5 ～ 10 m，最大厚度为 22m，累计厚度为 30 ～ 50 m，地下水水位多年来呈快速下降趋势。如通州一中 TJ1-4E（孔深 143 m）分层观测井的地下水水位从 1993 年到 2012 年下降幅度达到 22 m（图 1.19）。根据天竺站分层抽水实验资料，上部含水层渗透系数为 20 ～ 25 m/d，中部为 10 ～ 15 m/d，下部为 1 ～ 5 m/d，单井出水量为 500 ～ 3000 m^3/d。温榆河冲洪积扇含水层组底板埋深小于 200 m，含水层以多层中粗砂含砾、中细砂为主，累计厚度为 20 ～ 35 m，含水层富水性较弱，单井出水量较小，地下水水位多年来呈快速下降趋势。

第二含水层组下段（$Ⅱ_2$），主要为工业和生活用水开采层。在永定河冲洪积扇中下部，主要分布在朝阳东南部、大兴南部及东南部地区。潮白河冲洪积扇含水层底界深度小于 300 m，主要分布于北京顺义后沙峪地区及通州东南部牛堡屯、觅子店、西集等地区，为中更新统（Qp_2）沉积物，含水层岩性以中粗砂、砾石为主。温榆河冲洪积扇主要分布在沙河—八仙庄一带，含水层为多层结构，含水层岩性以中粗砂含砾为主夹薄层细砂，单层厚度为 5 ～ 10 m，最厚达 20 m，累计厚度为 30 ～ 50 m，单井出水量为 500 ～ 1500 m^3/d。近 10 年来，本段含水层开采程度加大，地下水位呈明显下降趋势。如从 1993 年到 2012 年，朝阳区大鲁店 204-5（孔深 230 m）分层观测井的地下水水位下降幅度达到 30 m（图 1.18），通州一中 TJ1-5F（孔深 204 m）分层观测井的地下水水位下降幅度将近 31 m（图 1.19）。

（3）第三含水层组（Ⅲ）

主要分布在顺义天竺、后沙峪，昌平沙河，朝阳东坝，平谷城区至门楼庄及通州区侉子店、觅子店，大兴区采育、风河营等第四系沉积中心地区。地下水为深层孔隙承压水。含水层组顶板埋深为 300 m 左右，含水层岩性为第四系下更新统（Qp_1）冲积物，冲湖积物，含水层岩性以中粗砂、砾石为主，多层结构，埋深大，顶部有厚度大于 30 m 的黏性土隔水

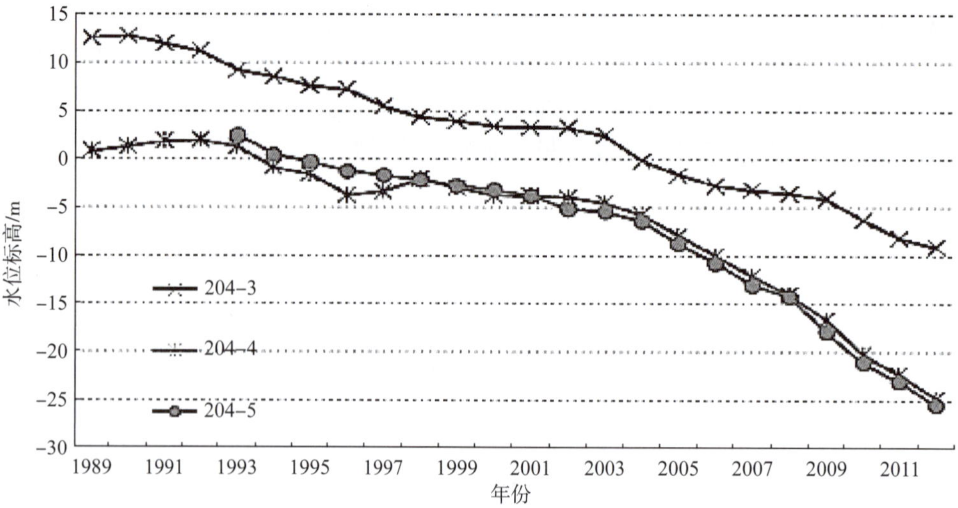

图 1.18　朝阳区大鲁店 204 号观测井地下水水位多年动态变化曲线图

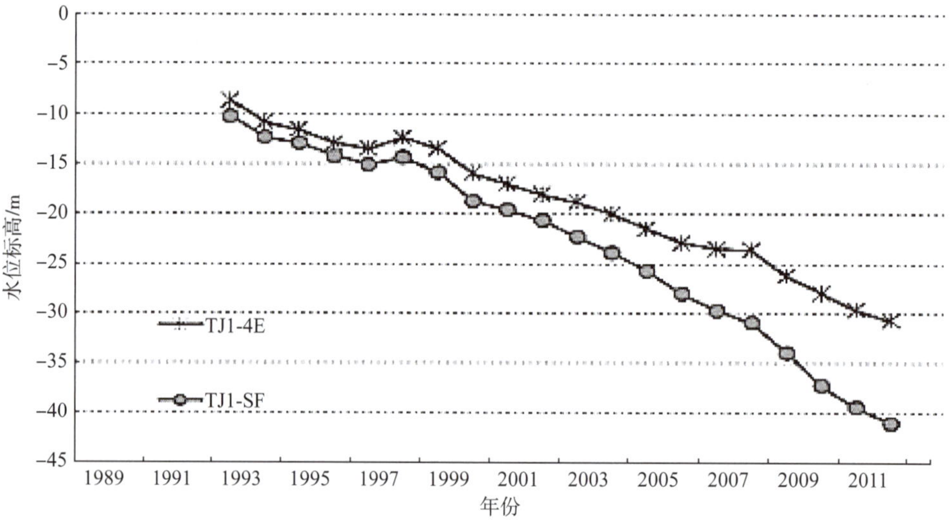

图 1.19　通州一中 TJ1 号观测井地下水水位多年动态变化曲线图

层，与上部中深层承压水含水层水力联系差。目前，该含水层组还尚未大量开采，基本上处于天然状态。

1.4　压缩层组划分

北京地面沉降区土体主要为第四系上更新统、中更新统和下更新统冲洪积、冲湖积形成的砂类土、碎石类土及黏性土互层，并以黏性土为主的多层土体类型。可压缩性的黏性土的存在，是地面沉降产生的一个基本条件。地面沉降的发生发展及分布与黏性土层的厚度、固结性质和物理力学性质紧密相关。依据以下原则对北京地面沉降区的压缩层组进行划分：

1）相同的地质时代和沉积环境是分层的首要原则。这样划分出的地质单元体称为压缩层组。

2）在同一个压缩层组内，再按岩性、土的结构、埋深、固结程度、物理力学性质和原位测试等指标，划分出亚层。

3）在同一个压缩层组内，把不同岩性的可压缩土层的物理力学性质指标，用分散点图法求出中值，作为代表性指标。

依据划分原则，将北京地面沉降区土体可压缩层划分为 3 个压缩层组。第一压缩层组底板埋深小于 100 m，第二压缩层组底板埋深小于 300 m，第三压缩层组顶板埋深大于 300 m。

1.4.1 第一压缩层组

第一压缩层组广泛分布于北京平原区，底板埋深小于 100 m。地层岩性为第四系上更新统冲积相、冲湖积相粉土、黏性土层，厚度从小于 50 m 到大于 80 m 不等。根据其地层岩性结构和压缩性可分为上下两段。

（1）第一压缩层组上段

深度为 0 ~ 10 m，在城区表层为人工回填土层，大部分地区为褐黄色粉土、粉质黏土层，可塑—硬塑，湿—饱和，压缩性中等，E_s=8 ~ 15 MPa。

深度为 10 ~ 15 m，北京东郊、东北郊及昌平、顺义等地区，岩性以河湖淤积的粉质黏土、黏土为主。灰褐—灰色，含有机质，软塑—可塑、密实度较差，压缩性较高，E_s=4 ~ 8 MPa，是该段主要的压缩层。在大兴、丰台等地区为冲洪积粉质黏土、粉土层，褐黄色、湿—饱和，可塑—硬塑、中—中上密实，E_s=10 ~ 20 MPa。

深度为 25 ~ 40 m，为冲洪积、冲湖积粉土、粉质黏土、黏土层，由于所处冲洪积扇不同，沉积环境及各地区的土层性质各有不同。北京东郊、昌平沙河、东三旗、海淀后山及顺义东南等地区以洪淤积黏土、粉质黏土为主，灰色—灰褐色、可塑、压缩性中等，E_s=5 ~ 10 MPa。含有机质、螺壳。工程地质性质较差，为相对软弱土层。在大兴、通州东部等地区为冲洪积的粉土、粉质黏土层，褐黄色，饱和，硬塑，低压缩性，E_s=15 ~ 25 MPa。该段含水层主要为粉细砂、中粗砂，部分地区为圆砾石层，密实度中等—密实，单孔剪切波速值 v_S 大部分在 260 ~ 350 m/s 之间。

（2）第一压缩层组下段

底板埋深为 80 ~ 100 m，厚度为 30 ~ 60 m，厚度较大的地区主要分布在昌平区沙河—马池口，海淀山后，顺义平各庄、小店、北务、尹家府，大兴区大辛庄—礼贤等地区。根据其物理力学性质及与含水层的接触关系可分为以下两层：

深度为 40 ~ 50 m 是稳定的黏土、粉土层。在海淀山后、昌平沙河、顺义平各庄、天竺、通州等地区分布。该层为灰色，褐灰色黏土、重粉质黏土层，一般呈可塑—硬塑状态，中等密实，含水量较大，压缩性中等，E_s=12 ~ 22 MPa。在北京南郊，大兴等地区，为粉土、粉质黏土层，褐黄色，饱和，硬塑，压缩性低，E_s=18 ~ 28 MPa。

深度为 50 ~ 100 m，由 3 ~ 4 层砂层夹 2 ~ 3 层粉质黏土、黏土层组成，粉质黏土、黏土层多呈透镜体状分布，厚度为 20 ~ 40 m 不等。粉质黏土、黏土层为灰褐色—黄褐色，饱和，可塑—硬塑，中低压缩性 E_s=20 ~ 26 MPa，局部含有机质。砂层多为细砂、中粗砂，部分地区含砾，富水性较高，多呈密实状态，单孔剪切波速试验值 v_S 大于 450 m/s。

第一压缩层组可压缩层厚度大致在 10 ~ 70 m 之间（图 1.30）。北部地区以沙河—高丽营—马坡—李遂—徐辛庄—东坝—来广营—东小口一带厚度最大，为 40 ~ 70 m。南部地区以赵村—定福庄、榆垡—半壁店—礼贤、次渠—马驹桥—柴厂屯、侉子店一带，厚度最大，大致在 35 ~ 50 m 之间（图 1.20）。

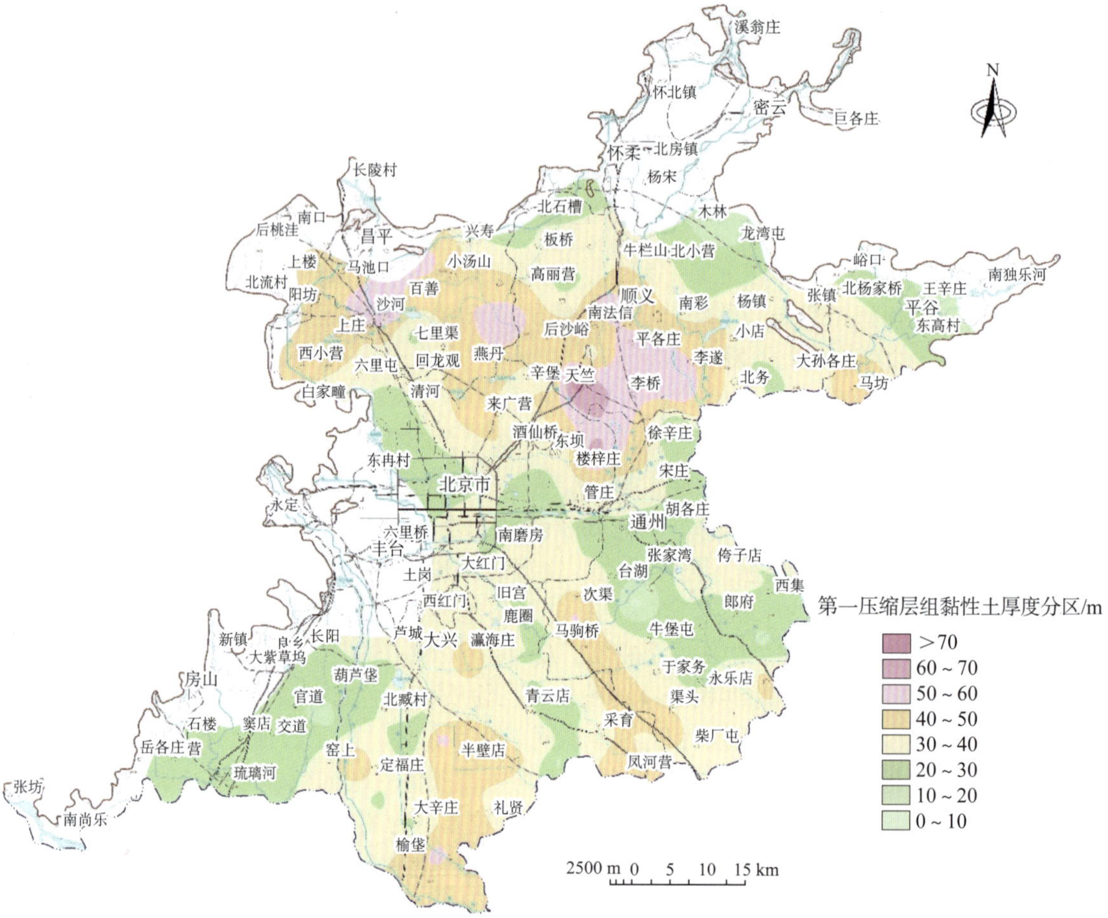

图 1.20　第一压缩层组可压缩层累计厚度等值线图

从历史监测资料来看，第一压缩层组变形量占平原区地面沉降总量的比例整体呈减小趋势。据天竺站 2008 ~ 2012 年的监测资料，第一压缩层组的地面沉降量约占近三年总沉降量的 10%。

1.4.2　第二压缩层组

第二压缩层组广泛分布于北京冲洪积平原中下部地区，压缩层岩性为中更新统冲洪积、冲湖积的粉土、粉质黏土、黏土层，底板埋深在丰台、大兴等地和基岩埋深相同，一般小于 150 m，在北京平原东部、北部第四系沉积中心地区，深度可达 280 m 左右。压缩层约占整个中更新统总厚度的 50% ~ 80%，厚度较大地区主要分布在海淀山后、昌平沙河、顺义天竺及大兴南部的大辛庄—礼贤地区。大致以埋深 200 m 为界，可分为上下两段。

（1）第二压缩层组上段

顶部为厚 10 ~ 30 m 的粉土、粉质黏土、黏土层，夹粉细砂薄层。在北京平原东部、东北部的昌平、顺义、朝阳等地区为冲洪积粉质黏土、黏土层，灰褐色—褐黄色，饱和，硬塑，结构致密，局部夹灰黑色粉土、粉砂层，压缩模量 E_s=21 ~ 33 MPa。在北京平原南部地区，主要岩性为冲洪积褐黄色粉土、粉质黏土层，结构致密，硬塑—坚硬状态，压缩性低，压缩模量 E_s=30 ~ 35 MPa。在该段的中下部分布有冲洪积形成的粉质黏土层，灰褐色，灰黄，饱和，硬塑，压缩性低，压缩模量 E_s=35 ~ 50 MPa，局部区域分布有大量淤泥及淤泥质黏土层。压缩性相对较高，压缩模量 E_s=20 ~ 25 MPa。

在该段的中部及底部分布有 2 ~ 3 层粉细砂、中粗砂层（含砾），富水性较强，是工业及农村生活用水的主要开采段。

（2）第二压缩层组下段

主要分布于第四系沉积中心地区，岩性为灰黑—灰褐色—灰黄色粉质黏土、黏土层。其顶部为厚度 15 ~ 25 m 的粉质黏土层，饱和，硬塑，结构致密，压缩性低，根据天竺站土工试验资料，压缩模量 E_s=50 ~ 70 MPa。

中部为灰褐—灰黑色粉质黏土层，夹灰褐色粉土、粉细砂薄层，一般呈硬塑—坚硬状态，结构密实，压缩性低，根据天竺站土工试验资料，压缩模量 E_s=50 ~ 70 MPa。局部区域含淤泥质黏土及淤泥层，压缩性相对较高，天竺站第 45 号土样 E_s 值仅为 27.7 MPa。

该段含水层为中粗砂、砂砾石层，与压缩层交互沉积，颗粒较粗，富水性好，是工业、生活供水的主要开采层。

第二压缩层组可压缩层厚度以沙河—八仙庄—东小口、金盏、三间房—管庄、徐辛庄、礼贤—安定一带厚度最大，范围为 60 ~ 100 m，其他地区厚度为 20 ~ 40 m（图 1.21）。由于本段内的地下水开采程度高，可压缩层厚度总体较大，该层是北京平原区地面沉降贡献率最大的一个层段。天竺站 2008 ~ 2012 年的监测资料显示，第二压缩层组的地面沉降量约占近 3 年总沉降量的 60%。

1.4.3 第三压缩层组

第三压缩层组主要分布在几个第四系沉积中心，包括南口—马池口、顺义后沙峪、平谷和张家湾，以及大兴南部榆垡一带以及通州的东南部，底界埋深与第四系埋深相同。压缩层岩性为第四系下更新统河湖相沉积的灰褐色、灰色粉质黏土、黏土层，大致以 260 ~ 300 m 为界，其上的下更新统为正常固结土—超固结土，可塑—硬塑，E_s=15 ~ 40 MPa，压缩性低，其下的下更系统固结程度增大，结构致密，大部分呈坚硬状态，密实度高，E_s 集中在 30 ~ 70 MPa，压缩性极低。据此将第三压缩层组分为两段，上段对地面沉降有一定的贡献，下段对地面沉降影响极小，因此，可压缩层厚度仅统计上段。

第三压缩层组（上段）可压缩层厚度以八仙庄、南彩、金盏一带最大，大致在 100 m，礼贤—安定及永乐店一带大致在 70 m，其他地区主要在 20 ~ 40 m 之间（图 1.22）。第三压缩层组与深部含水层互层，近几年局部的深层地下水开采程度提高，且深层地下水位不易恢复，从一定程度上加速了深部地层的压缩，使该段地层的沉降量在整个地面沉降中所占比例有增大的趋势。天竺站 2008 ~ 2012 年的监测资料显示，第三压缩层组的地面沉降量占近 3 年总沉降量的 30%，而监测初期 2005 年，这个数值仅有 12% 左右。

北京平原区可压缩层总厚度如图 1.23 所示，以昌平沙河—八仙庄—东小口、顺义李遂—平各庄、朝阳金盏—楼梓庄—管庄、通州张家湾—永乐店、大兴礼贤—安定一带厚度最大，一般大于 150 m。从地面沉降发展现状来看，上述地区的累计地面沉降量一般在

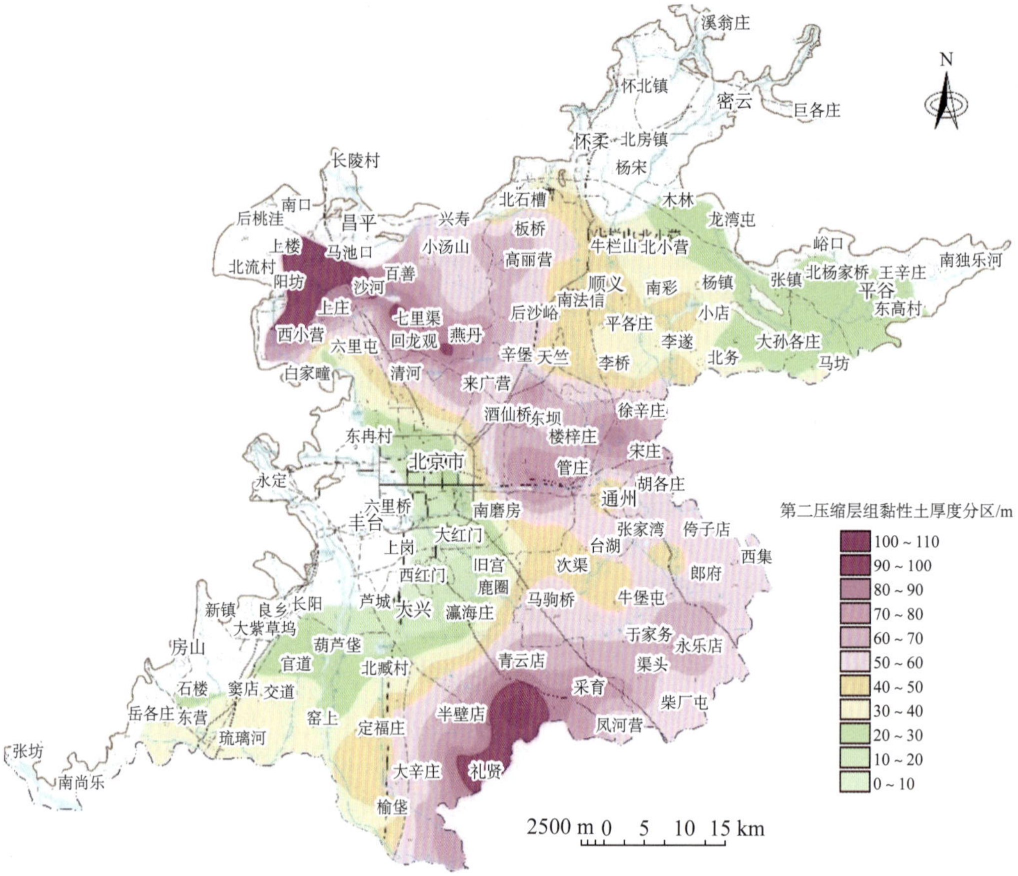

图 1.21　第二压缩层组可压缩层累计厚度等值线图

400 mm 以上，是北京平原区地面沉降发育比较严重的地方，可见可压缩层厚度对地面沉降形成和发展的控制。以 7 个地面沉降监测站工程地质孔为参考，统计的各压缩层物理性质如表 1.3 和表 1.4 所列。从这两个表可明显看出，随着深度的增加，黏性土层压缩性变低，第一压缩层组压缩性最高，其次是第二压缩层组和第三压缩层组上段，已有监测资料也证明了上述压缩层组对地面沉降的贡献。第三压缩层组下段的压缩性极低，对地面沉降的影响较小。

表 1.3　北京地面沉降区可压缩层物理力学性质综合表（粉质黏土）

压缩层组	地质时代	底界埋深 /m	物理力学指标							
			W/%	e	W_L/%	W_P/%	I_P	I_L	E_s/MPa	C_c
Ⅰ	Qh+Qp_3	25 ～ 70	23.98	0.68	29.45	17.55	11.91	0.56	9.13	0.19
Ⅱ	Qp_2	70 ～ 180	23.02	0.66	29.99	17.65	12.32	0.40	22.48	0.26
Ⅲ-1	Qp_1	150 ～ 300	22.63	0.68	32.78	18.67	14.08	0.30	35.82	0.33
Ⅲ-2		大于 300	21.30	0.66	33.64	19.13	14.62	0.16	52.80	0.36

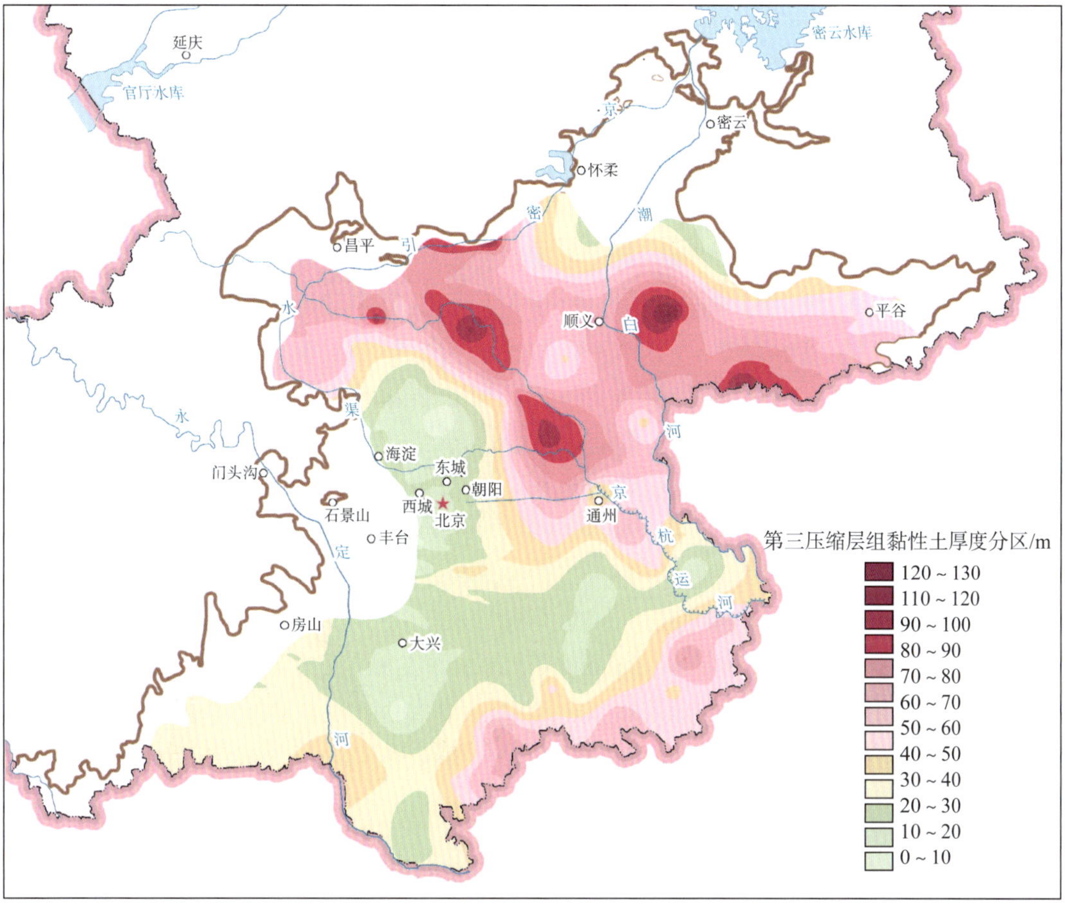

图 1.22　第三压缩层组可压缩层累计厚度等值线图

表 1.4　北京地面沉降区可压缩层物理力学性质综合表（黏土）

压缩层组	地质时代	底界埋深 /m	物理力学指标							
			W/%	e	W_L/%	W_P/%	I_P	I_L	E_s/MPa	C_c
Ⅰ	Qh+Qp_3	25 ~ 70	32.29	0.91	39.05	21.74	17.31	0.61	7.24	0.29
Ⅱ	Qp_2	70 ~ 180	29.38	0.84	40.36	22.23	18.12	0.37	12.03	0.34
Ⅲ-1	QP_1	150 ~ 300	26.20	0.77	40.02	22.12	17.89	0.22	33.26	0.38
Ⅲ-2		大于 300	22.29	0.69	36.41	20.16	16.25	0.14	37.95	0.38

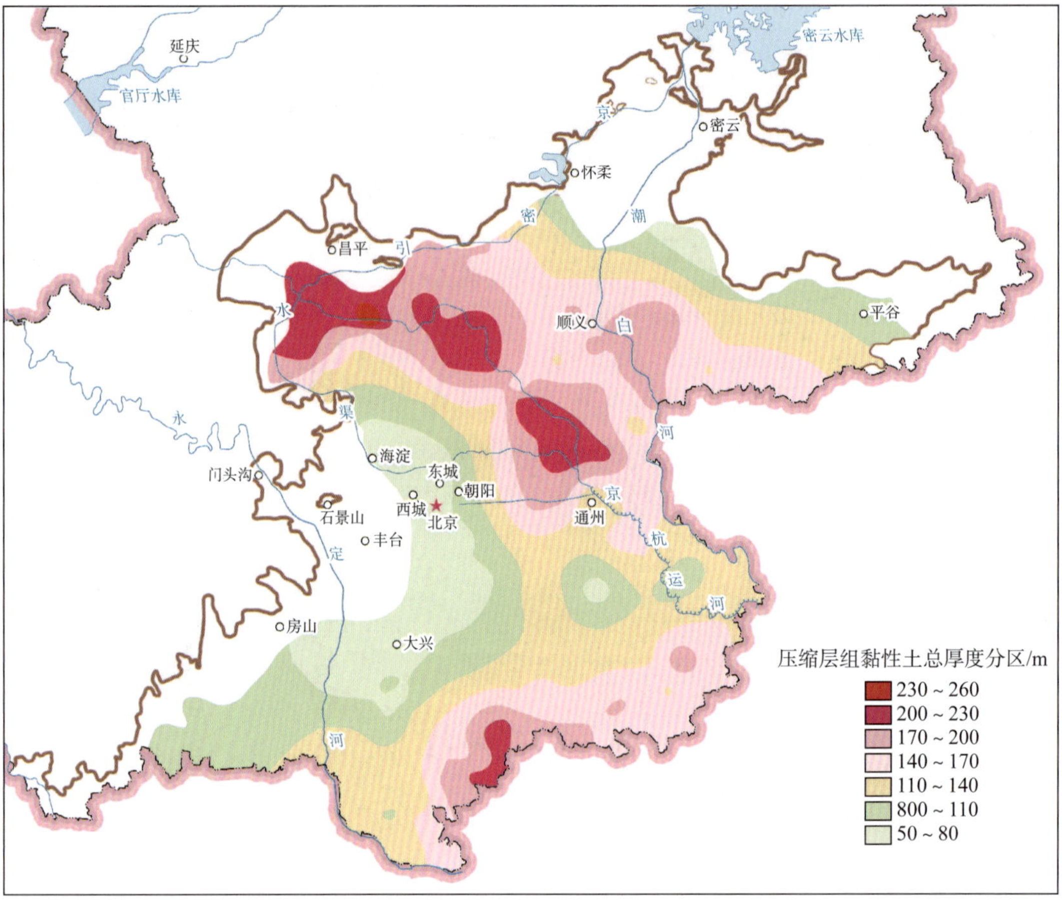

图 1.23　北京平原区可压缩层总厚度等值线图

2 地裂缝勘查与监测

2.1 地裂缝勘查评价体系

北京地区地裂缝成因复杂，不同类型的地裂缝勘查方法、技术手段不尽相同。总体上看，以构造成因为主的复合型地裂缝为北京地区地裂缝的主要类型，其勘查工作也最为复杂。

地裂缝勘查工作从资料收集分析入手，全面分析工作区的地质环境条件、人类社会活动对地质环境影响的程度，初步研究地裂缝与区域地质条件和人类活动的关系；开展遥感解译和综合地质调查工作，查明地裂缝发展历史、现状和危害程度；通过物化探、钻探、槽探、室内（外）试验等多种有效勘查技术手段，研究地裂缝成因、发育规律和深部发育特征；基于工程地质分析，建立地裂缝物理、数学模型，对地裂缝发展趋势进行预测，分析评价其危险性；结合工作区地质环境和工程建设特点，提出地裂缝防治措施和建议。经过总结归纳，形成了一套完整的地裂缝勘查评价体系（图 2.1）。

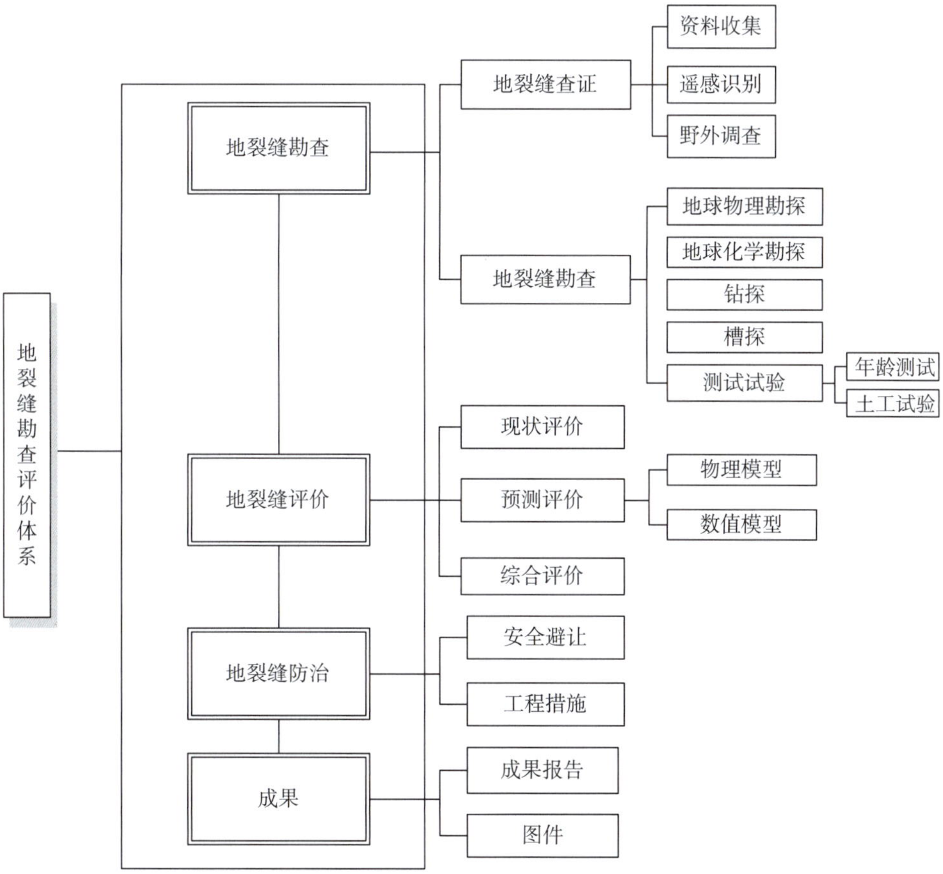

图 2.1 地裂缝勘查评价体系图

（1）地裂缝查证

在资料收集、遥感解译、综合地质调查的基础上，划分地裂缝的发展阶段，查清地裂缝发育强度和危害程度；分析总结地裂缝发育的几何特征、运动学特征和动力学特征；初步分析地裂缝成因，划分地裂缝类型，为下一步地裂缝勘查工作布置提供依据。

（2）地裂缝勘查

采取各种有效勘查技术方法，按照相关规范要求对地裂缝进行系统勘查。北京地区常用的勘查方法有物探、化探、钻探、槽探和室内（外）试验等方法，其中，钻探、槽探是最常规、最有效的技术方法。由于地裂缝成因不同，采取的勘查方法也不尽相同。对于构造地裂缝和以构造成因为主的复合型地裂缝，需要了解深部地质构造特征，地震、可控源电法等探测深度较大的物探方法为常用方法。通过地裂缝勘查，进一步分析地裂缝成因，影响因素，分析总结其发育规律。

（3）地裂缝发展趋势预测

地裂缝既有自然属性也有社会属性，其发生发展不仅受控于自然因素，也受控于人为因素。在确定成因类型的基础上，综合考虑地震、地质构造、地层结构和岩土体性质等自然因素和地下水开采、地面沉降、工程建设等人为因素，采用模型预测法和演变（成因）历史分析法等方法，预测地裂缝的活动速率、活动周期、运动方式和在工程使用期内的最大累计变化量。

（4）危险性评价

在查清地裂缝发育特征、成因类型、影响因素和危害程度的前提下，评价地裂缝现状危险性；考虑影响地裂缝发生发展的自然因素和人为因素，预测其未来发展趋势和危险性。综合现状危险性、预测危险性评价结果，根据工程建设的特点，采用多因子叠加的方法，评价地裂缝对不同工程建设和场地地质环境影响的危险性，结合发育区的地质环境条件，对地裂缝危险性进行分区评价。制作场地地裂缝危险性分区评价图。

（5）防治措施研究

地裂缝成因多样，影响因素众多，成灾机理复杂，防治难度很大，特别是以区域性断裂活动为基础的地裂缝，其灾情往往与活动断裂相联系，所以防治措施应具有针对性。地裂缝防治需充分考虑其成因、发育特征、发展趋势，评价地裂缝危险性，结合场地用地性质和工程建设情况采取相应的防治措施。

2.2 地裂缝勘查方法

地裂缝勘查常用的方法有遥感解译、地质调查、物（化）探、钻探、槽探和各种试验等方法（表 2.1）。勘探方法的选择往往因勘查阶段和工作目的不同而不同。同时，地裂缝勘查方法的选择，需考虑地裂缝成因、勘查场地用地性质、建筑物性质与特点等多种因素。

表 2.1 地裂缝勘查主要方法一览表

勘查方法	目的	技术特点
遥感解译	宏观上查明地裂缝的展布特征，指导野外详细调查	成本低；解译范围大
综合地质调查	查明工作区范围主要地形地貌、地裂缝发育现状和其他与地裂缝相关的环境地质问题	有针对性；可定量分析

续表

勘查方法		目的	技术特点
地球化学探测（氡气测量）		通过测量土壤氡气强度，判定断裂构造的位置和破碎带的分布范围，为地球物理探测线布置提供参考	受场地因素影响较小；适用范围广；成本低
地球物理探测	探地雷达	确定地裂缝的具体位置和浅部地层内部地裂缝发育特征	具有较高的分辨率，适用范围广
	浅层地震	通过测量浅部地层范围内面波速度，判别土层密实程度，判断地裂缝的分布范围以及断裂发育情况，判断地裂缝与断裂关系	对地层结构、空间位置反映清晰，分辨率高，精度高；成本高
	三维地震	解决构造复杂地区的基岩面起伏和不同方向的断裂交会问题。从三维空间（立体的）了解地下地质构造情况	能三维地反映断裂构造的空间展布形态，分辨率高，精度高，成本高
	可控源测深	确定断裂构造空间展布形态	勘探深度大，成本高，精度高
钻探		用于查明地层结构与岩性特征，验证地球化学探测和地球物理探测成果，为地裂缝成因提供支持	成本低，受场地局限性小，施工便利
槽探		在地球化学探测、地球物理探测、钻探基础上，用槽探揭露断裂近地表空间展布	直观、定量；精确度高
数值模拟		通过模型预测，计算得出未来一定时间内地裂缝影响范围值	直观展示三维地层空间分布，但存在不确定性因素

勘查工作布置一般采取多种勘探手段联合使用、工作精度先粗后细、勘探深度深浅结合的方法。在“未来科学城”地裂缝勘查工作中，使用了物探、化探、钻探、槽探、原位测试、室内试验、模型等多种方法。在调查的基础上，通过浅层地震、可控源电法、地质雷达等多种物化探手段初步确定地裂缝可能的发育范围、深部构造特征及两者之间的关系。钻探工作对物化探成果进一步验证，探查地裂缝中深部特征，圈定地裂缝位置。在上述工作的基础上，开挖探槽，揭露地裂缝浅部发育特征，精确量测地裂缝位置，详细描述地裂缝发育特征。

2.2.1 遥感解译

在前期资料收集分析基础上，将航片和卫片二者有机结合使用，既发挥了航片重点地段细节有力又发挥了卫片宏观概括性强的特点。通过对遥感数据处理与信息提取工作，重点解译工作区的地貌类型、环境地质问题及地面变形 3 方面内容，以达到减少野外工作量，提高成果质量和工作效率的目的。

地裂缝勘查中常用的主要遥感数据有 SPOT-5、Quickbird 影像、InSAR 数据、DEM 和高分辨率航片。使用专业遥感解译处理软件 PCI 软件和 ERDAS 软件进行解译。北京地区主要应用了 D-InSAR 监测技术。图 2.2 为高丽营地裂缝带 1997 ~ 2000 年的 InSAR 地面沉降监测速率图。

D-InSAR 即差分合成孔径雷达干涉测量，是指对干涉相位进行差分处理提取变化信息的干涉测量手段，是 InSAR 技术的延伸。InSAR 技术已被广泛用于大区域地形测图和地表信息提取。常见的 InSAR 方式有顺轨（along track），交轨（across track）和重复轨（repeat pass）。由于地表形变监测是测量一定时间间隔内的地表形变量，因而重复轨是目前应用的

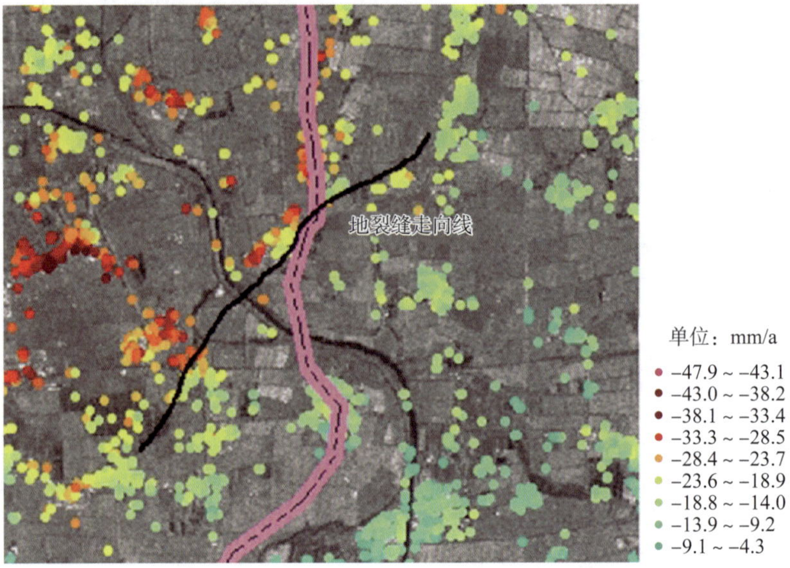

图 2.2 高丽营地裂缝带 InSAR 地面沉降监测速率图（1997 ~ 2000 年）

主要方式，具体是指利用同一地区不同时刻获取的 SAR 数据进行差分干涉处理以提取地表形变信息。

（1）基础数据资料获取

获取工作区多源数据资料，包括地面变形实测数据、工作区高空间分辨率卫星数据、工作区 DEM 和大气状态资料，用于辅助 InSAR 数据处理和地面沉降信息提取及精度的提高。

（2）工作区 SAR 数据获取

北京工作区主要雷达数据采用欧空局自 1992 年接收的 ERS-1/2 传感器和 2003 年开始接收的 ASAR 传感器获取的系列数据，其有效工作波段是 C 波段，数据获取周期为 35 d。

（3）数据处理和分析

数据处理和分析系统以专业 InSAR 数据处理软件及合适的 GIS 平台为核心，结合区域环境特点及关键环节数据处理和分析技术的研发构建。

数据处理和分析是干涉雷达调查和监测的重要工作环节，包括最优干涉数据选择、干涉像对的基线估算、平地效应去除、相干性分析、大气效应分析、数据配准、离散点相位解缠等。

（4）地面沉降信息提取

主要采用“基于序列差分干涉纹图提取地面沉降速率”和“基于相干点目标的长时间序列 InSAR 地表形变信息”处理技术，结合若干实地观测结果获取不同时间间隔的地面沉降速率图。

（5）InSAR 监测结果后处理

进行信息分析与综合，通过地面基准控制点的实测数据校验 InSAR 监测结果的可靠性和精度。

2.2.2 野外调查

野外调查分为两部分：一是区域地质环境综合调查；二是地裂缝专项调查。

区域地质环境综合调查，主要内容包括地形地貌、地层岩性、地质构造、新构造运动、地震、水文地质条件和工程地质条件。地形地貌需查明天然和人工地形地貌的类型、分布位置、形态特征、演化过程，特别注意地形陡坎、洼地及鱼塘的成因及分布特征。工作比例尺一般为 1∶5 万 ~ 1∶1 万。调查范围根据工作要求、场地综合地质环境和地裂缝影响因素而定，一般应覆盖地裂缝主要形成因素的分布范围。例如，在北京“未来科技城”地裂缝调查中，考虑了黄庄－高丽营断裂及地面沉降等因素，调查面积为 40 km^2，精度为 1∶2.5 万，采用 1∶1 万地理底图。

在区域地质环境综合调查基础上，进行地裂缝专项调查。一般地裂缝作为一种特殊的地质现象，地表地质调查或测绘内容单一。工作区范围内调查精度为 1∶2000 ~ 1∶500，调查范围主要针对地裂缝发育区和潜在发育区。例如，在北京“未来科学城”调查中，首先从地质灾害综合评价危险性大区（断裂两侧各 300 m）范围内逐步向两侧推进。野外调查采用线路穿越法和追索法相结合的方式，观测路线垂直黄庄—高丽营断裂布置，调查面积为 2.7 km^2。

在地裂缝的形成、发展和演化过程中，会在地表、建筑物或其他构筑物形成或留下永久的变形和破坏，这些变形和损坏是鉴别地裂缝成因、特征等的重要标志。

在地裂缝的发育地带，地表土体中会出现土体开裂或塌陷现象，这些现象大部分在地表上断断续续，开裂宽度和塌陷坑大小、深度各异，都是确定地裂缝性质、成因和发育强度的重要标志。调查中，需对地裂缝宽度、长度、变形特征（横向开裂、垂直升降、水平扭动）、开裂方式（平直、雁列等）进行描述。注意微地貌的变化，对陡坎、地面倾斜等现象均应详细记录，这些多是地裂缝长期发展的重要标志，重点地区进行地质测绘。如在黄庄－高丽营断裂带北东段西王路村到土沟村一段还存在明显的断裂垂直位移断坎（图 2.3 ~ 图 2.6）。断坎上下地貌面高差显示的断裂垂直位移量为 25 cm 左右，虽然断裂在西王路村到土沟村之间存在走向变化，但从不同区段位置看，位移的矢量关系上并没有显著的区别。

对塌陷坑，需描述塌陷坑形状、大小、深度，详细记录塌陷坑壁地层岩性，在大比例尺地图上标注塌陷坑分布范围。初步分析塌陷原因。

在实际工作中，由于人类活动等原因，地表裂缝现象往往被人类活动所覆盖。地裂缝大多数是由于建筑物破坏才被发现的。由于建（构）筑物是刚性体，其破坏更为明显。如顺义地裂缝由于顺义橡胶二厂生产车间墙体变形被发现，西王路地裂缝和庙卷地裂缝穿越村庄，造成当地民房损坏，村民报告当地政府，才引起人们的重视。调查中，除需对建筑物裂缝发育特征等进行描述外，还需详细注意裂缝整体展布规律。不同成因地裂缝造成的建筑物损坏有明显不同。构造地裂缝和以构造成因为主的复合型地裂缝对地表建筑物的破坏有明显的线性特征，即遭受破坏的建筑物有一定的方向性。建筑物的破坏方式相同，表现为一条较大的主裂缝，一般具有垂向变形特征，与下伏断裂变形方向相一致。在下降盘上，常发育有一系列羽状分布的剪切裂缝。

不同建筑物由于其结构形式、强度、刚度不同，对地裂缝破坏的敏感程度也不相同。相同区域，围墙破坏最为明显，其次是普通民房，调查时，需记录遭受破坏建筑物的类型、

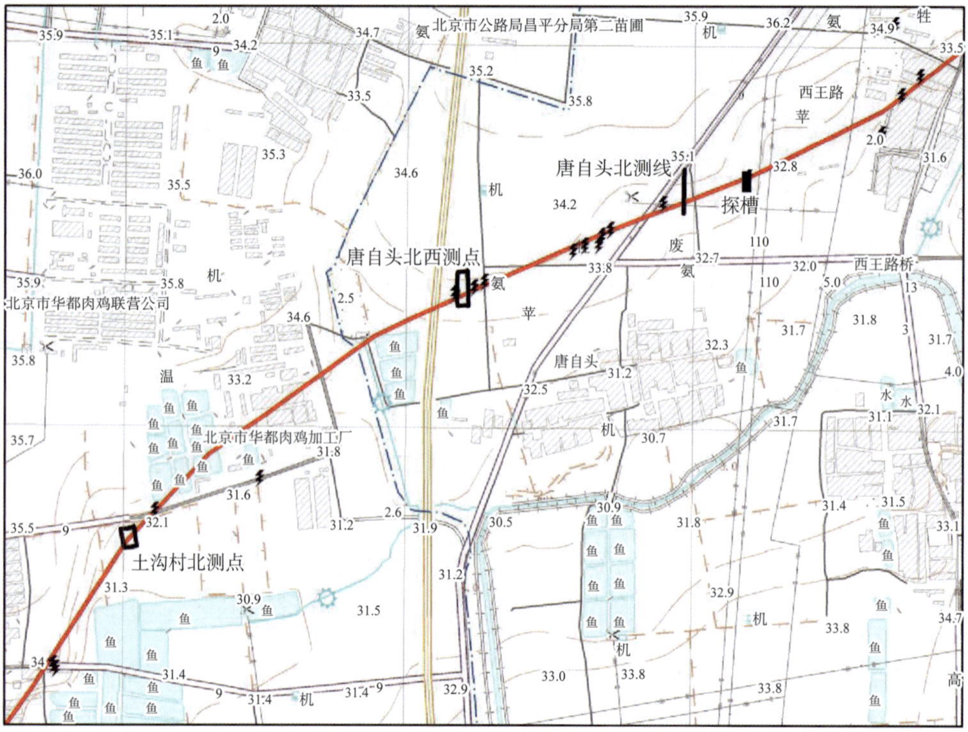

图 2.3 黄庄－高丽营断裂带北东段实测地形分布位置图

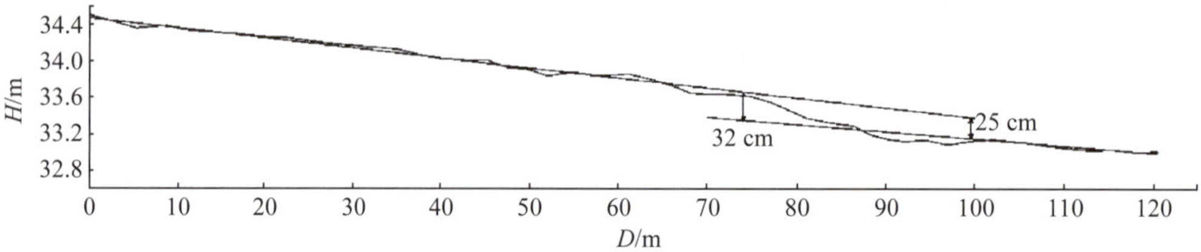

图 2.4 唐自头村北跨地裂缝带地形剖面图

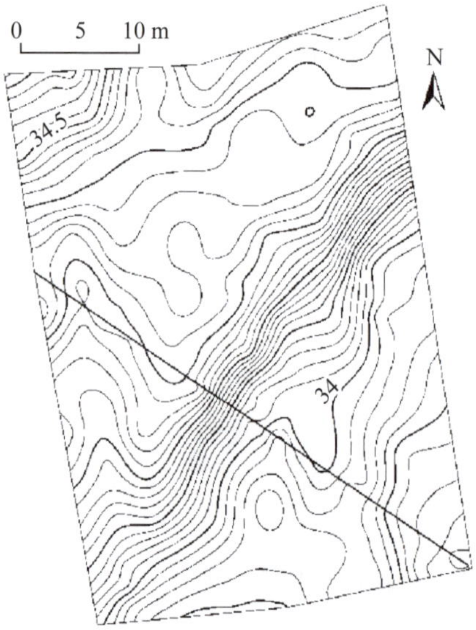

图 2.5 土沟村北全站仪实测地形及跨陡坎地形剖面

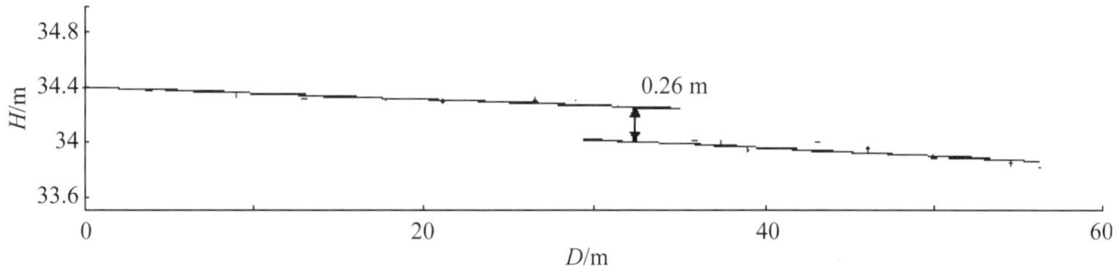

图 2.5　土沟村北全站仪实测地形及跨陡坎地形剖面（续图）

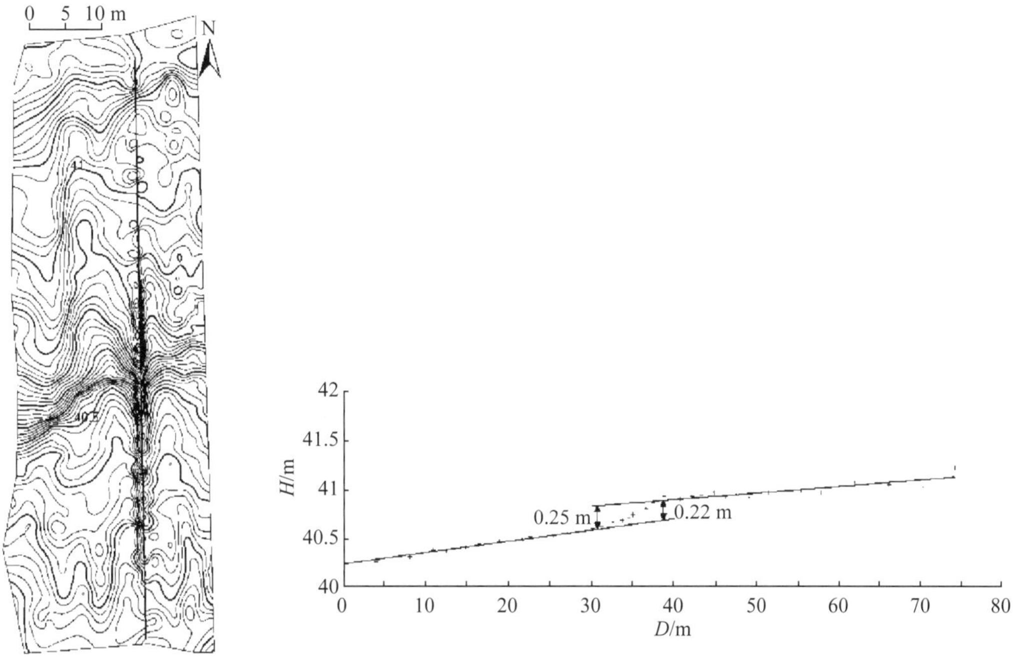

图 2.6　唐自头村北全站仪实测地形及跨陡坎地形剖面

新旧程度、建筑结构特点等内容，以便准确划分地裂缝的发育强度。由于建筑物大部分为砂石和混凝土结构，裂缝清楚，易量测裂缝变形量，通过访问建筑物建设时间，可以得出大致的地裂缝活动速率（表 2.2），通过调查不同时期建设的房屋的破坏，可以得出不同时间地裂缝的发展速率，这对地裂缝的危险性评价是十分重要的。例如，在顺义西王路地裂缝调查中，统计不同时期房屋的破损情况，发现房屋越新，其变形速率相对越大，尤其是进入 2000 年后，其活动速率明显增加，表明地裂缝进入活跃期。

表 2.2　地裂缝活动速率调查统计表

破坏类型	地裂缝	位置	活动时间	活动速率 / $(mm \cdot a^{-1})$
房屋破坏点	西王路地裂缝	二组：西王路二巷 9 号	1970 年至今	平均约 4.7
	土沟地裂缝	华都肉鸡厂西院南墙	1983 年至今	平均约 7
	西王路地裂缝	一组：西王路中路一巷 8 号	2001 年至今	平均约 7.2
	唐自头地裂缝	唐自头村北果园林地	2007 年至今	平均约 13.3

其他类型地裂缝造成的建筑物裂缝无明显的方向性，形态各异，无明显的垂直变形。如特殊土成因的贾各庄地裂缝走向杂乱无章无规律可循，以长条的裂缝及串珠状的塌陷坑洞或独立坑洞呈现，裂缝走向较明显的有 6 组：NW80° ~ 90°，NW20° ~ 30°，NE0° ~ 10°，NE40° ~ 50°，NE60° ~ 70°，NE80° ~ 90°，其中 NE 方向上的裂缝发育最明显。

2.2.3 化探

北京地区常用的地球化学探测主要为氡气测量。氡气测量就是通过测量土壤氡气的强度差异来判定断裂构造的位置和地裂缝破碎带的分布范围。该方法受场地因素影响较小，适用范围广，成本低。氡气测量线布置应尽可能垂直断裂带走向。采用专用钢钎打孔，孔的直径宜为 2 ~ 4 cm，孔的深度宜为 60 ~ 80 cm。成孔后使用取样器插入打好的孔中，取样器在靠近地表处进行密闭。所采集土壤间隙中的空气样品，可以采用电离室法、静电扩散法、闪烁扩散法等测定现场土壤氡浓度，如果发现异常，应加密测点。将野外实际测量数据绘制成氡气测量剖面，在剖面上划分异常区，即为隐伏断裂在地表的分布位置。图 2.7 为高丽营地裂缝勘查中氡气测量结果，通过氡气异常区划定，初步确定了高丽营地裂缝异常带及下伏黄庄－高丽营断裂的位置，为下一步地球物理勘探方法测线布置提供帮助。

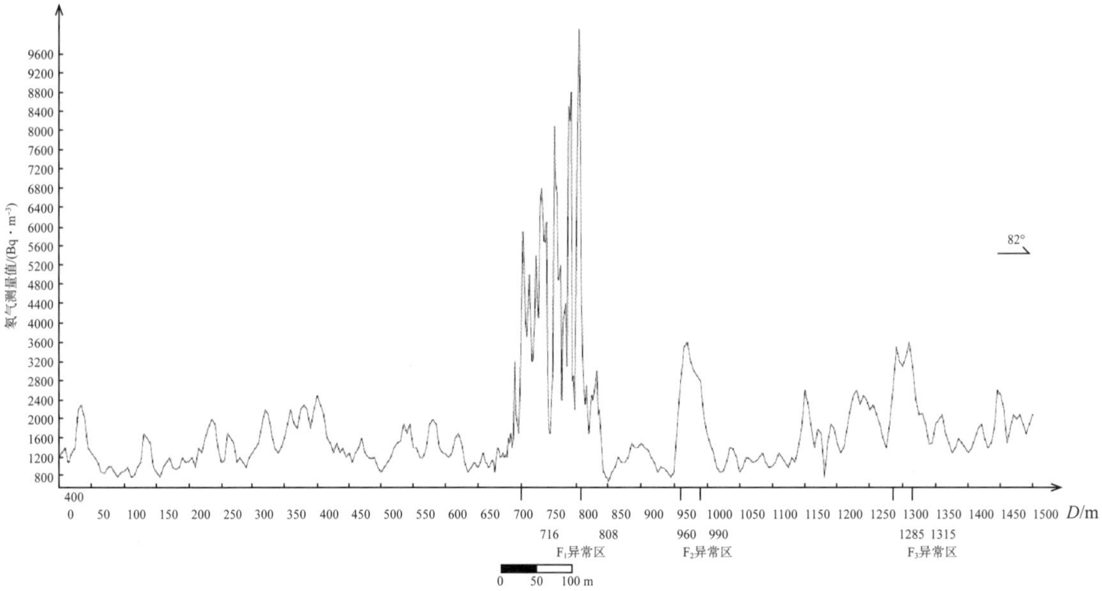

图 2.7 高丽营地裂缝氡气测量实例

2.2.4 物探

物探是地裂缝勘探重要的手段之一，原理各异，方法众多。选择合理有效的物探方法，是取得好的勘探结果的基础。选择物探方法时，应注意深浅结合、多种方法相互验证。一般探地雷达适合于探测浅部（一般深度小于 20 m）近地表地裂缝发育特征，可以和探槽、钻孔资料相互验证，高密度电法和浅层地震方法可以了解浅部（深度小于 150 m）地裂缝的发育状况，而三维地震和可控源可以探测中深部地质构造的发育特征。布置适当的三维地震，并和浅层二维横波相结合，是解决复杂地区地裂缝活动特征及其与地质构造关系最有效的方法。

（1）探地雷达

探地雷达方法是一种用于确定地下介质分布的广谱电磁波技术。该探测方法的主要目的是确定地裂缝的具体位置和浅部地层内部地裂缝发育特征。探测深度较浅，一般只能达二三十米。探地雷达一般采用剖面法，即发射天线和接收天线以固定间距沿探测剖面同步移动，连续记录。根据在已知地质断面上的试验结果设定相关参数，获取雷达数据。然后对获取的雷达资料进行数据处理来确定地裂缝的位置和规模。图 2.8 为高丽营地裂缝探地雷达解译图，图上看出该地区发育有多条地裂缝，发育深度不等，最深处达到 20 m，近垂直向下延伸，地裂缝呈带状分布，带宽近 30 m，地裂缝走向大致为 NE45°。

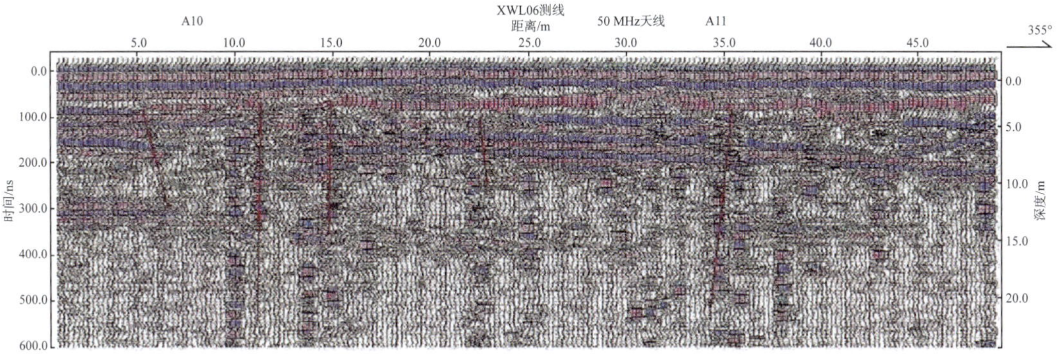

图 2.8　高丽营地裂缝地质雷达探测图

（2）浅层地震

浅层地震是地裂缝勘查最主要方法之一。浅层地震基于人工在地表产生弹性波，沿测线的不同位置用地震勘探仪器检测大地震动的一种地球物理勘探方法。浅层地震是根据接收地下界面反射波，通过计算机处理获取地震剖面来进行地层划分和地下地质构造探测（图 2.9）。该方法具有高分辨率、高精度、空间定位准确的技术特点。通常采用折射波法和反射波法。

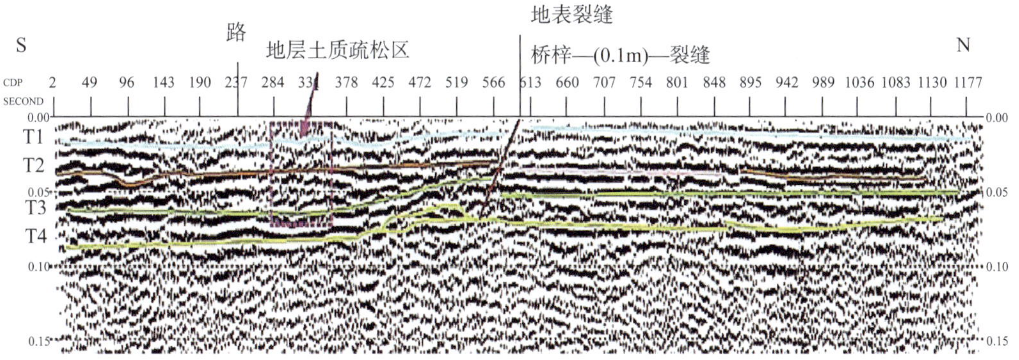

图 2.9　浅层反射地震解译图

采用不同尺度的地震方法技术，可获得不同深度范围的地下结构和构造图像。采用地震勘探方法探测研究不同深度范围的地下结构和构造时，应采用不同的地震方法技术和工作参数。

（3）三维地震与二维横波地震

三维地震是近年来探测地裂缝新发展起来的探测方法，具有采集数据密度高、信息量大特点。“三高”（高保真、高分辨、高信噪比）处理获得的三维地震数据体蕴含了极为丰富的地质信息。真三维的计算机智能资料解释技术、三维可视化技术可以给人以直观的感受，形成高精度、高准确度的三维地质成果。

高分辨率三维地震探测浅、中、深层的构造具有强大的优势，其探测的深度范围大、精度高，成果显示直观，很容易转换为地质成果。但在地裂缝探测中深度通常要求从几米、十几米到上千米，对三维地震观测系统的要求极高，施工的成本极其昂贵。二维横波地震勘探探测浅层构造具有很高的精度和准确度，在三维地震勘探的成果基础上联合二维横波勘探既可以满足城市地裂缝及活动断裂探测的要求，又具有经济合理性。

在北京顺义规划新城勘查顺义地裂缝过程中，采用纵波高分辨率三维地震与二维横波地震相结合的技术方法，取得了很好的勘探效果。工作区位于北京顺义区空港工业区，南侧紧邻首都机场，区内有厚六七百米的第四纪松散沉积层，岩性以黏性土为主。下部有顺义断裂通过，该断裂为第四纪断裂，地表变形带有较强的地裂缝发育。勘探选择了纵波高分辨率三维地震与二维横波地震相结合的技术方法，纵波高分辨率三维地震勘探主要探测浅深层地质构造，二维横波地震主要是弥补三维地震在勘查超浅层方面的不足。勘探工作主要分为野外数据采集、地震数据处理和地震数据解译3部分。野外地震数据采集工作流程如图2.10。

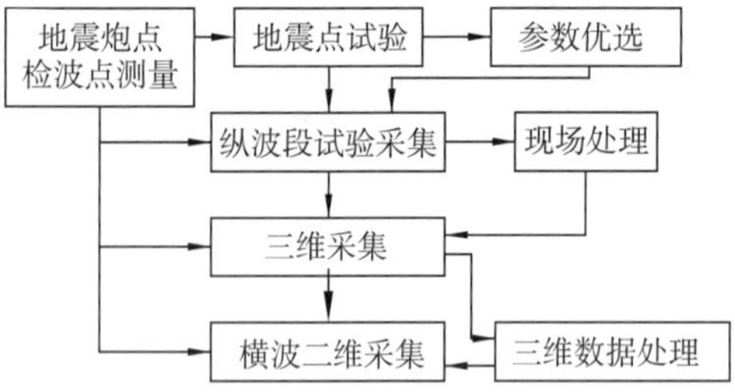

图 2.10　野外地震数据采集工作流程图

试验点的位置在吴家营西北，纵波接收仪器选用 IMAGETM SYSTEM（美国）多道遥测地震数据采集系统。采样间隔选择 1 ms 采样。分别进行了井深、药量纵波激发因素试验，纵波检波器分别试验了 HD-JS Ⅱ加速度检波器和 100 Hz 动圈式高频检波器两种。试验确定以 12 m 井深、2 kg 药量激发为最佳激发参数，接收以 HD-JS Ⅱ加速度检波器 7 只串接收为最佳。

通过试验确定的激发与接收参数如下：

激发方式：井中激发；

激发井深：12 m；

震源：高爆速成型炸药；

药量：2 kg；

仪器：IMAGE TM-SYSTEM（美国）数字遥测地震仪，接收道数 576 道；

采样间隔：1 ms；

记录长度：2 s；

前放增益：24 dB；

检波器：HD-JSII 加速度检波器 7 只串；

记录格式：SEG-D。

在点试验的基础上进行了 3 条测线的二维地震段试验。二维地震测线的布设基本垂直预测顺义断裂走向。其中 D1、D2 两条测线选择 5 m 道距 600 道固定排列接收，炮点移动，炮点距 10 m，并在 D1 线上进行了不同叠加次数的试验。D3 线进行了 2 m 道距的高密度二维纵波试验。试验结果表明，区内干扰波主要有：声波、面波和折射波，仅仅依靠二维纵波勘探不能对顺义断层中、深部空间形态和展布进行高精度控制。

三维地震是一种高密度面积勘探技术，利用炮点和检波点的灵活组合获得分布均匀的 CMP 点网格。观测系统正确与否直接影响数据采集质量、资料处理效果和地质解释成果的精度。综合本区地质任务的要求及区内地震地质条件、地表施工条件和仪器因素，本区选择 8 线 12 炮正交规则束状观测系统（图 2.11）。

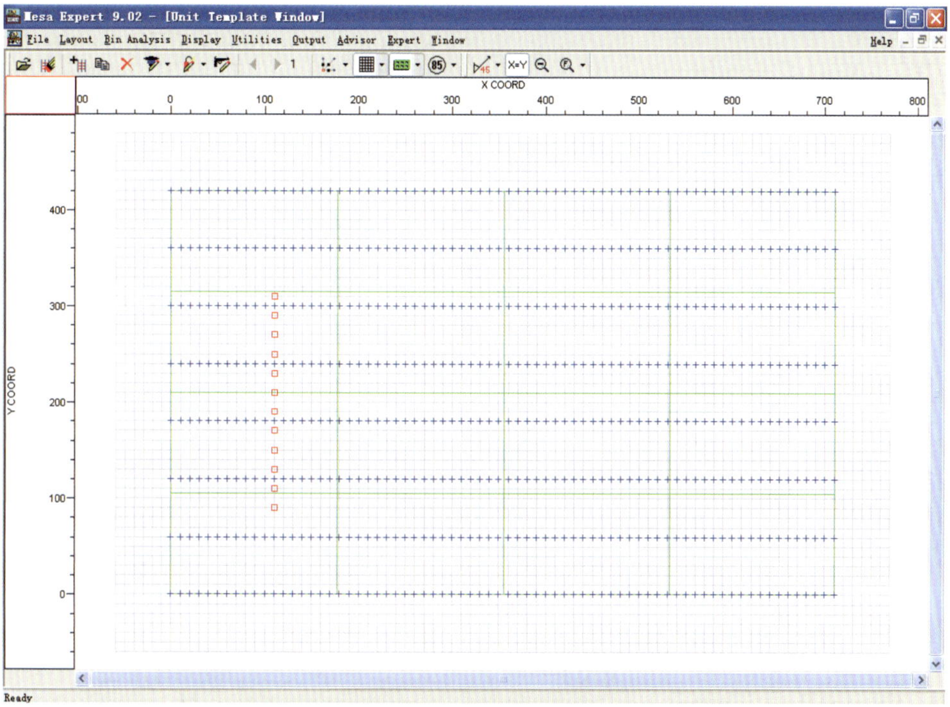

图 2.11　8 线 12 炮正交规则束状观测系统示意图

横波与纵波相比具有速度低、分辨率高等特点。本次二维横波地震采用 2 m 道距，CDP 距 1 m，48 道接收中点激发的观测系统（图 2.12）。

数据处理分为预处理和常规处理两部分。预处理是资料处理的基础工作，它关系到最终处理成果的质量和效果。预处理内容包括：数据解编、炮点及检波点检查、真振幅恢复、静校正量计算、属性建立等。预处理阶段的主要任务是建立正确的空间属性文件，建立接近实际的近地表模型，要求共反射面元道集分选正确，面元大小符合设计要求等。

常规处理主要进行野外静校正、折射静校正、抽道集、反褶积、速度分析、动校正叠加、三维剩余静校正、三维 DMO 叠加、三维偏移等。处理中应重点对干扰波进行压制，提高信噪比，保证对小构造的分辨能力。采用全三维偏移，以使三维数据能够准确归位，使断点、褶曲及构造轮廓更加清晰可靠，经处理试验确定的基本流程如图 2.13 所示。

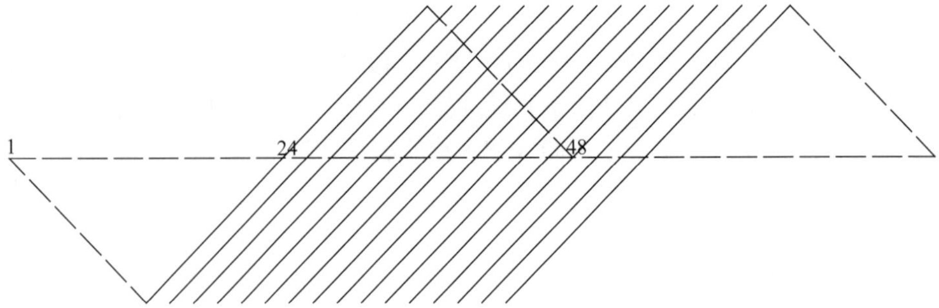

图 2.12　二维横波地震观测系统图

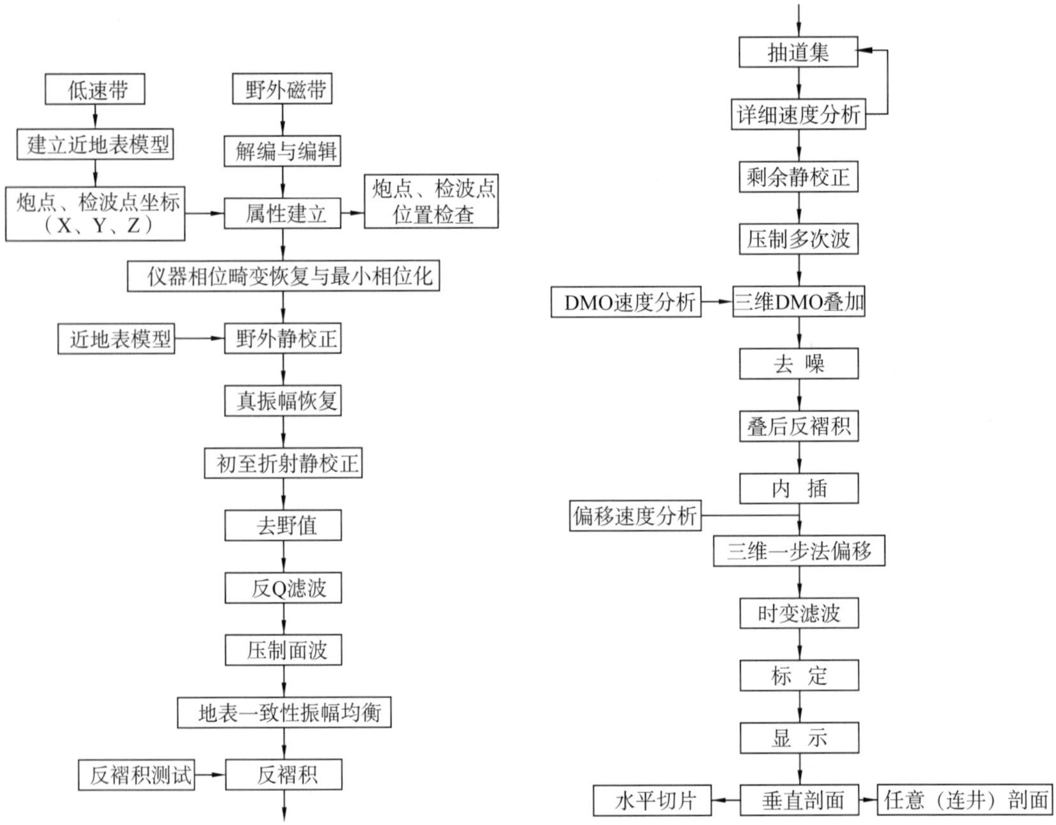

图 2.13　数据处理流程图

三维野外采集的地震原始资料经全三维处理后，得到的三维地震数据体为 1085 m × 2395 m × 1.9 s（图 2.14 和图 2.15）。二维横波采集的地震数据处理后得到的横波地震时间剖面 4 条，总长度为 3.6 km，CDP 间隔为 1 m，记录长度为 1 s。地震数据的地质解释就是采用多种技术方法提取地震资料中蕴藏的各类地质信息，包括构造和岩性等，将地震数据转换为地质资料。

解释采用人机交互系统，以工作站解释为主，人工解释为辅，对三维地震资料以时间剖面、水平切片、面块切片及地震属性分析等实行全三维解释，用任意方向的剖面与垂直断层相校验，把技术人员对探区构造规律的认识及解释经验与工作站智能解释软件相结合，全面地进行地震波的综合对比与解释，其解释流程如图 2.16 所示。

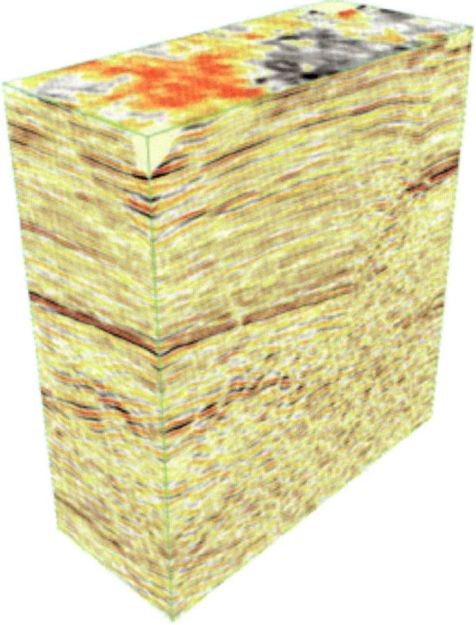

图 2.14　三维地震数据立体图

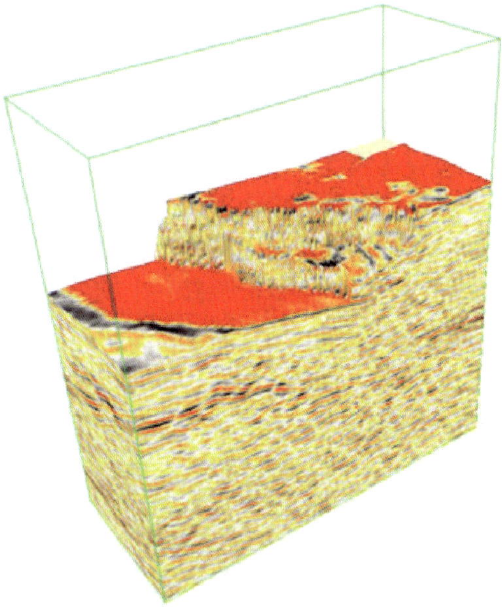

图 2.15　基岩三维地震数据立体图

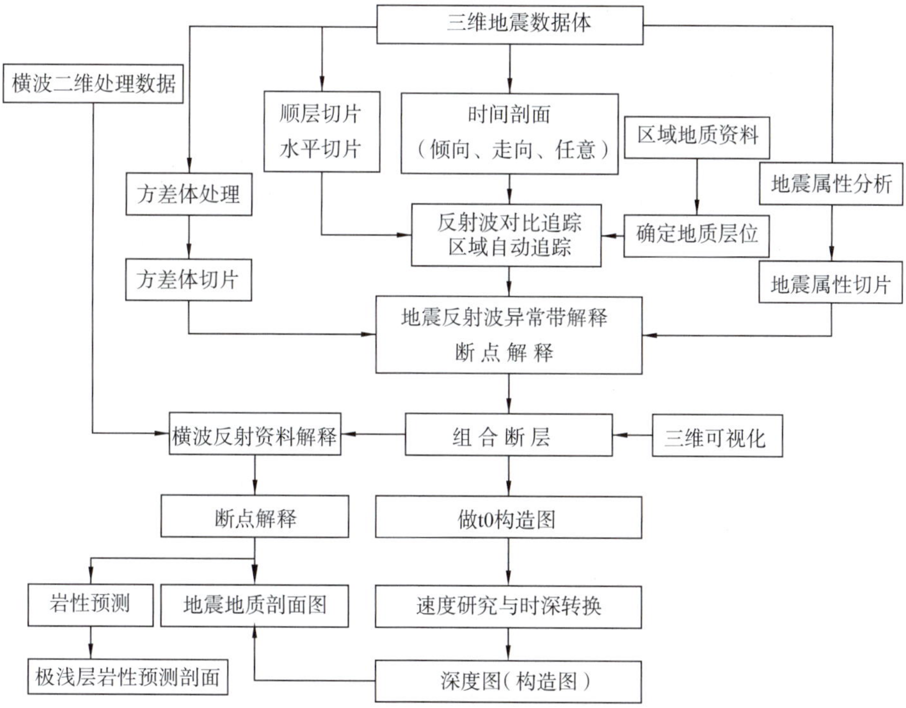

图 2.16　三维地震资料解释流程图

地震成果表明，顺义断层、顺义支断层将基岩切割成阶梯状，基岩顶界面间落差分别为 120 ~ 300 m 和 90 ~ 105 m。顺义断层两侧新生界厚度相差 250 余米，因而在顺义断层、顺义支断层附近，基岩顶界面构成十分壮观的古陡崖或叫古陡坎。为后期的不均匀地面沉降提供了地质条件。顺义断层早期为逆断层，新生代中期继承性发展为正断层，其断距特征为下大上小，向上发育至地表仅 20 m 左右。顺义断层向上断至上更新统军营组中、下部，向上向外撒开呈花状结构。

（4）可控源测深

可控源测深法是以有限长接地偶极子为场源，在距偶极中心一定距离处同时观测电、磁场参数的一种电磁测深方法。利用不同岩性电阻率的差异，通过改变发射频率来达到测深的目的，获得地下不同深度介质电阻率分布的信息，反映出地下不同深度的地质情况，确定断裂构造空间展布形态（图 2.17）。该方法勘探深度大，成本高，精度高。同时，由于地下地质构造较复杂，其电性结构可能出现多种多样的表现形式，不同构造单元各时代地层岩性变化可能相对较大，有时不同构造单元同时代地层间电阻率也出现较大差异。地质解释主要根据电阻率的相对变化，结合已知地质资料进行综合推断，因此可控源测深解释推断往往存在较大的多解性，是该方法的最大不足，为此常和地震等方法一起使用。由于该方法具有探测深度大，适用性强，对场地条件要求低，经济合理等优点，因此是北京地区常用的方法。

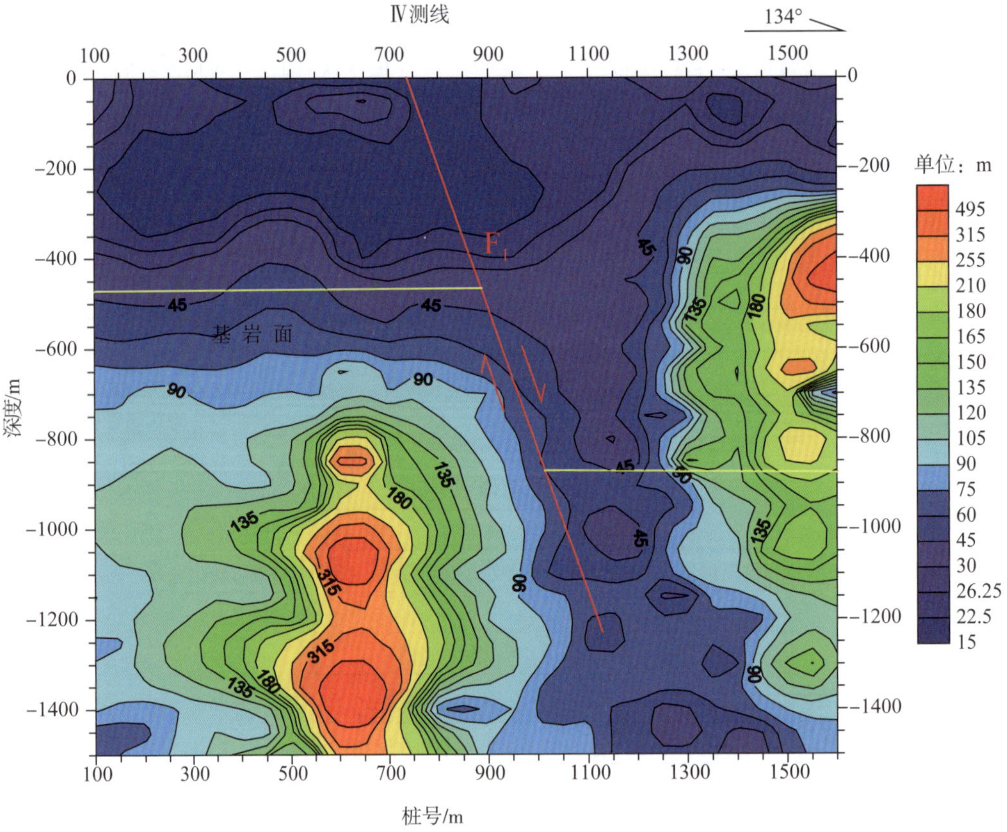

图 2.17　高丽营地裂缝可控源探测剖面图实例

2.2.5　钻探

钻探工作在地裂缝勘察过程中有着特殊的作用，主要解决以下问题：①查明地层结构，通过室内岩土试验取得地球物理探测资料解释所需要的物性参数和计算变形的力学参数；

②对地球化学探测和地球物理探测成果进行验证，通过断裂两侧的钻探工作使断裂达到更精确定位；③通过深孔土样年龄测试来确定断裂活动年龄和位移参数，为断裂活动性、古地震事件研究提供证据。

钻孔布置根据地裂缝成因类型、发育强度确定。对于构造型和具有构造成因的复合型地裂缝，钻孔一般垂直地裂缝走向布置，上下两盘均应有钻孔控制，钻孔间距靠近主裂缝地带 5 ~ 10 m，向外间距逐渐加大，一般为 20 ~ 50 m，最外钻孔以控制地表变形带为原则。钻孔深度根据地裂缝发育深度、地层岩性、时代和下伏断裂情况综合确定。一般深度为 50 ~ 100 m，部分钻孔应进入中更新统顶部。

例如，在高丽营地裂缝勘查工作中，垂直地裂缝方向布置钻探剖面 6 条，设计钻孔深度为 50 ~ 100 m，间距为 20 ~ 50 m，由于场地地质条件变化，在近主裂缝带钻孔密度增加，实际钻孔最小间距为 4.0 m。以地质剖面 1—1′（图 2.18）为例分析。

剖面 1—1′ 错断位置位于 ZK03 和 ZK04 之间。在断裂位置 2.5 m 埋深处，出现明显垂向落差，认为是错动时事件，下盘为褐黄色粉质黏土向灰黄色过渡，上盘一直为褐黄色粉质黏土层，向下延伸到 4.8 m 处，才出现灰黄色粉质黏土，错动距离为 2.3 m；ZK03 在埋深 9.5 m 处出现较厚的细砂层，ZK04 出现厚砂层的深度为 16.9 m，错断距离为 7.4 m；地表埋深 38.4 m 处的⑨层—粉质黏土层错距达到了 11.2 m，根据剖面结果，断裂两侧地层都完整，厚度差异不大，断裂倾角在 80° 左右。

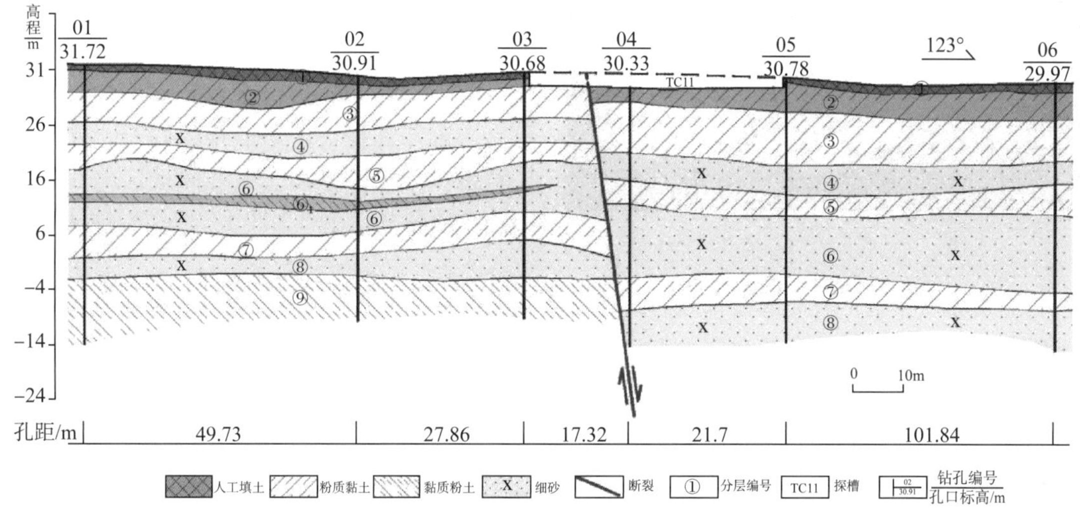

图 2.18　地质剖面图 1–1’

2.2.6　槽探

地裂缝在其发育过程中不仅使地表发生破裂变形，而且在地表下一定深度的土体中也会留下永久性的破裂变形痕迹，槽探可以清晰揭示地裂缝的地质特征，是地裂缝勘查、研究的重要方法。

槽探是在综合地质调查、地球化学探测、地球物理探测和钻探工作成果基础上开展，适用于探查裸露地表的活动断层或上断点埋藏很浅的隐伏活动断层位置和地表有明显裂缝的地裂缝地区，是揭露断裂近地表空间展布和地裂缝成因的一种有效且直观的勘查手段。槽探的主要目的是为了地裂缝准确位置确定、地裂缝影响带宽度划定、地裂缝与活动断裂关系研究，以及古地震事件及古地震活动历史研究。

探槽布置主要依据地裂缝发育特征、勘查阶段、工程要求而定，一般垂直于地裂缝，长度应控制主裂缝宽度，北京地区一般大于 15 m，同时，需有部分探槽长度控制变形带宽度。深度一般到潜水面，北京地区大部分为 5 ~ 7 m，遇有特殊情况，需要人工降水。探槽宽度及放坡应满足安全要求。一般每条地裂缝不应少于 3 个探槽，探槽间距需根据勘查精度和施工场地条件综合确定，例如，高丽营地裂缝勘查项目，布置探槽 29 个，间距 50 m 左右，深度 5 ~ 7 m，长度分为两类，一般探槽长度为 50 m，控制性探槽长度为 100 ~ 150 m，探槽布置均满足了比例尺 1∶500 的勘查精度要求。

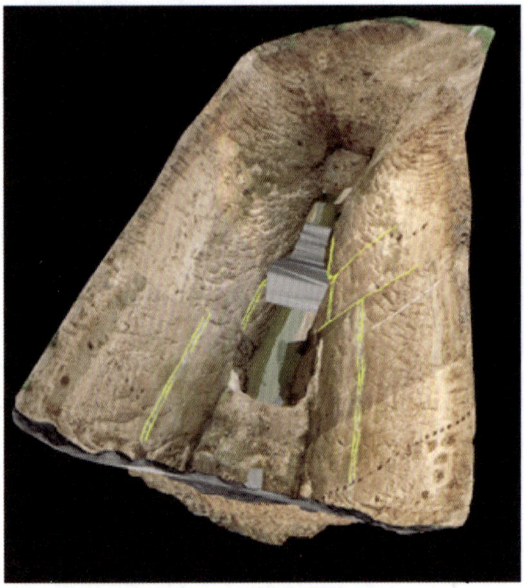

图 2.19　高丽营地裂缝探槽开挖 3D 图

探槽开挖后，首先进行工程测量，确定探槽角点坐标和高程，并进行 3D 扫描（图 2.19）。以此为基准，在槽壁上打上 1 m × 1 m 网格，做大比例尺素描、记录，同时拍照，对槽探中断裂错动次数、错动距离，崩积楔、充填楔和堆积楔现象的存在，古液化、古地裂缝等的发育，在槽探描述中都要作为重点加以描述。分析断裂突发错动历史、年龄及重复间隔。

在探槽中可以做一些实验、测试和取样工作，并在剖面图和展示图上准确标注。

在顺义地裂缝探槽中，经大比例尺素描记录，按岩性特征、形成年代划分，探槽内共揭露 7 个地层单元，在不同地层单元采取光释光样品 9 件（图 2.20）。地层岩性从老到新依次为：

①浅灰色黏土，一些部位含细砂，呈团块状，见炭灰薄层长 10 ~ 20 cm 和小碳粒，顶部有小螺壳散布，螺壳径长为 1 ~ 5 mm；②肉红色黏土与铁灰色含黏土的粉砂（下）和铁灰色的粉砂（上）互层；黏土中铁锈明显，可见黑色炭灰粒，夹砂团块；砂层下部黏土含量较高，也见锈斑，加黏性土团块，上层黏土较少，该层在西盘较稳定，接近断裂附近和东盘扰动相对较大；③灰黄色、灰白色中细砂或砂质粉土，下部 30 ~ 50 cm 为较纯的灰白色（含黏土少）的中细砂，底部见土块（1 ~ 5 mm），近断裂附近有黏土块，往上颜色偏黄，并且土的含量增加；④灰黄色的发红的粉质黏土，向上颜色发灰，局部有 2 ~ 3 cm 的近黑色粉质黏土，常见 1 ~ 5 mm 的白色小螺壳，数量较少；⑤黄色细砂，较纯，有铁紫色斑点，顶部有 5 ~ 10 mm 厚的黏土局部发黑，常见小螺壳（少）；⑥黄色的粉砂，下部黏土含量较高，颜色发灰，与⑤层之间夹黏土；⑦表层耕植土，含黄棕色砂土，植物根系发育。

根据探槽揭露在槽壁上可清楚看到一条正断裂，断裂面向上延至地表，走向 NE40°，倾向南东，倾角近 80°。在探槽断面上，可以清楚地看到在地表下 4 ~ 5 m 深度范围内肉红色黏土与铁灰色含黏土的粉砂（下）和铁灰色的粉砂（上）互层中有一次地层错断事件发生，断裂两侧地层杂乱无章，含有大量不规则的团块，断距 14 cm。光释光测年为 20.7 ± 1.7 ka ~ 24.1 ± 2.5 ka，为晚更新世晚期。上部地层没有缺失，有错断，灰黄色、灰

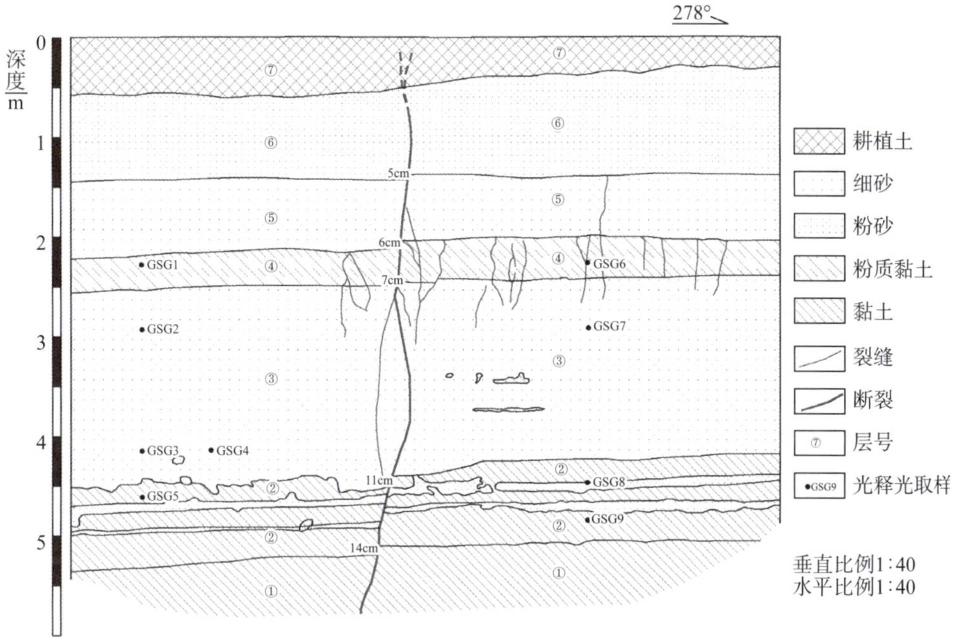

图 2.20　顺义油库探槽南剖面图

白色中细砂至亚砂土层错断 11 cm，光释光测年为 22.8 ± 2.3 ka ～ 25.9 ± 2.6 ka，为晚更新世晚期。灰黄色的发红的砂质粉土错断 7 cm，光释光测年为 22.7 ± 2.3 ka，为晚更新世晚期。黄色细砂错断 6 cm，光释光测年为 7.8 ± 1.9 ka。黄色的粉砂错断 5 cm，表层土壤层没有发生错断现象。但地层错断特征明显不同，肉红色黏土与铁灰色粉砂互层②层地层错断具有典型的构造成因特征，上部地层错动面粗糙，裂面新鲜，裂面两侧裂隙发育方向性差，基本无充填，两侧地层连续完整，岩性均匀，颜色单一，具有近期形成的特征。

图 2.21 是高丽营地裂缝探槽剖面图，图中对断层（主裂缝）、次裂缝、地层单元界线及编号、样品采集点进行了详细标注，为后续分析研究打下了良好基础。

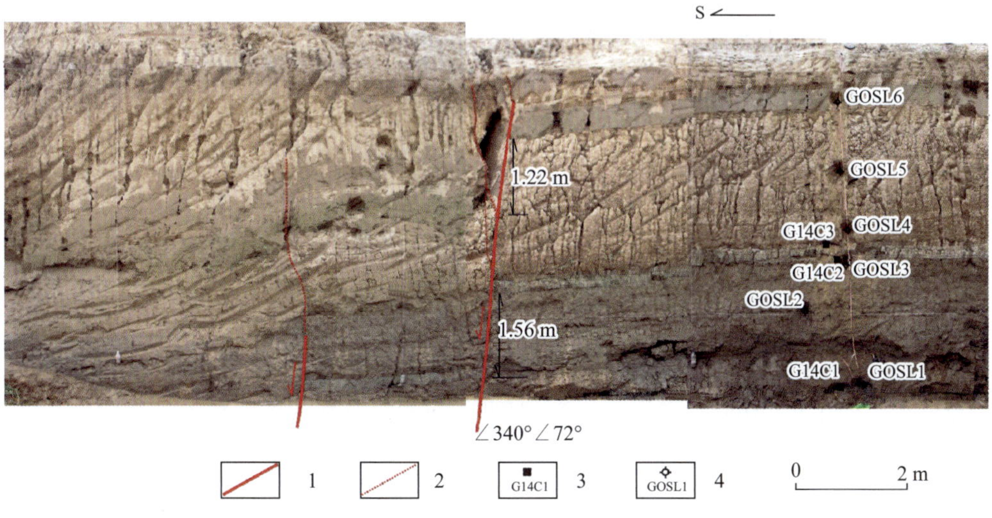

图 2.21　高丽营地裂缝槽探开挖剖面图

1—地层单元界线及编号；2—断层；3—裂隙；4—^{14}C样品采集点；5—OSL样品采集点

①层断距为154 cm；③层断距为156 cm；⑤层断距为122 cm

2.3 地裂缝监测

地裂缝监测工作是进行地裂缝成因分析和预测与评价的基础。监测数据反映地裂缝活动的最新动态，且具有一定的时间连续性，据此可以掌握地裂缝活动特征，进而分析、评价其危害程度，并提出防治措施。

目前，国内外地裂缝监测方法主要包括简易人工监测、水准测量、地裂缝计、自动化遥测监测、三维断层形变监测、激光微小位移监测、GPS 测量和 InSAR。

2.3.1 简易人工监测

简易人工监测就是采用简易的量测工具（皮尺、钢尺、卡尺）对灾害体地表的裂缝等部位进行监测或者采用贴纸条等简单手段观测地裂缝的活动变化（图 2.22）。通过定期观测来大致判断地裂缝的活动大小。该方法优点是简便、直观、可靠、投入快、成本低、便于普及、不受环境影响，缺点是精度稍差、信息量少。适用于群测群防监测。

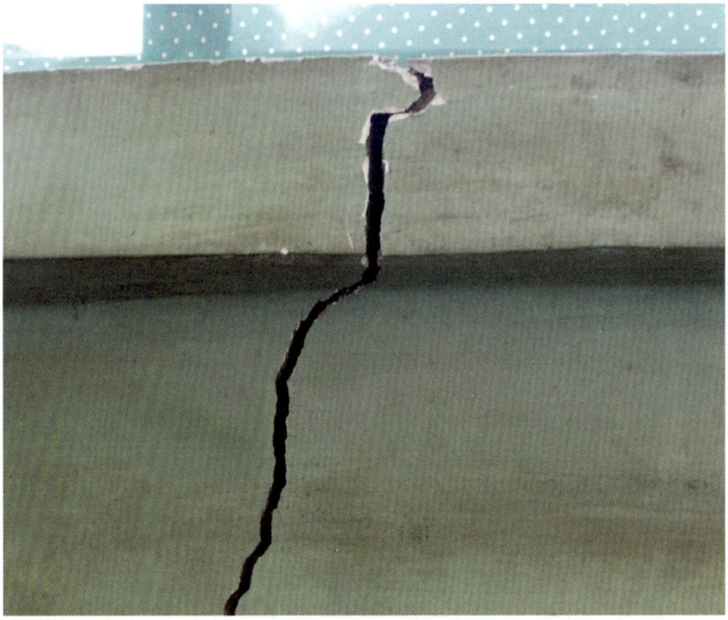

图 2.22 顺义西王路地裂缝简易监测

2.3.2 水准测量

水准测量是地裂缝监测工作中最常规也是最可靠的监测手段，应用范围广泛。通过横跨地裂缝带建立水准测量点，定期进行监测和数据分析，来掌握地裂缝的活动特征。一般情况下，地裂缝水准测量都进行三维监测，即地裂缝的水平拉张、水平扭动和垂直变化。

在沿地裂缝 20 m 长的地段至少有一条监测线控制。监测线尽量设为直线，且长度不应小于地裂缝带的宽度。水准测量线一般设垂直和斜交地裂缝的短基线各一条（图 2.23），垂直基线用于研究地裂缝的水平拉张和垂直升降，斜交基线用于研究地裂缝的水平扭动。垂直基线长度不小于 100 m。在避让带、次不安全带、次安全带及安全带中设置测点时，点与点之间的距离分别为 0.5 m、1 m、2 m 及 5 m（地质勘查与地质灾害监测评估防治技术实

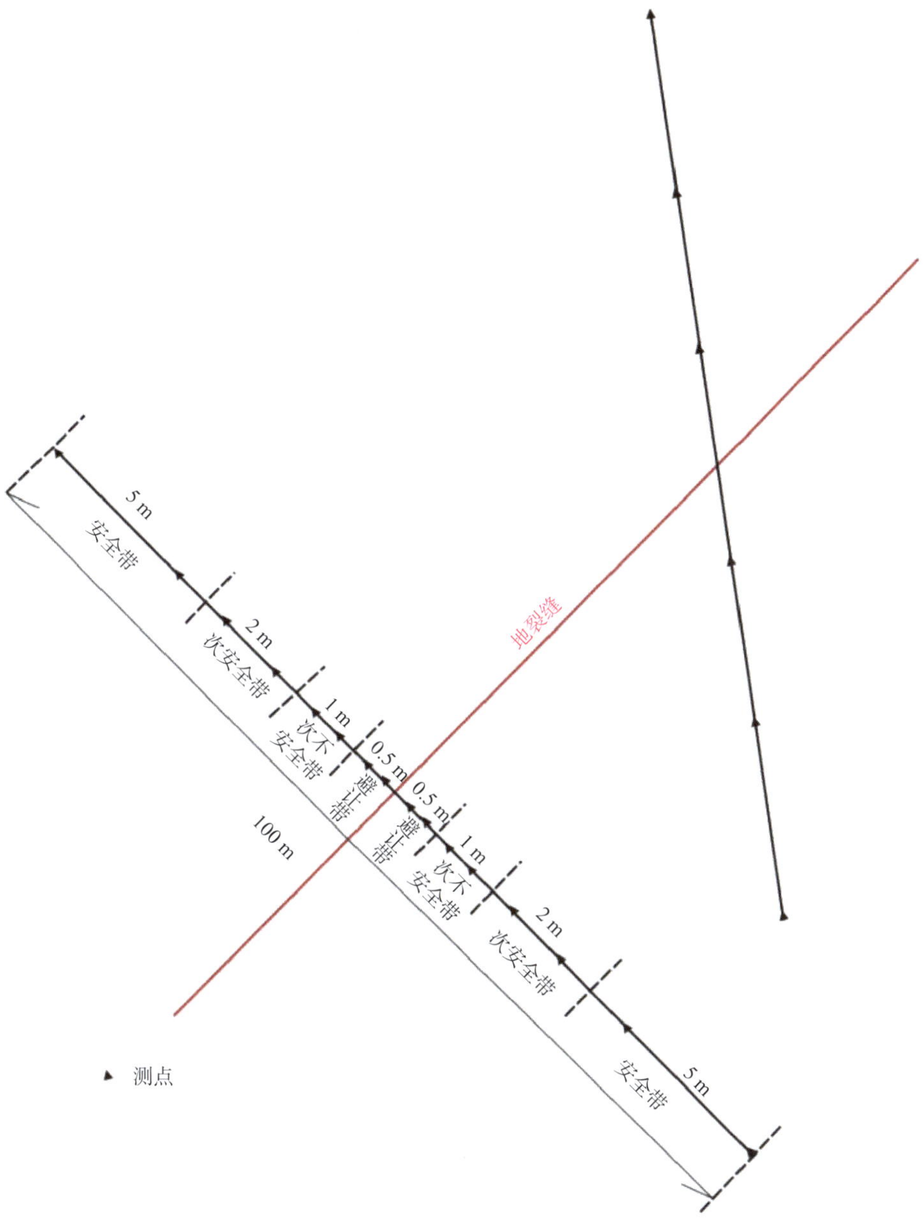

图 2.23　地裂缝水准测量基线布置原理图

用手册，2002）。形变场以正方形为宜，边长为 100 m 左右，其中两边垂直地裂缝，测点距离同上（图 2.24）。

一般情况下每月监测一次，活动异常期 10 d 监测一次或更短时间内监测一次。将监测数据填入专制的表格。监测数据应在 3 d 内进行变形曲线绘制、变形分析。如遇异常情况，即刻上报上级主管部门。水准测量一般采用 I 等精密水准测量。以季节为单位，整理监测表格及相关图件，将资料归档保存，并提出下一季度地裂缝活动趋势预测的初步意见。年终进行全面分析、总结，提出地裂缝活动的年度评价意见，评估下一年度地裂缝活动趋势，提出监测工作的意见和建议。

北京市为了监测高丽营地裂缝建立了跨地裂缝水准测量线。水准测量线由 13 个水准点

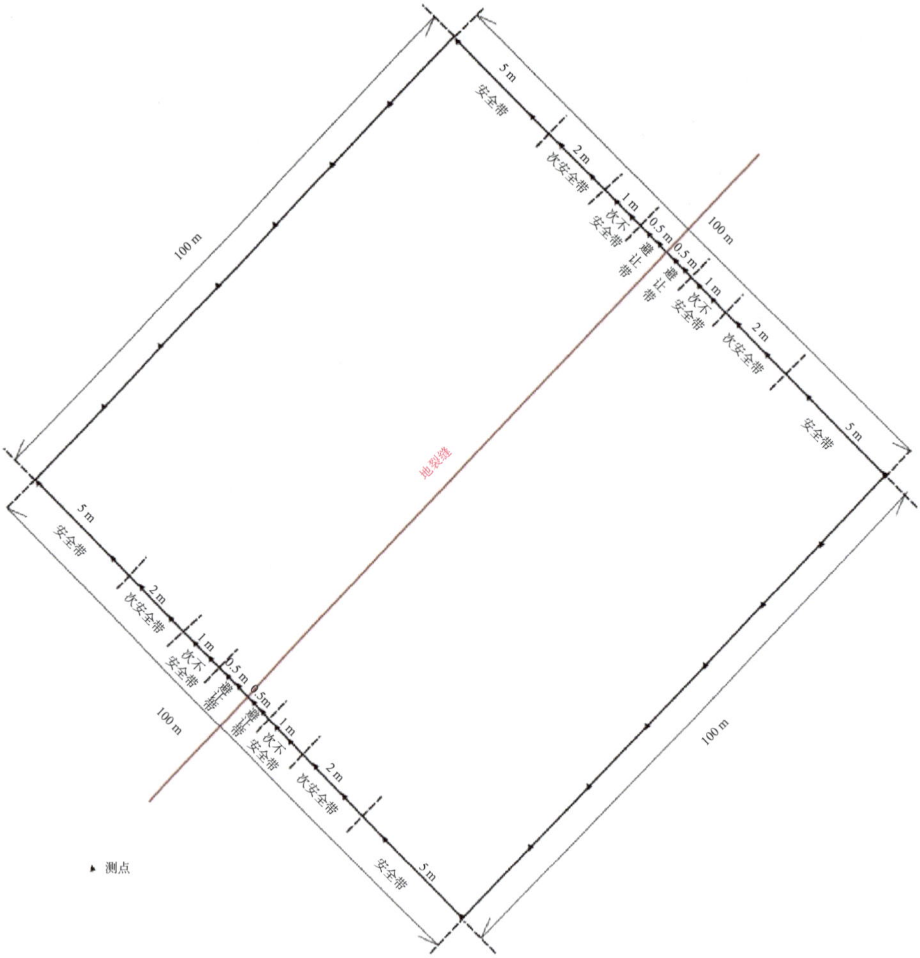

图 2.24　地裂缝形变场水准测量布置原理图

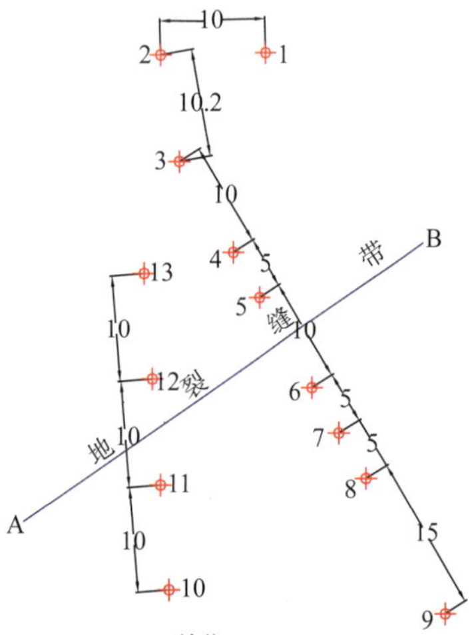

图 2.25　顺义西王路地裂缝监测站水准点位置平面图

构成（其中 5 个为 GPS 与水准一体点，分别为 2 点、4 点、7 点、10 点和 13 点，GPS 与水准一体点主要进行水平和垂直三维测量；8 个单纯水准点，单纯水准点进行垂直方向测量）（图 2.25）。水准点测量基线布置两条，一条垂直于地裂缝带，一条斜交地裂缝带，1 号点位于地裂缝下盘相对稳定处作为引测点。

水准测量方法简单、易操作，但是工作量大、数据记录处理烦琐、观测周期长、不能进行数据的实时监测和分析工作。

2.3.3　地裂缝计

地裂缝计作为局部地裂缝点监测，适用于对重点裂缝的长期定点监测，如中国科学院地质与地球物理研究所李晓教授设计的 IGG-1 型裂缝计。目前，这一仪器在矿山地裂缝监测中应用广泛。

IGG–1 型地裂缝计由 4 部分组成：仪器的固定底座、测杆固定架、测杆和大量程游标卡尺（图 2.26）。

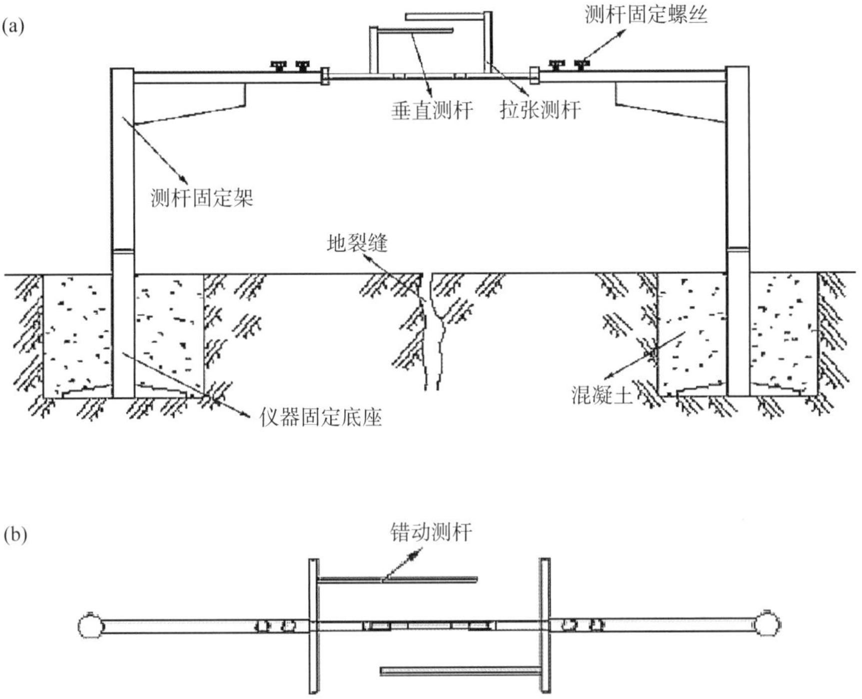

图 2.26　IGG–1 型裂缝计图

（a）IGG–1 型机械式裂缝计前视图；（b）IGG–1 型机械式裂缝计俯视图

1）固定底座。固定底座是用来安装测杆固定架的。裂缝计安装时，将 2 个固定底座分别埋设在裂缝两侧的安装坑中，并用混凝土浇注，使其与裂缝两侧的岩体胶结成整体。

2）测杆固定架。该装置用来固定各方向的测杆。测量时，把测杆和底座联结在一起。

3）测杆。用来测量裂缝两侧的张开、水平错动和垂直错动 3 个方向的相对位移量。这些部件均由不锈钢材料经过精加工制成，以保证其精度。

4）大量程游标卡尺。采用 500 mm 量程的游标卡尺，精度为 0.02 mm。

该设备耗电量小，存储能力强、安装简便、可以重复使用、适用范围广、费用少。但主要缺点为不能进行实时传输，要到现场取数。

2.3.4　自动化遥测监测

目前，北京使用的地裂缝自动化遥测监测系统包括 KLA–1 型自动化遥测系统和地表位移自动化遥测系统两种。

（1）KLA–1 型自动化遥测系统

1）监测原理。该系统主要利用不动点与监测点的相对位置变化，得到每一监测点的相对位移量，是一种双向位移测量装置。系统由位移传感装置、数据采集发射模块、数据接收处理终端三部分组成。其监测原理为在地表不动点及监测点处各建一高台，台上安装位移测量设备，用细钢丝将不动点设备与监测点相连，在不动点测量设备内部装有滑轮式角度传感器，钢丝绕过滑轮后与重锤相连，当两点发生相对位移时（靠近或远离不动点），在重锤的衡力作用下，使角度传感器的角度发生改变，通过角度的变化量就可以计算出两点间的位移量。第 1 个监测点上的测量设备与第 2 个监测点相连便可测量 1、2 点间的相对位移量，以此类推，用一个不动点就可测量一条轴线上各个监测点的位移。然后利用 GSM 无线手机网络实现远程实时遥测，在远程终端机上进行数据接受及分析工作，实时掌握地裂缝发育情况。

2）测点位移计算。水平位移传感装置测量水平平面内的位移，根据坐标转化，计算局部坐标系下 x 方向、y 方向的绝对位移；竖直位移传感装置可直接测量竖直平面内的位移（z 方向位移，即沉降量）。图 2.27 为局部坐标性水平位移计算原理图，采用的是二元距离交会法。

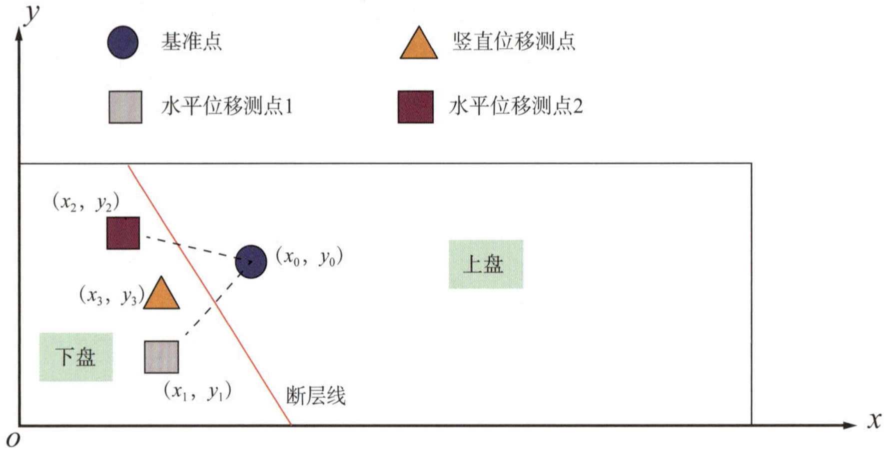

图 2.27　水平位移计算原理

以监测区间的左下侧为原点，建立局部坐标系。在 xy 平面内，设基准点的原始坐标为 (x_0, y_0)，水平位移测点 1 的原始坐标为 (x_1, y_1)，水平位移测点 2 的原始坐标为 (x_2, y_2)，竖直位移测点的原始坐标为 (x_3, y_3)。

水平位移测点 1 与基准点连线的斜率为 $K_1=\dfrac{y_0-y_1}{x_0-x_1}$，与 x 轴的夹角为 $\alpha_1=\arctan(K_1)$；水平位移测点 2 与基准点之间连线的斜率为 $K_2=\dfrac{y_0-y_2}{x_0-x_2}$，与 x 轴的夹角为 $\alpha_2=\arctan(K_2)$。考虑到上、下两盘可以近似看成刚体，监测点与基准点之间的位移仅是由于两盘的整体错动引起的。故可认为下盘不动，观察基准点的移动情况。

设某一时刻，水平位移测点 1、水平位移测点 2 及竖直位移测点测得的数据分别为 L_1、L_2 及 H。L_1 为水平测点 1 与基准点之间的相对位移，L_2 为水平测点 2 与基准点之间的相对位移，H 为竖直位移测点与基准点之间的相对位移。

则上盘相对于下盘的三个位移分量如式 2.1 所示。

$$\left.\begin{aligned}\Delta X&=\frac{L_1\times\cos(\alpha_1)+L_2\times\cos(\alpha_2)}{2}\\\Delta Y&=\frac{L_1\times\sin(\alpha_1)+L_2\times\sin(\alpha_2)}{2}\\\Delta Z&=H\end{aligned}\right\}\tag{2.1}$$

在北京市高丽营地裂缝监测研究中使用了该系统，为了对比地裂缝影响带不同位置地裂缝特点，安装了两组设备（图 2.28）。

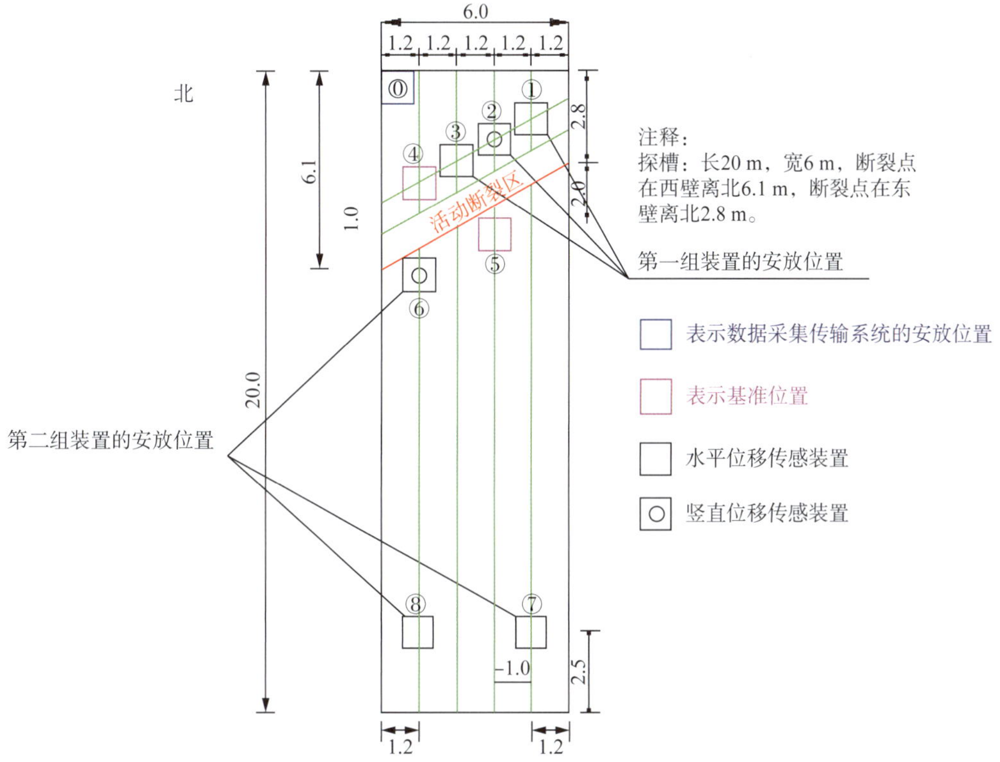

图 2.28　地表位移测点位置图

该方法具有精度高，远程操控特点，但建设需要占地，费用较高。

（2）地表位移自动化遥测系统

随着监测技术的日渐成熟，监测要求的不断提高，地裂缝监测逐渐向自动化方向发展，通过地裂缝自动化监测系统，采用远程遥控监测技术，可实现对地裂缝的实时高精度三维监测。地表位移自动化遥测系统由 MD4271 型水平变形测量仪（DSG）和 MD4472 型垂直变形测量仪（DFG）组成，配置了 MDC 型数据采集器以及系统软件、数据库和数据处理软件，并使用 GSM MODEM 无线通信方式进行远程遥控监测，能直接精确地测定地裂缝实时运动方式、运动速率及其随时间演变过程。根据公式分别计算出法向变量、切向变量、垂向变量。

2.3.5　三维断层形变监测

大地震引发的断层错动已为人们所熟知，而断层蠕滑造成的地质灾害也逐渐受到更多的关注。特别是构造型地裂缝的发生往往与地震事件息息相关，地裂缝变形往往就是由于断层蠕滑变形引起的，对断层蠕滑变形进行监测也就完成了地裂缝监测工作。

目前应用比较广的是中国地震局地壳应力研究所研发的三维断层形变监测系统。该系统由 MD2000-I 型数据采集器、断层水平切向分量监测仪 DLG、断层水平法向分量监测仪 DSG、断层垂直分量监测仪（下盘 DFG1、上盘 DFG2）以及断层气温监测仪（下盘 WD1、上盘 WD2）等 7 套仪器组成。

该系统测量原理为点光源发出的光束经透镜转换为平行光垂直照射 CCD 光接收器窗口。测量标志杆置于光路中，其阴影投射到光接收器上被 CCD 识别、处理、量化成与标志杆位置相对应的数据。点光源置于透镜的焦点处，透过透镜的平行光的视场足够大，以能充分覆盖标志杆的运动范围和 CCD 光接收器窗口。DSG 和 DFG 都是测量标志杆在 CCD 上的暗影位置，而 DLG 的不同之处在于在透镜前加一过滤装置，使光线在 CCD 上形成一条亮影，从而测量其变化位置。

该系统可以监测断层的三维变形特征，即切向变量、法向变量和垂直变量。该方法监测精度高，但该设备占用面积大，费用相对较高，并且仪器安装对场地要求比较严格。

2.3.6 激光微小位移监测

随着当今科技的高速发展，激光技术已较成熟，激光测距和激光准直法测位移已进入实用阶段，激光技术已经应用于地裂缝监测工作中。如北京市在研究高丽营地裂缝中采用了该技术，所用仪器为 BJLG-1 型裂缝动态宽度检测仪。该仪器主要由激光位移传感器、从机、主机、无线传输模块、上位机等组成。主要采用激光三角法高精度测距原理实现裂缝活动的实时监测。三角测量法是一种位移测量方法，其原理是通过发射的激光被反射层反射后照射到 CCD 光电转换器上，在 CCD 光电转换器上的位置判断出被反射层的距离，而实现对被测物体距离的测量，如图 2.29 所示。

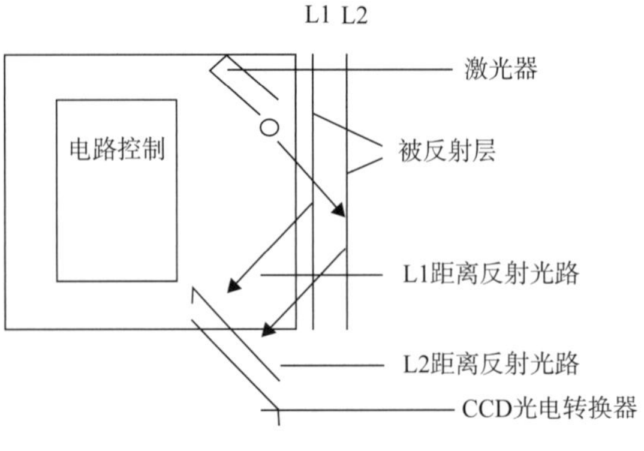

图 2.29　BJLG-1 型裂缝动态系统工作原理

根据地裂缝活动特征，自动调整监测频率，该方法监测精度高，该地裂缝操作系统只能针对每一个地裂缝点进行三维监测，不能对地裂缝带进行大范围测量工作，测量范围小，费用相对高，要进行现场取数。

2.3.7 GPS 测量

GPS 技术在灾害监测上，不但具有全天候、高时间分辨率、作业方便的特点，而且在灾害监测的定位与定量上也具有很高的三维绝对精度，在地裂缝构造断层监测中具有其他监测无可比拟的优越性。

国内利用 GPS 监测地裂缝已经有比较成功的实例，如长安大学（彭建兵、张勤，2008）为研究西安市地裂缝，选择 3 条地裂缝上布设 8 个（4 对）GPS 点，其中在一条地裂缝上布设 2 对 GPS 点，另两条地裂缝上各布设 1 对 GPS 点，进行地裂缝三维变形监测。GPS 监测结果与水准监测结果的互差均小于 1 cm，具有很好的一致性。长安大学在山西清徐地裂缝研究过程中建立了地裂缝 GPS 监测网，在地裂缝带两侧共布设了 7 个 GPS 兼水准监测点。

北京市为监测高丽营地裂缝活动情况，在地裂缝带两侧建立了 5 个 GPS 点兼水准点，以监测地裂缝带三维活动特征。该方法操作简单，不受天气影响。水平变形观测精度可达亚毫米级，所以在实施高精度 GPS 地面沉降监测的同时可获得监测点高精度的水平位移速度场。利用三个基岩基准点在 ITRF2005 参考框架下的坐标就可推算出北京市 GPS 站点覆盖范围内的水平位移速度场。

3 地裂缝发育状况

地裂缝泛指地表岩土体中产生的一种线形破裂现象。地裂缝灾害是地质灾害中的地面变形灾害之一，是直接或间接地恶化环境、降低环境质量、危害人类和生物圈发展的地质事件。它不仅造成各类工程建筑，如城市建筑、生命线工程、交通、农田和水利设施等的直接破坏，也引起了一系列环境问题，对人类的生产和生活威胁极大。

北京地区是地裂缝灾害的发育区，地裂缝常在地震时与砂土液化伴生出现。历史上曾留下了北京地区有关地裂缝的文字记载：

《延庆州志》记载：晋朝元康元年（294 年 9 月）河北居庸“上谷地震。居庸地裂，广三十六丈，长八十四丈”；清康熙三年（1665 年）通州地震，震中在“正北离城二里，地裂阔五寸，长百余步，黑水涌出，自未至申”；清康熙十七年（1679 年）三河 - 平谷大地震时，在平谷“地折裂丈余，黑水兼砂涌出，高三、四尺”，“顺义旧署、城垣俱倾，民居尽圮。地裂尺许，中出黑水”，“德胜门外涌黄流，天坛旁裂出黑水等”；同治六年（1867 年 7 月）北京延庆“永宁门外地裂，深二丈长一里”。

当代地裂缝主要出现于 1965 年邢台地震后，一类地裂缝于平原地区出现，与主要构造方向一致，另一类为西山采煤区因采空引起的地裂缝。从 1975 年至今，北京地区发生了多处、多起地裂缝灾害。尤其是 1976 年唐山发生的 7.8 级大地震，直接或间接地导致了北京的许多地区，如昌平南新村、通州西集乡、顺义俸伯镇以及房山小次洛村等都出现了地裂缝，其中昌平南新村所受的灾害尤为严重，所建的 17 幢楼房，因地震时地面开裂而导致了 13 幢裂毁。20 世纪 60—80 年代北京地区的主要地裂缝见表 3.1。

表 3.1　20 世纪 60—80 年代北京主要地裂缝情况表[①]

位置	发生时间	走向	条数	长度 /m	特征	危害
通州农业印刷厂	1967 年冬	EW	1	1968 年 5 ~ 6 月扩展到 140 m	直线延伸，不连续	车间开裂
通州次渠麦庄	1975 年 2 月底	SN	1	200	断续分布，伴有鼓包，唐山地震前出现，宽 5 m	
平谷门楼庄乡谱新春村	1975 年 3 月 3 日	NW	1	186	呈边幕式，伴有 37 个鼓包，高 15 cm。带宽 3 ~ 4 cm，风宽 35 cm	
通州西集上坡村	1975 年 10 月底	NW60°	1	460	宽 1 cm	
昌平十三陵南新村	1975 年 8 月中、 1980 年 8 月 18 日	NW60° NW70°	1 1	150 49	宽 40 cm 宽 50 cm	17 幢楼房开裂，拆除 13 幢楼房

续表

位置	发生时间	走向	条数	长度 /m	特征	危害
北京平原区东南部	1976 年 7 月 28 日	NE、NW	多	1200	裂缝最宽 20 ~ 30 cm，和砂土液化灾害伴生	公路、河堤、民房、农田等
昌平区大东流土沟村	1976 年 7 月 30 日	NW	1	400	喷砂冒水	
房山小次洛村	1976 年 8 月	NE40°	1	96	宽 25 cm	
顺义南法信马家营村	1981 年 2 月中	NW80°	2	1000	宽 5 cm	
房山北安村	1982 年	NE	1	小于 50 m		
房山南窖乡北安村	1982 年	EW	多	大于 50 m		
房山琉璃河古庄村	1983 年 8 月 5 日	NE30°	2	14 ~ 42	机井裂缝前水位上涌，恢复后水质混浊，发红	房屋裂缝 6 条
房山良乡镇纸坊村	1983 年 8 月 8 日和 1986 年 6 月 13 日	SN	1	96	地裂前 1 ~ 2 日，静夜地下似有咚咚炮声	
大兴红星鹿圈村	1984 年 11 月 16 日	NW15°	1	550	SN 转 NE，有陷坑	8 家房裂
顺义原北京市橡胶二厂	1976 年	NE12° – 近 EW	40		地裂缝带平均宽 5 m，最宽 12 m，长 250 m。主裂缝一般宽 4 ~ 5 cm，最宽处可达 9 cm	5 个车间和 1 处锅炉房
大兴太和乡瑞和庄	1986 年 3 月 8 日	NE50°	3	1000	地隆起高 15 cm，3 条平行间距 3 m，平缓波状	
延庆大柏老村	1986 年 6 月 25 日	NW60°	1	80	宽 1 cm，裂面糙，折曲状，在坑边	
房山良乡五街	1990 年 5 月	NE10° – NW345°	82	2-5	地裂缝带宽约 70 m，单条地裂缝宽几厘米，裂缝为锯齿状张裂缝，折线形，具左旋性质	48 间房屋
房山镇南大街	1990 年 8 月 6 日		数百			

注：①修订自《北京地质灾害》。

进入 20 世纪 80 年代以来，北京地裂缝发育有增强的趋势，在顺义、昌平、怀柔、平谷、通州等地都有发育（图 3.1），特别是高丽营 – 土沟、羊房 – 庙卷等地裂缝对人民生产和生活造成了较大危害。

3.1 顺义地裂缝

顺义地裂缝最早发现于 1976 年唐山大地震后，由塔河一带经顺义城区向北东延伸至木林地区，断续发育长度约 25 km，裂缝带宽度达 200 m 左右，走向与顺义断裂基本一致，

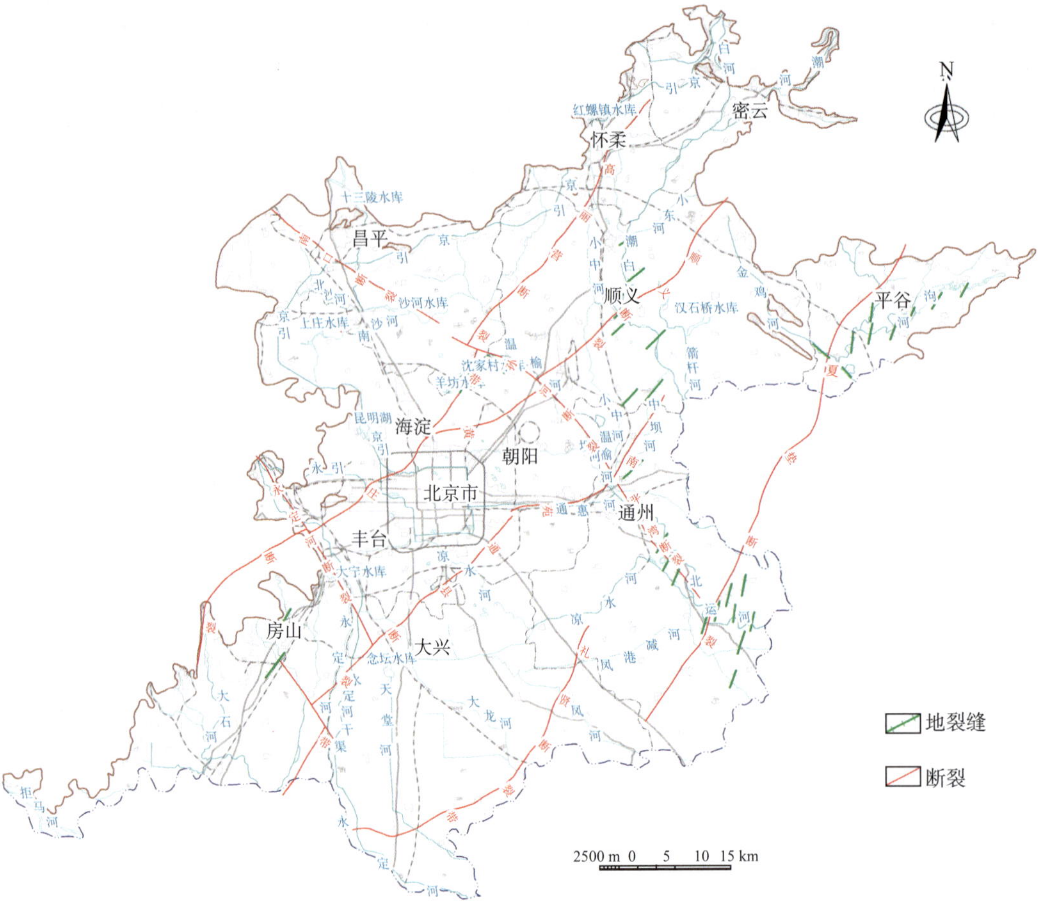

图 3.1　北京市平原区地裂缝分布图

造成沿线顺义橡胶二厂、中石化石油公司外墙、美姿服装有限公司北侧食堂等多出建筑和道路破坏。通过地质雷达数据的采集分析发现，顺义地裂缝带在杨家营处，分布深度为 3 ~ 15 m，产状近于直立，走向大致为 45°；在原橡胶二厂地裂缝分布深度为 5 ~ 19 m，产状近于直立，该处地裂缝走向大致为 45°。

顺义地裂缝引发的灾害在顺义区原北京市橡胶二厂的厂区内表现最为突出，共发现近于平行的地裂缝两条。据该厂原工作人员介绍，在 20 世纪 80 年代该厂五车间及九车间墙体及地面均出现了明显的裂缝。

北京市橡胶二厂多次对已遭破坏的建筑物进行了加固处理。如 1985 年采用钢柱加固和墙上锚固处理，1988 年进行钢筋混凝土和砖砌牛腿柱加固处理，1991 年采用旋喷灌浆处理，但均未见效果，地裂缝、建筑物裂缝继续发展。1993 年新建的 5 层框架结构办公楼又出现裂缝。

1998 年 9 月至 1999 年 10 月，对该厂地面、部分建筑物进行沉降监测结果为：目前该地区仍处于较缓慢沉降阶段，平均年沉降量为 5.3 mm，最大沉降量为 9.0 mm。裂缝两侧自南向北，东侧的沉降速度比西侧的快，导致建筑物进一步倾斜和破坏（图 3.2、图 3.3）。

图 3.2　原橡胶二厂厂房开裂

图 3.3　原橡胶二厂办公楼开裂

顺义橡胶二厂拆除后，由于该地区存在地裂缝，造成场地一度闲置。2005 年调查发现，地裂缝所通过的围墙和道路发生新的破坏，地裂缝仍继续发展。

沿着地裂缝带往南的原梅沟营村、杜各庄村、军营村，于 1976 年后出现多处房屋和路面开裂现象，裂缝间距 5 m，裂缝宽 1 cm。军营村以南裂缝对建筑物破坏程度逐渐减少。地裂缝沿北东方向穿过顺义城区，经北小营延伸到木林一带，沿线地裂缝时隐时现，造成多处民房损坏。

3.2　高丽营地裂缝

高丽营地裂缝最早发现于 20 世纪 90 年代，地裂缝走向大致呈 NE45° ~ 60°，与黄庄 - 高丽营断裂走向基本一致，由西王路村向北东延伸到北六环外，向西南经唐自头村穿越京承高速公路，沿华都肉鸡厂、原土沟村、北七家卫生院、普罗旺斯别墅区、八仙别墅小区延展（图 3.4），长度约 6000 m，变形带最大宽度约 300 m，一般宽度为 30 ~ 50 m。总体上

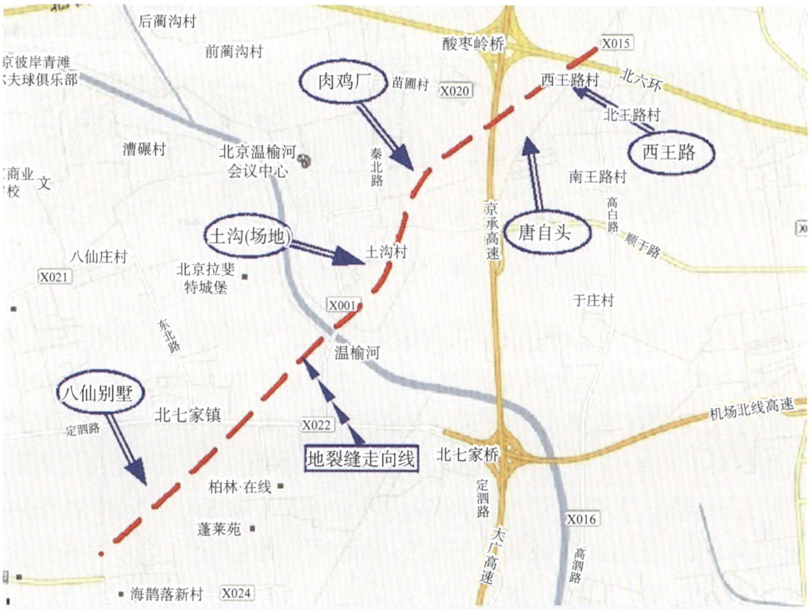

图 3.4　高丽营地裂缝平面位置示意图

看裂缝宽度一般几毫米到十几毫米不等，最大 200 mm。地裂缝两侧地面高差明显，东南低，西北高。裂缝沿线墙体开裂、地表变形，局部地区出现地面塌陷。地裂缝发育以西王路村、唐自头村、土沟村、八仙别墅最为典型，其建（构）筑物的破坏也最为严重。

3.2.1 西王路段

高丽营地裂缝在西王路村造成了多户村民房屋墙体开裂，地坪和围墙明显破坏，高泗公路也因地裂塌陷一度中断（图 3.5）。据村民反映，2001 年夏季一次暴雨后，在高泗公路及其两侧，突然产生了五处陷穴，公路交通中断。位于地裂缝带上的民房出现贯通性裂缝，例如，一吴姓村民北房，东侧下降 15 cm，水平右旋扭动 2 cm，墙体裂缝最大宽度为 1 cm。村西果园内发现有多处塌陷，在村西田地发现地表有明显的错动，地裂缝地表发育明显，墙体破坏严重，东南侧一般下降幅度小于 20 cm。

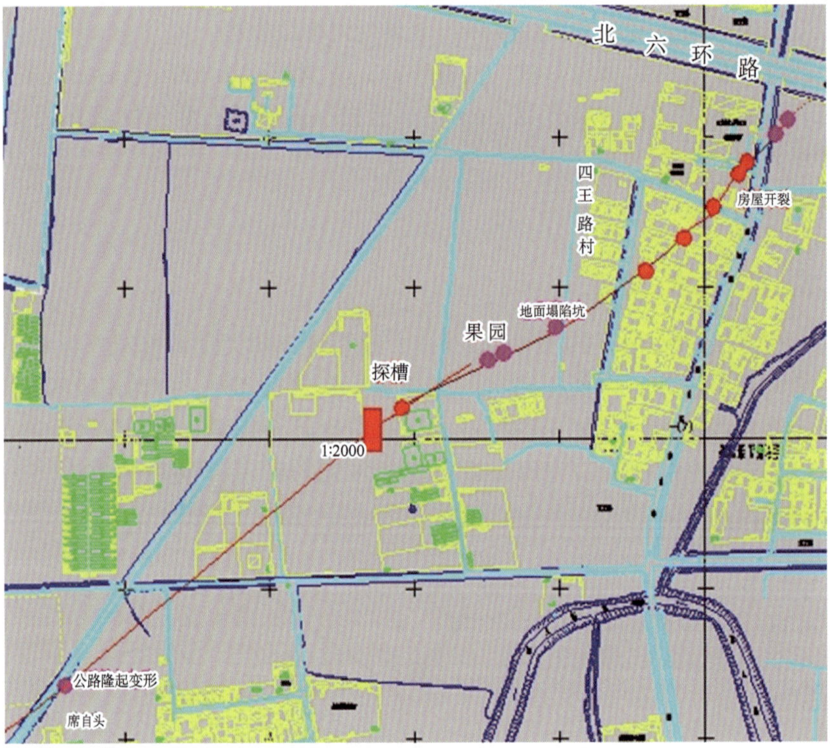

图 3.5 西王路地裂缝发育示意图

西王路中路一巷 8 号砖混结构民房于 2001 年建成，房屋墙体、附近路面出现多处严重开裂（图 3.6 和表 3.2）。房屋后墙两处明显裂缝（图 3.6 中主 1 和次 1），由房顶呈倒八字形延伸至地表，其中主 1 裂缝上部水平开裂约 4 cm，近地面处缝宽 1 cm（图 3.7）；房屋垂向变形（东侧上盘下降）约 6.5 cm，下盘相对稳定。房屋使用 9 年，由此可计算此处地裂缝活动速率平均为 7.2 mm/a。主 2 裂缝为水泥路面明显错开（图 3.8），同样表现为东侧上盘下降，下降幅度约 4 cm，且路面建成时间较短，由此可知地裂缝活动有加快趋势。由主 1 和主 2 裂缝可确定裂缝走向，经测量此处地裂缝走向 NE63°，由上盘最远处次 3 裂缝可确定上盘影响带宽度为 23.91 m，下盘最远处裂缝次 2 可确定下盘影响带宽度为 8.7 m。

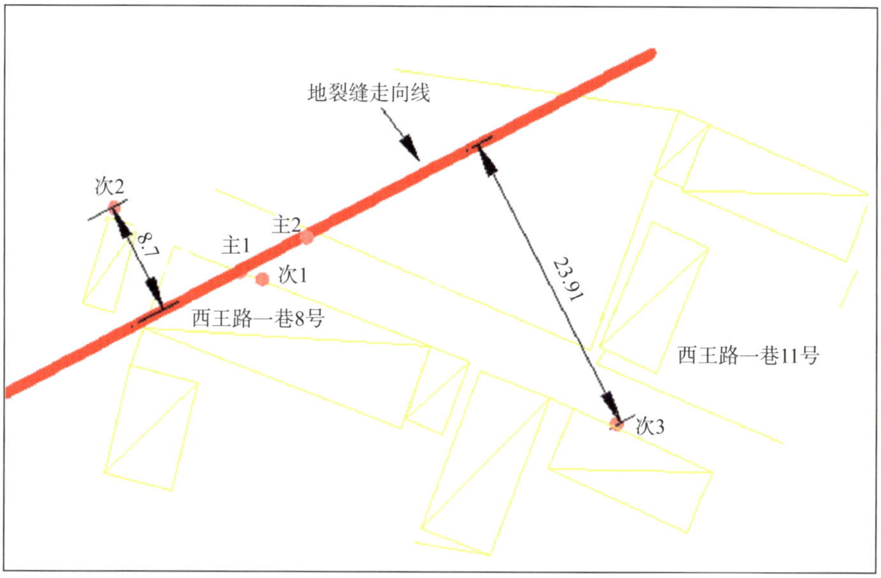

图 3.6　西王路段一组发育示意图

图 3.6 中以主开头编号表示破坏最明显最严重的主裂缝，编号为次的为破坏相对较轻的次裂缝。此编号方法应用于下文所有以主、次为编号开头的地裂缝调查点。

表 3.2　西王路段一组发育状况表

编号	发育状况
主 1	北墙贯穿式开裂，东向倾斜，上部裂口目测宽度为 4 cm，近地面实测宽度为 1 cm，裂缝两侧房屋变形，东侧房屋明显下降
主 2	水泥路面明显断开，东侧下降 4 cm，向东为缓坡，断裂面东侧有数条十几厘米至几米长的微小裂缝；西侧相对平坦稳定
次 1	北墙贯穿式开裂，西向倾斜，较明显
次 2	北墙贯穿式开裂，近垂直地表，较明显
次 3	北墙贯穿式开裂，近垂直地表，较明显；相连道路轻微裂开

图 3.7　西王路一组墙体破坏

图 3.8　西王路一组地表裂缝

西王路二巷九号民房周围发现多处墙体裂缝和地表变形（图 3.9和表 3.3）。主 1 裂缝为门前胡同南侧居民房屋后墙，墙体开裂变形严重，可见明显裂口和垂向形变，屋脊和后墙均扭曲变形，实测东侧（上盘）墙体下降 18.6 cm，西侧（下盘）相对稳定（图 3.10），自 1970 ~ 2010 年此处变形速率平均为 4.7 mm/a。主 2 为二巷九号院内方砖地面变形，表现为上盘下降，实测降幅为 8.5 cm，自 1986 ~ 2010 年此处变形速率平均为 3.5 mm/a。除主 1 和主 2 外，另有多处墙体裂缝（图 3.9），近垂直地面，其中次 1、次 6、次 7 和次 8 裂口明显，其他裂缝较明显，无明显垂向变形现象。由主 1 和主 2 裂缝可确定此处地裂缝走向为 NE75°，上盘最远处次 5 墙体破坏点距裂缝走向线 19.47 m，此为上盘影响带宽度；下盘最远次 6 点距走向线 17.43 m，为下盘影响宽度。

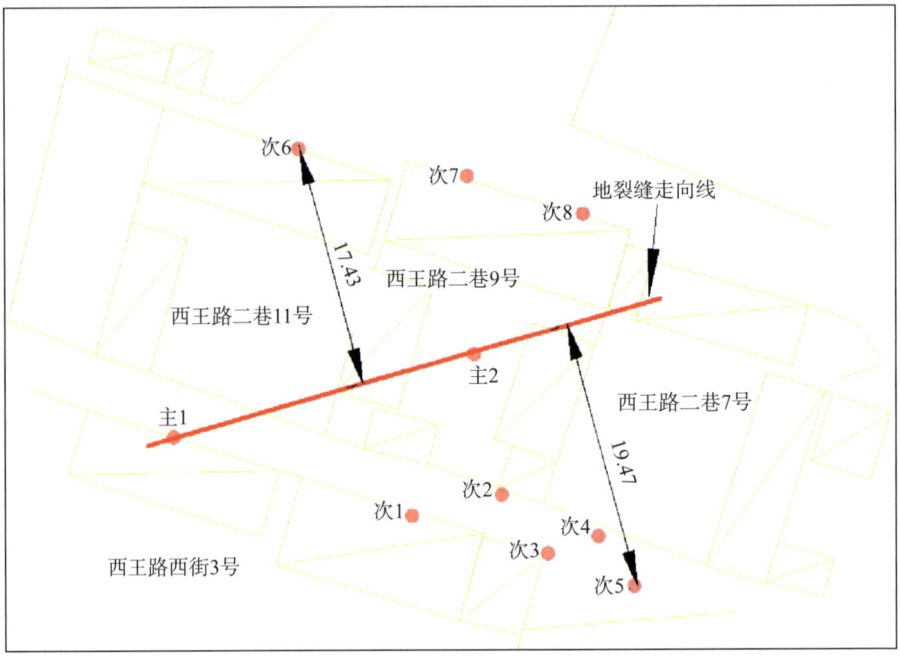

图 3.9　西王路二组发育示意图

表 3.3　西王路二组发育状况表

编号	发育状况
主 1	墙体贯穿式开裂变形严重，可见明显裂口和垂向形变，屋脊和后墙均扭曲变形，东侧（上盘）墙体下降 18.6 cm，西侧（下盘）相对稳定
主 2	地面变形，上盘下降 8.5 cm，另有多组长度小于 5 m 且分布杂乱裂缝
次 1	北墙贯穿式开裂，近垂直地面，较明显
次 2	院墙贯穿式开裂，近垂直地面，较明显
次 3	北墙贯穿式开裂，近垂直地面，较明显
次 4	院墙贯穿式开裂，近垂直地面，较明显
次 5	北墙贯穿式开裂，近垂直地面，较明显
次 6	北墙贯穿式开裂，近垂直地面，明显
次 7	北墙贯穿式开裂，近垂直地面，较明显
次 8	北墙贯穿式开裂，近垂直地面，明显

3.2.2 京承高速段

京承高速2004年开始通车，2006年开始发现道面裂缝，到2008年，主裂缝宽度为15 mm，垂直变形为30 mm，差异沉降速率平均为7.5 mm/a，东南下降，影响了正常使用，道路部门多次进行了修缮维护，裂缝带宽为40 m，据调查地裂缝仍在发展。

图3.10 西王路二组墙体破坏

3.2.3 唐自头段

地裂缝穿过唐自头村北，较典型一组发现在果园林地中（图3.11）。调查发现一条长约90 m地表裂缝（图3.12），图中主2和主3为确定裂缝走向两个典型调查点，裂缝走向NE71°，裂口宽为5 ~ 10 cm；东南侧（上盘）下降，裂口至次1点一带为缓坡，次1东南侧地表相对平坦，由此可基本确定上盘影响带宽度为21.7 m；西北侧（下盘）相对稳定，裂口至次2点为缓坡，坡度小于上盘缓坡，次2点距裂缝距离为下盘影响宽度为13.75 m；经测量可知次1点和次2点高差为53 cm，此为地表裂缝地面变形量，地裂缝发生具体时间不详。主1点院墙开裂严重（图3.13），水平开裂约7.5 cm，垂向变形为4.0 cm，自2007 ~ 2010年，此处地裂缝变形速率平均为13.3 mm/a。

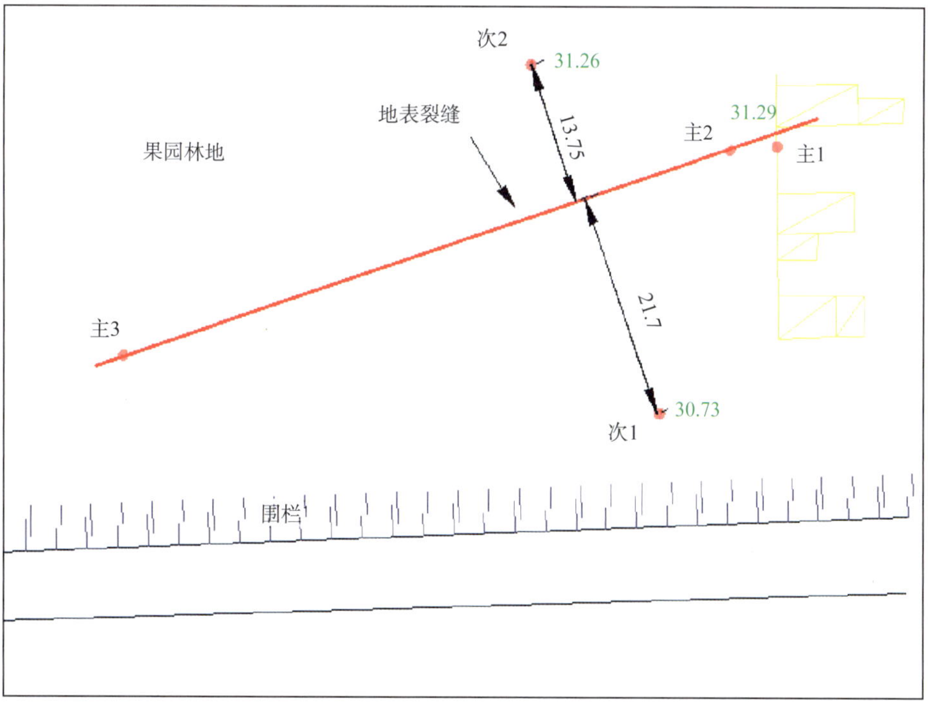

图3.11 唐自头地裂缝发育示意图

图 3.12　唐自头地表裂缝

图 3.13　唐自头地裂缝破坏墙体

3.2.4　华都肉鸡厂段

华都肉鸡厂内和外围均发现墙体裂缝和地表裂缝。南墙发育两条明显墙体裂缝和 3 组地表裂缝（图 3.14）。主 1、次 1 和次 2 为地表裂缝，其中主 1 裂缝发育明显，贯穿马路，主裂缝周围分布多条长几米不等次裂缝，主裂缝明显开裂，东侧（上盘）地面下沉，次 1 和次 2 分别分布在西侧和东侧，次 1 下盘与主裂缝距离明显小于次 2（上盘）与主裂缝距离，次 1 和次 2 裂缝均近垂直贯穿柏油路面，但裂开程度明显小于主 1 裂缝。

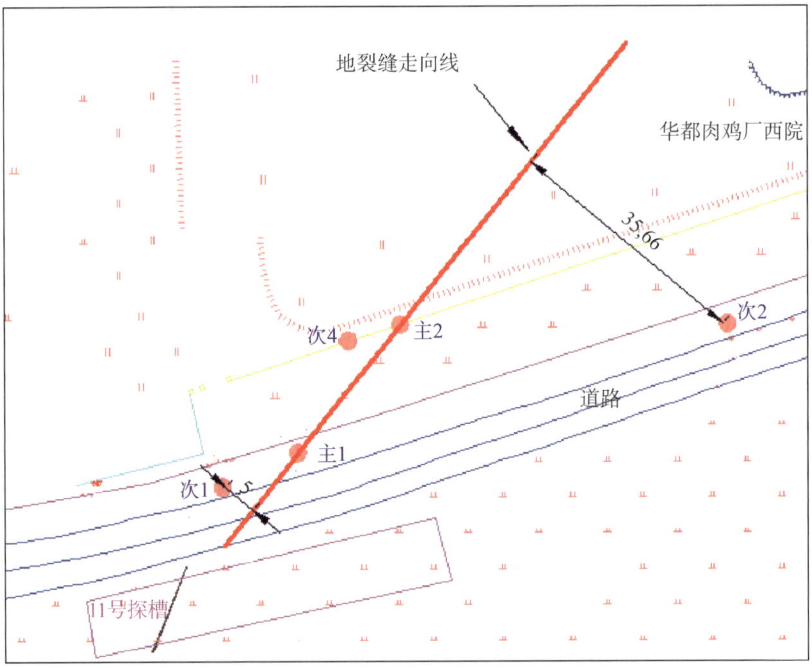

图 3.14　华都肉鸡厂地裂缝发育示意图

主 2 点和次 4 点裂缝为围墙裂缝，发育均很明显，其中主 1 裂缝垂向变形严重，呈弧形扭曲下降，东侧（上盘）降幅达 19 cm（图 3.15），自 1983 ~ 2010 年，此处地裂缝变形速率平均为 7.0 mm/a。由主 1 和主 2 裂缝可确定此处地裂缝走向为 NE39°，上盘影响带宽度（次 2 距裂缝走向距离）为 35.66 m，下盘影响带宽度（次 1 距裂缝走向距离）为 5 m。

图 3.15　华都肉鸡厂墙体破坏

3.2.5　土沟村段

土沟村位于地裂缝带的中段，地裂缝带从村东部穿过，造成大量民房损坏，在原纸箱厂附近最为典型。此处发育有 6 条地裂缝（图 3.16）。图中主 1 和主 2 点为一条裂缝的两个控制点；主 1 和主 2 裂缝发育最为明显，主 3 裂缝和其他依次为编号的裂缝均分布在北侧柏油路面上，其中以主 3 最为明显，垂向形变（上盘下降）0.9 cm，道路于 2008 年修建，截至 2010 年此处地裂缝活动速率平均为 4.5 mm/a，其他几组次之。利用主 1 和主 3 控制点可确定地裂缝走向为 NE8°，上盘影响带宽度为 49.51 m，下盘未发现控制影响带宽度的破坏点，由此可知地裂缝下盘较稳定。

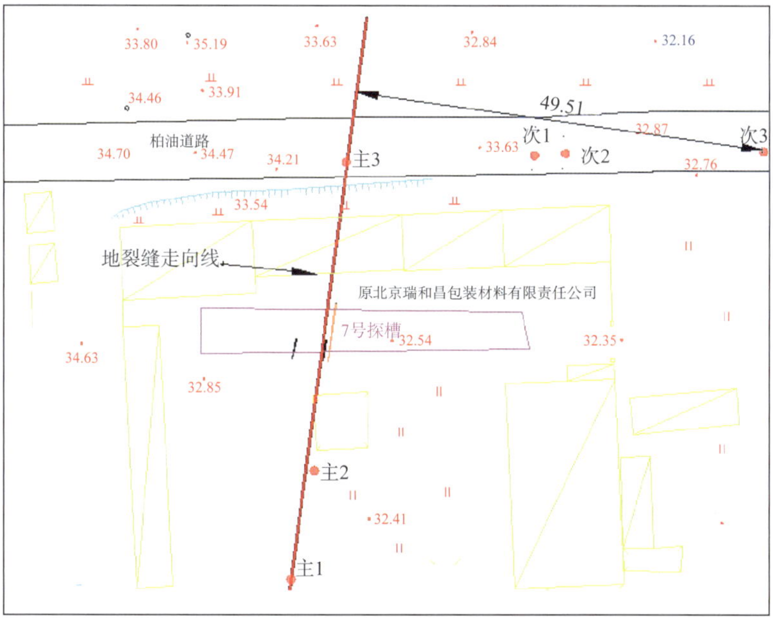

图 3.16　纸箱厂地裂缝发育示意图

3.2.6 北七家镇卫生院段

北七家卫生院位于普罗旺斯别墅的东北部，地裂缝穿出普罗旺斯小区后穿过卫生院西北角，造成卫生院房屋和围墙破坏严重（图 3.17）。此卫生院现已异地重建，此处已废弃。卫生院及其破坏点位置如图 3.18 所示。卫生院房屋和墙体的破坏主要反映了地裂缝上盘的影响，其影响带宽度约为 28.3 m。

图 3.17 北七家卫生院地裂缝墙体破坏

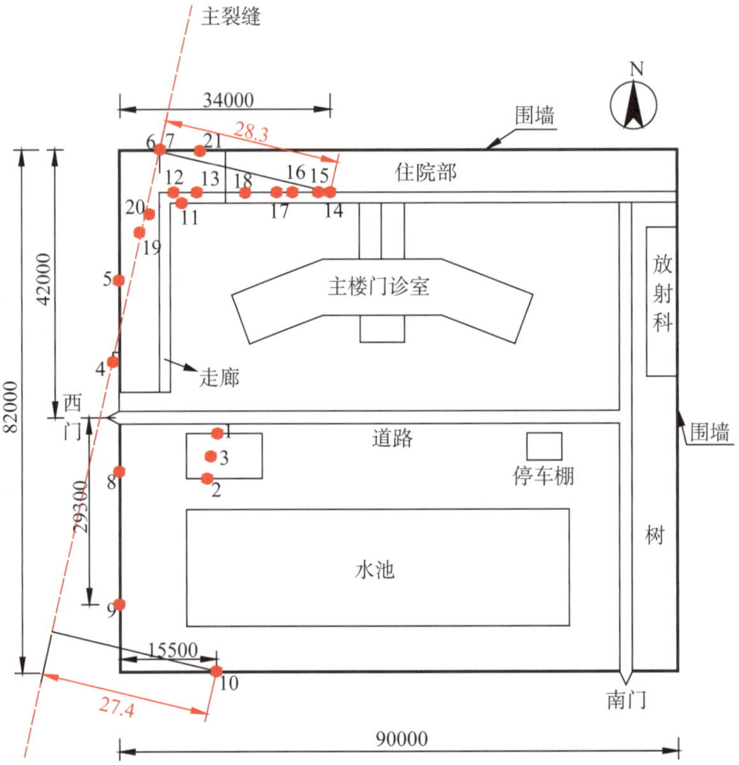

图 3.18 北七家卫生院及破坏点平面图

3.2.7 八仙别墅段

位于定泗路南侧的八仙别墅区地裂缝发育较为典型，建（构）筑物破坏严重。从图 3.19 可以看出，地裂缝总体呈 NE30° ~ 40° 方向，斜穿整个八仙别墅小区，长度约 600 m。小区 1995 年建成，地裂缝在近年活动显著。地裂缝所到之处，房屋、道路和墙体均遭受不同程度的破坏。为评价地裂缝影响带宽度，将道路破坏情况总结如表 3.4 所示。地裂缝最大活动速率为 15.3 mm/a，平均活动速率为 12.6 mm/a；地裂缝上盘影响带宽度最大为 30 m，平均为 21.5 m；下盘影响带宽度最大为 16.0 m，平均为 10.6 m。

图 3.19　八仙别墅区地裂缝展布及主要破坏点平面图

表 3.4　八仙别墅小区道路破坏情况统计表

序号	调查点位置	地表错距 /cm	活动速率 /（mm · a^{-1}）	上盘影响带宽度 /m	下盘影响带宽度 /m
1	0910 北侧路	22.1	14.7	30	16
2	0808 北侧路	23.0	15.3	18	8
3	0702 北侧路	20.3	13.5	20	–
4	0701 东侧路	19.6	13.1	18.8	8.2
5	0512 北侧路	15.5	10.3	18	10
6	0418 西侧路	21.3	14.2	20	12
7	0418 北侧路	17.9	11.9	25	12
8	0206 北侧路	14.8	9.9	14	10
9	0207 南侧路	15.5	10.3	30	10
平均值		18.9	12.6	21.5	10.6
最大值		23.0	15.3	30	16

综上所述，高丽营地裂缝自八仙别墅从南至北走向有向东转的趋势，角度逐渐增大，八仙别墅段约为 NE30° ~ 35°，而西王路村段则为 NE45° 左右。地裂缝主要表现为垂直位错，地表垂直位错量为 14.8 ~ 48.6 cm，最大为 48.6 cm，水平拉张和水平扭动量较小。从建（构）筑物及路面变形破坏情况来看，该地裂缝活动较强。根据建筑物和路面使用年限及地表位错量估算的地裂缝平均活动速率为 8.8 ~ 16.2 mm/a，最大超过 16 mm/a，这远大于华北区活动断裂平均 1 mm/a 的活动速率。

3.3 羊房–庙卷地裂缝

羊房 – 庙卷地裂缝主要沿张喜庄断裂发育，总体走向 NE70° 左右，断续延伸 4 km 左右，东南盘下降，形成地表裂缝和地面塌陷，造成沿线建筑物损坏。典型灾害区有羊房村和庙卷村两处。

羊房地裂缝发现于 2008 年 6 月 13 日强降雨之后，呈线性分布，走向近东西，长 1 km 左右。地裂缝东部发育至王小新承包地院内，在院内形成了多处塌陷坑，塌陷坑宽度 0.5 m 左右，地裂缝造成该承包地院墙倒塌，并造成羊董路柏油路面明显开裂，高低不平，南侧相对下降，裂缝带两侧高程差异明显（图 3.20）。在羊董路西侧，降雨后形成的塌陷坑深 5 m 左右，直径达 1 m（图 3.21）。该地裂缝一直向西延伸，沿线发育有大小不一的裂缝、塌陷坑。

图 3.20　羊董路路面开裂情况

图 3.21　羊董路路西塌陷坑发育情况

据观察和村民介绍，大部分开裂的民房多年来已多次使用水泥砂浆填堵，但不见效果，说明裂缝形成时间较长，并在持续发展。一平房建成仅 3 ~ 4 年，已有多条裂缝，主裂缝宽 20 mm 左右，室内地坪变形达 30 ~ 40 mm，该地裂缝发展有加强的趋势

庙卷地裂缝自庙卷村西开始，东西向一直延伸到小中河，地裂缝现象较为明显，裂缝基本呈线性分布，走向近东西，裂缝带两侧高程差异明显，南侧相对下降，主裂缝宽度一般为 5 ~ 20 mm，最大为 50 mm，地裂缝影响范围为 15 ~ 50 m。该段地裂缝自西向东长约 2 km。调查发现地裂缝破坏房屋和地表共 23处（图 3.22），其中造成破坏的正房 35 间，厢房 13 间，围墙 34 处，地表和道路破坏 5 处（图 3.23、图 3.24）。

图 3.22　庙卷地裂缝破坏点平面示意图

图 3.23　庙卷村民房地面破坏

图 3.24　庙卷村西养殖场墙体开裂

3.4　北小营地裂缝

北小营地裂缝主要分布在马辛庄、黄家场、桥头、道仙庄一带，呈片状，面积约 5 km^2，发育强度中等，总体呈北东向，已造成建筑物损坏（图 3.25、图 3.26）。

图 3.25　顺义北小营马辛庄墙体开裂

图 3.26　顺义北小营桥头村房屋开裂

3.5 桥梓地裂缝

桥梓地裂缝于2008年前后发现，在桥梓镇大秦铁路和京密引水渠交汇的西北部农田和林地里，发现多处塌陷坑和地裂缝（图3.27）。塌陷坑呈圆形或近椭圆形、大小不等，一般为1 ~ 5 m^2，深度为0.5 ~ 2 m。2009年8月上旬，雨后出现了由一条长为600 m左右，宽为2 ~ 3 m，深约2 m，近东西向的地面塌陷带组成的地裂缝带，裂缝上宽下窄，呈楔形，裂缝被上覆土层填充，发育深度大于4 m。

图3.27　桥梓地裂缝

3.6 平谷地裂缝

平谷地裂缝主要分布在中桥、蔡坨、放光庄、北城子、太平庄、东古以及中部贾各庄和南部西鹿角等地。地裂缝主要发育于杨树林及附近的庄稼地，村落里发育极少，除蔡坨地裂缝距河较远外，其他的都主要分布在泇河、洵河两岸。地裂缝主要发生在2008年前后，且都在雨季后一段时间发生。除中桥、蔡坨地裂缝外，都以一连串不规则形状塌陷坑洞或独立的坑洞或以长条裂缝组成（图3.28、图3.29），开启性较好，坑洞可见深度2.5 m，地裂缝最深达4.9 m，最长达25.2 m。

贾各庄地裂缝主要在杨树林的中南部密集带分布，以长条的裂缝及串珠状的塌陷坑洞或独立坑洞呈现，走向杂乱无章无规律可循，地裂缝由各个裂缝走向情况所做的玫瑰花如图3.30所示，较明显的有6组：NW80° ~ 90°，NW20° ~ 30°，NE0° ~ 10°，NE40° ~ 50°，NE60° ~ 70°，NE80° ~ 90°。其中NE方向上的裂缝发育最明显。

图 3.28　放光庄地裂缝中的塌陷坑洞

图 3.29　贾各庄地裂缝中长的裂缝

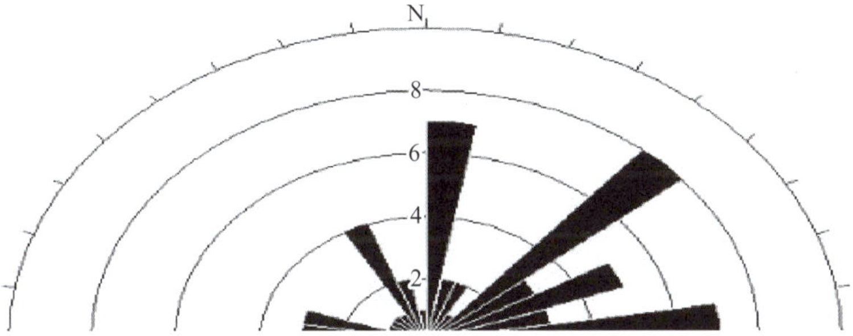

图 3.30　贾各庄地裂缝走向玫瑰花图

3.7　纸坊村地裂缝

良乡镇纸坊村历史上曾经发生过地裂缝，1983 年和 1986 年分别形成 1 条 SN 向长度为 96 m 的地裂缝。现在仍有多处房屋和墙体开裂。裂缝主要为张裂隙，分布无规律性，裂缝的错动形态和方向没有一致性。从地质雷达图像上可以看出该裂缝发育深度不等，最深处可达 15 m，近垂直向下延伸。

纸坊村位于永定河Ⅱ级阶地，地形平坦，第四系厚度为 25 m，地层岩性上部为黏性土，下部为粗砂，地层均匀，工程地质条件良好，下伏地层为新近系的砾岩、泥岩。勘查资料显示良乡南断裂从纸坊村北侧通过，地裂缝发育方向与良乡南断裂走向呈 50° 相交。

3.8　房山五街地裂缝

1990 年，在良乡镇五街发现地裂缝。这组裂缝北起良乡老街十字路口西南角，经史家胡同直到徐连明家，裂缝带宽约 70 m，总体走向为近 SN。单条地裂缝宽几厘米，长度为 2 ~ 5 m，发现裂缝 82 处，有裂隙的房屋 48 间。裂缝呈张裂、锯齿状、折线状，扭动明显，具有左旋特征。从地质雷达图像上可以看出裂缝发育深度不等，最深处可达 15 m，近垂直向下延伸，地裂缝呈带状分布，带宽为 2 ~ 5 m。

3.9　宋庄地裂缝

宋庄地裂缝从 1976 年唐山地震时就有显现，2010 年后逐渐加重。该裂缝南起小中河北向东北延伸至平家疃村，长度约 8.7 km，最大地裂缝影响带为 450 m，发育深度在 0 ~ 30 m 之间（图 3.31）。地裂缝发育以双埠头村、沟渠村、大庞村及平家疃村最为典型，影响住户近百户，裂缝所过之处房屋、墙体、道路、林地存在不同程度的开裂和塌陷现象，部分房屋已成危房无人居住。

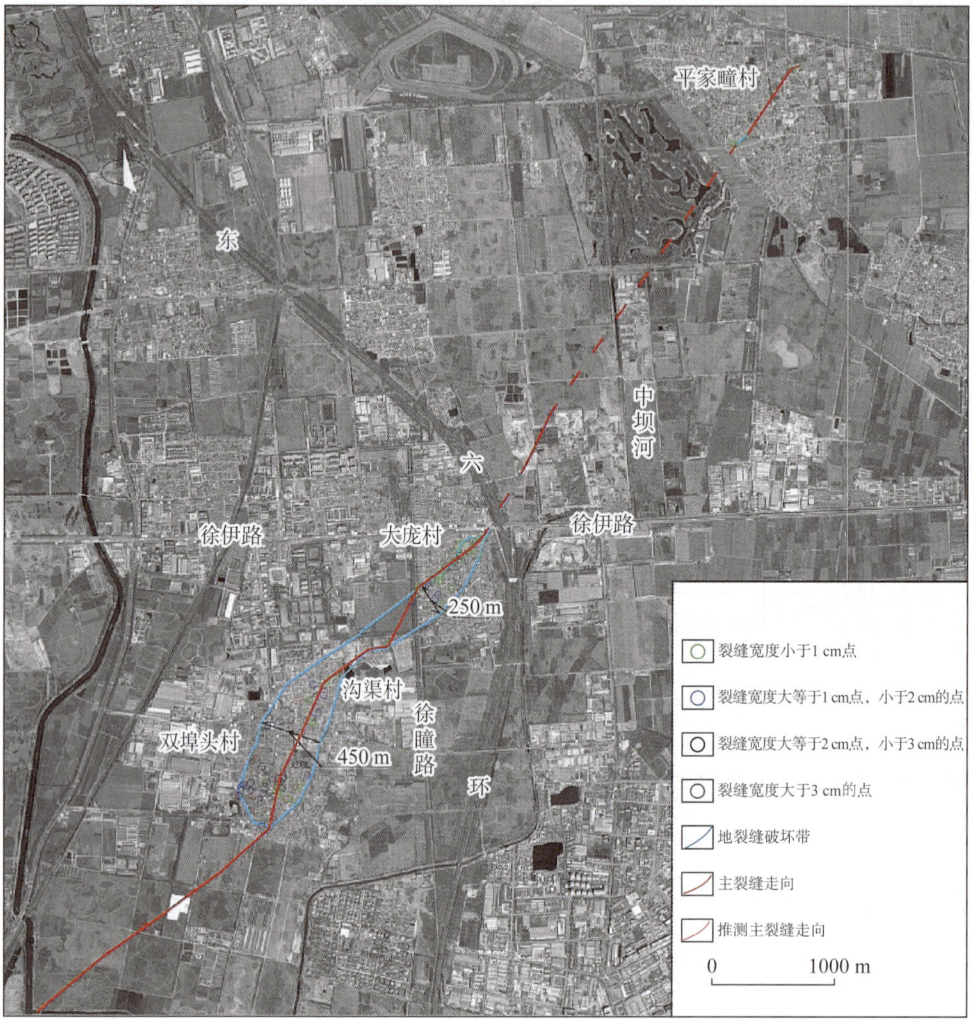

图 3.31　宋庄地裂缝发育示意图

3.9.1　双埠头村段

双埠头村位于丛林庄别墅区西北方向，通顺路与徐尹路西南方向。1976 年唐山大地震时部分墙体、地坪和围墙发生开裂现象。现场调查发现双埠头村地裂缝破坏点有 90 处，分布在村西南树林和双埠头村内房屋墙体及路面。房屋墙体受破坏严重，多处出现受拉张作用形成的贯穿整面墙体的张开型裂缝，少部分墙体出现扭动、错断现象；路面受裂缝活动影响，沿裂缝发育方向形成多条裂纹，部分严重地区路面产生垂直错动。

村西西南树林中发现有多处连带状土洞（图 3.32），有明显的拉张现象，地裂缝地表发育明显，地裂缝走向呈北东向，双埠头村内居民点一般多表现为墙体开裂及路面破坏（图3.33）。

图 3.32　双埠头村南树林一组串珠状土洞

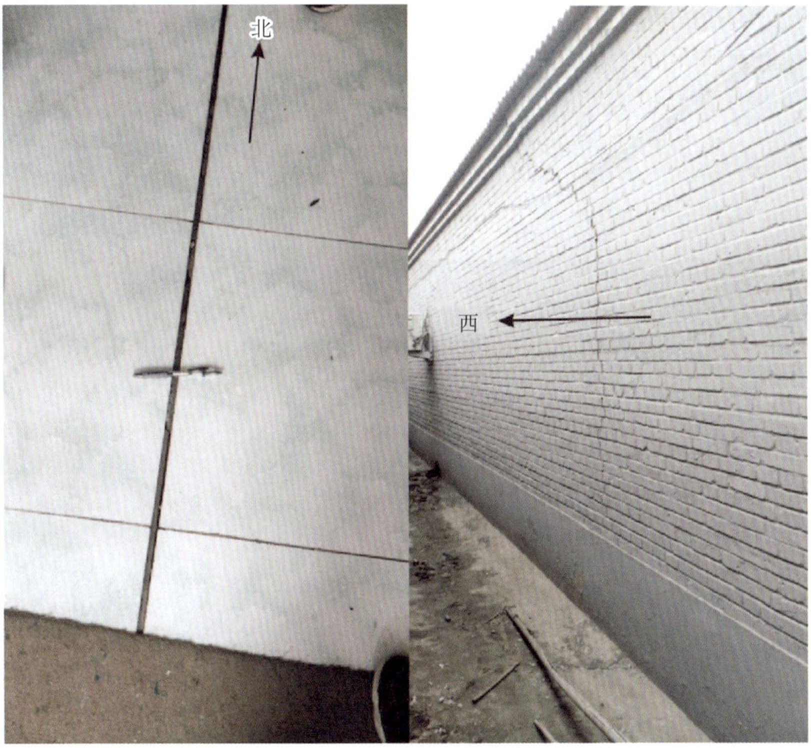

图 3.33　双埠头村地裂缝墙体破坏

3.9.2　沟渠村段

沟渠村位于双埠头村与大庞村之间，地裂缝发育不明显，根据地裂缝沿线调查，该村墙体裂缝发育较少，部分房屋地面不平整，墙体轻微扭动变形迹象。调查发现平家疃村个别农户院墙墙体裂缝和地表裂缝，破坏程度较小。据沟渠庄村 241 号村民和沟渠庄村 128

号介绍，近6年来地面有明显变形迹象，未发现该村有大面积房屋开裂现象（图3.34）。

图3.34　沟渠村房屋地面形变

3.9.3　大庞村段

大庞村位于东六环与徐尹路西南方向。1976年唐山大地震时部分墙体、地坪和围墙发生开裂现象，地表形成宽达数米大坑。现场调查发现大庞村地裂缝灾害点有50处，分布在大庞村内房屋墙体及路面。房屋墙体受灾严重，多出现受拉张作用形成的贯穿整面墙体的拉张型裂缝，部分墙体出现受拖拽作用，斜穿整面墙体的错断型裂缝；路面受裂缝活动影响，沿裂缝发育方向形成多股裂纹，部分严重地区路面产生垂直错动（图3.35）。

图3.35　大庞村墙体及地面破坏

3.9.4　平家疃村段

平家疃村个别农户院墙墙体裂缝和地表裂缝，破坏程度较小。地裂缝活动引起的建（构）筑物破坏最为典型的是收废品站墙体开裂现象，该条裂缝由路面延伸到墙体顶部，宽约1.5 cm。与地裂缝相交的道路均出现不同程度的路面开裂破损，且在裂缝位置出现明显的拉张现象。地裂缝附近的院墙未发现大量墙体开裂现象（图 3.36）。

图 3.36　平家疃地裂缝墙体破坏图

4 北京地裂缝成因及发育规律

地裂缝的形成因素是十分复杂的，很多情况下，是多种因素综合作用的结果。根据当前的调查与研究，北京地区地裂缝的各种发育特征，如产状、规模、活动性等，与基底构造、地面沉降、岩性、地貌及砂土液化密切相关。

4.1 基底构造对地裂缝的控制作用

在基底构造对地裂缝控制的成因机制问题上，关于基底断裂活动与地裂缝形成、发展的关联程度目前仍存在不同观点。武强等（2001）在《山西断陷盆地地裂缝灾害研究》中将山西断陷盆地内地裂缝从成因类型角度划分为活动性继承和扭动派生两种类型，认为活动性继承地裂缝成因是指下伏活动构造对地裂缝的空间展布及力学性质具有主控作用，地裂缝是基底断裂活动在地表浅部的延伸，即地裂缝与下部构造断裂面呈明显的重接复合关系；扭动派生成因的地裂缝是一种次生破裂行迹，地裂缝与基底构造不表现为复合重接关系，而是与基底主控构造活动呈一定力学配套机制，这种构造应力场的动力来源于区内基底断裂构造的扭动。

北京市平原区地裂缝的发育与地质构造关系密切。基底构造对地裂缝的控制作用主要通过活动断裂早期活动形成的遗迹和现阶段的断裂蠕滑变形造成地应力释放而表现出来。

4.1.1 地裂缝是区域构造应力释放的产物

在各种地壳构造运动作用力的影响下，地壳中会产生较大的应力，当地应力积累到一定程度时，会通过地震、断裂活动等方式释放出来。

发生大地震时，由于强烈的震动和断裂位移常常会发生地裂缝，受震源机制控制并与发震断裂走向吻合，地裂缝的发生多是大地震的产物或是与附近的小震同步。1976 年 7 月 28 日，唐山 7.8 级地震在极震区内产生了众多的地裂缝，规模最大的地裂缝是从唐山市小山东街开始，向南延伸到安机寨，由一系列的地裂缝排成雁列状，总长 8 km、宽 30 m，总体方向呈 NE30°，与发震断裂方向一致；水平方向上可以看出它是顺时针方向往右旋扭，最大水平错距达 1153 m，落差 0.17 m。地裂缝发生之处，错断了道路、排树、房屋等一切地形地物。如横切唐山市吉祥路路面相对位移 1146 m。比唐山市地震滞后约 15 h 发生的滦县 7.1 级地震，在安各庄三山院一带，出现了一系列构造地裂缝带，南起王家，经李各庄、三山院往北到铁局寨南止，顺溯河东岸残山呈弧形展布，总体走向呈南北，全长大于 6 km，从王庄到三山院南一段，构造地裂缝总体走向为 NW20°，运动方式为左旋反时针扭动；在三山院附近，地裂缝为 NE10° 方向，向北延伸，运动方式为右旋顺时针扭动，它们与发震构造是一致的。

地震并不是构造应力释放的唯一形式，构造蠕滑扭动也是构造应力释放的一种形式，在基底构造扭动运动下，受其拖曳，上覆的第四系松散地层将产生拉张变形，这是北京地区形成构造型地裂缝的主要原因。这类地裂缝具有一定的方向性，其方向只受区域应力场和断裂活动控制，可出现张性、张扭性等不同性质裂缝，下部与活动断裂直接相连或受到下伏活动断裂运动方式的影响，地裂缝出现在断裂两侧，多呈斜列式以一定角度和主断裂相交。1976 年唐山地震后，顺义马家富村，房山北山村、古庄、纸坊、瑞和庄，昌平西辛峰，大兴鹿圈村，延庆大柏老村等地出现地裂缝，造成民房、厂房设施开裂，这些地裂缝又多与附近小震同步，引起群众恐慌。根据房山县地震局 1986 年的调查，认为“这次调查的地裂缝与地震关系密切，其大多数是区域应力场作用的产物，是新构造加强的一种表现形式”。

在 2009 年“房山新城前期区域工程地质勘查”工作中，对房山区良乡镇纸房村和五街村地裂缝进行了详细调查。

纸房村和五街村地裂缝分别位于良乡南断裂的上盘和下盘，与断裂呈 50° 相交。良乡南断裂总体走向北东，西南段由炒米店村北至夏庄村南，走向近东西；F_2 断裂在夏庄村南被 F_4 断裂（公义庄断裂）错断；北东段由夏庄村南经过良乡镇的南关北、辛瓜地村至碧溪温泉饭店北延伸到永定河，走向北东；断层倾向南东，倾角 70° 左右，南东盘下降，北西盘上升，属正断层。断裂两侧第四系下伏基岩均为白垩系砾岩、泥岩，在基岩面断层上下盘落差很小，断裂西北侧白垩系下伏的蓟县系埋深为 400 ～ 800 m，而南东侧白垩系下伏的蓟县系埋深大于 1000 m（图 4.1），说明在早期中新元古界断裂活动频繁剧烈，断距较大，

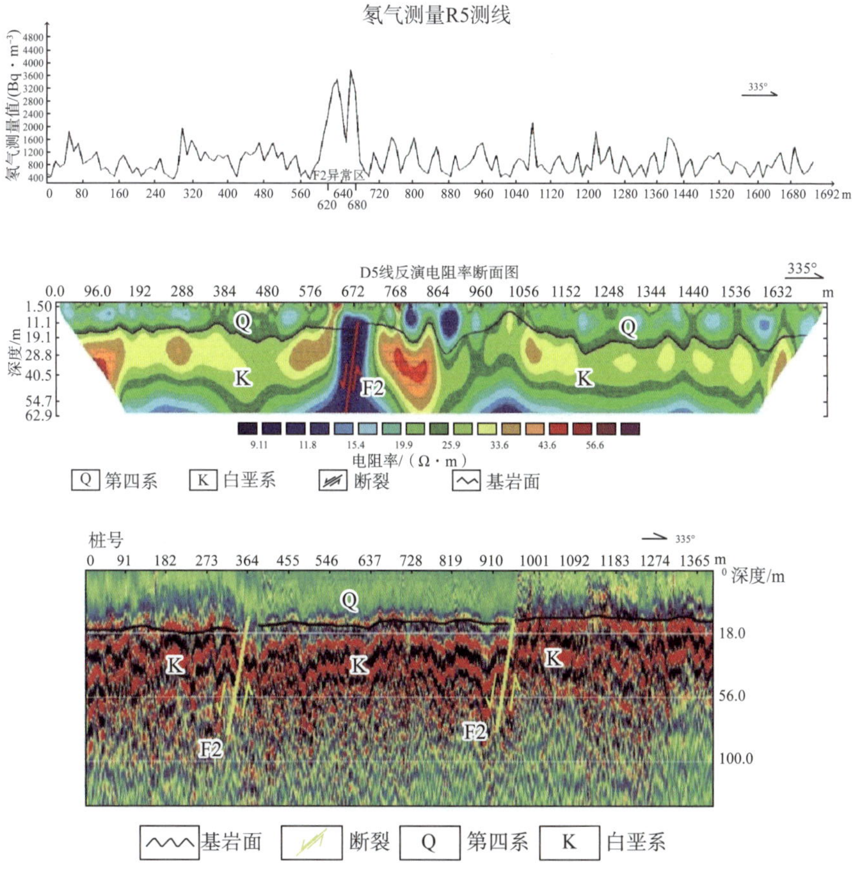

图 4.1　良乡南断裂 R_5、D_5、S_4 综合剖面图

白垩纪以来断裂活动缓慢，沉积比较平缓，断裂错断第四系底部地层，第四纪以来活动轻微，晚更新世以来没有发现活动迹象。良乡南断裂近期没有发现蠕滑变形，但仍在断裂附近聚集了较大的地应力，需以地震或反复形成地裂缝的形式释放出来。

4.1.2 地裂缝是断裂活动的继承和发展

张家明（1990）通过对地裂缝活动强度和断裂活动的研究发现，西安现今地裂缝活动强度与黄土梁高度具有一致性，即黄土梁、洼地高差越大，地裂缝活动强度也大，地裂缝的活动速率与黄土梁高度及下伏隐伏断层的断距有较好的统计相关关系，相关系数分别为 0.66 和 0.89，说明黄土梁高度与隐伏断层断距是历史地裂缝活动强弱的体现，而现今地裂缝活动强度是历史地裂缝活动强度的继承和发展。

北京平原区全新世构造活动调查研究发现，良乡－顺义断裂在良乡至长辛店一带及顺义枯柳树沿顺义城北到牛栏山一带地表出露明显，以线状沟状地由西南向东北延伸。黄庄－高丽营断裂在大屯、高丽营一带在地表表现为线形沟状地，在怀柔高各庄有两条近 SN 向的地表陡坎，高为 3 ~ 7 m，均表现为东侧下降。由出露地层和地形地貌分析可知，地表陡坎很可能是断裂活动所致。北七家钻探联合地质剖面显示，黄庄－高丽营主断层晚更新世以来的垂直断距达 12 m，以晚更新世起始年代为 0.1 Ma 计算，在北七家断点处，晚更新世以来黄庄－高丽营断层的垂直位移速率是 0.12 mm/a。

在高丽营镇西王路探槽中（图 4.2），揭示断裂面向上延至近地表，向下延至探槽底部。走向 NE65°，倾向 SE，倾角 80°。按岩性特征、形成时代划分，探槽内共揭露 9 层，断裂

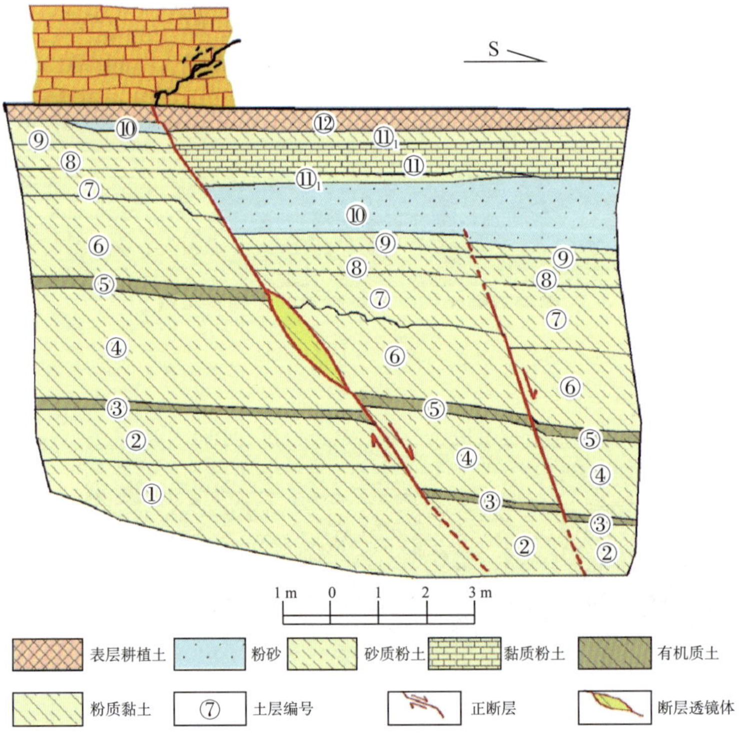

图 4.2 西王路探槽东壁断面剖面示意图

面两侧地层有明显差异。

地层的倾斜度在断裂两侧均有向断裂方向倾斜的趋势，上盘倾斜度大于下盘。断裂面大部分比较平直，在局部有透镜体。标志层③层、⑤层、⑥层在断裂面两侧出现弯曲变形现象，特别是上盘的拖曳牵拉现象较为明显。地层受到断裂影响，在靠近断裂的位置被拖曳牵拉，逐渐翘起，倾角为 20° 左右，向南延伸，出现一个类似洼斗的凹陷，随后慢慢变平缓，变形带宽度为 25 m。断层的垂直位移量包括两侧地层的直接错动量和拖曳变形量两个部分，③层粉土垂直位错动 1.24 m，⑧层黏土垂直位错动 1.16 m。拖曳变形达 2.32 m。

从土沟村 TC11 探槽剖面可清楚看到两条正断裂，明显发生了 4 次错动事件（图 4.3），位错量累计达到 1.5 m 左右，拖曳变形达 1.25 m，垂直位移量达到 2.96 m（含直接错动量 1.71 m 和拖曳错动量 1.25 m）。上盘变形带宽度为 25.5 m，其下盘变形带宽度为 9 m。可以看出黄庄 – 高丽营断裂的同震垂直位移和蠕滑变形形成的地表变形带由来已久，只是由于近年来地下水大量超采，造成地下水水位大幅下降，加剧了地裂缝活动。所以高丽营地裂缝是黄庄 – 高丽营断裂活动的继承和发展。

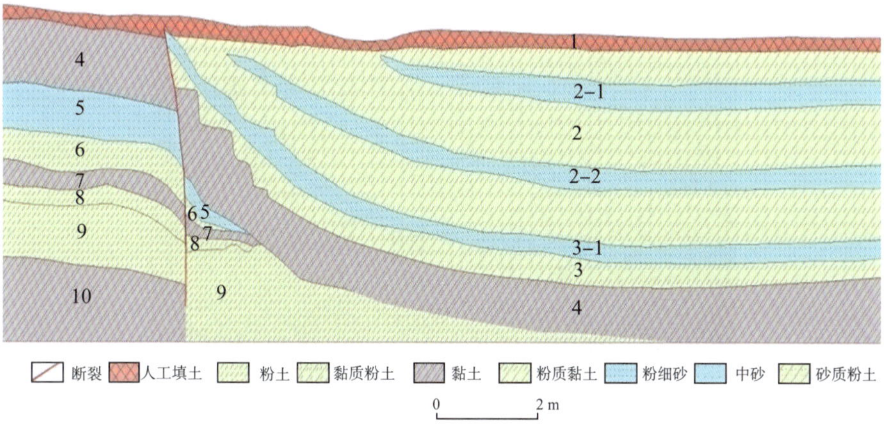

图 4.3　TC11 断面剖面实测图

4.1.3　地裂缝发展主要受活动断裂控制

北京地区大多数较大规模的地裂缝带构造成因特征明显，地裂缝发育与区域性构造活动相伴生，地裂缝的分布与力学形态基本反映出基底构造的主控作用。

关于基底断裂对地裂缝的控制机理，前人做过深入研究。武强等（2001）在山西断陷盆地地裂缝灾害研究中，对基底断裂活动所引起的上覆巨厚松散盖层的变形破坏进行了物理模拟试验。基岩以细砂作主料，碳酸钙、云母、石膏作辅助材料，通过不同配比制成 3 种岩层，第四系土层以细砂和黏性土为主料，碳酸钙和锯末为辅料，按不同配比配制成砂土、粉质黏土和黏土。试验过程中缓慢下调断层上盘下部控制螺杆的高度，使断层上、下盘形成差异沉降，分 4 次下调上盘控制螺杆高度，每次下调幅度控制在 0.5 cm，历时 1 h，稳定 24 h 后测读观测点变形值。试验结果表明基盘错动在上覆土层中产生的拉张应变沿断层面逐次向上传递，并最终在地表集中而导致土层开裂，然后随断层错动由上至下，并衍生次裂缝。由断裂面上延伸的地裂缝主要是由于断面错动产生的拉张力作用结果，而次裂缝则是上盘土体在拉张应变影响下的自重应力作用结果。所以，一般对于正断裂而言，地裂缝最可能出现在主断裂迹线上或其附近。

高丽营地裂缝带发育的西王路村地裂缝带上村民住房墙体及墙基地坪开裂均表现为东南侧下降，西侧相对上升并且有水平扭动，呈现右旋特征，与黄庄－高丽营断裂东南盘下降，西北盘上升，呈正断顺扭性质相一致。探槽发现地裂缝位置与断裂位置相吻合，在探槽东侧养殖场围墙上的裂缝与断裂面到达地表的位置一致，见图 4.4。表明断裂的蠕滑变形，断裂东南盘下降，造成地面差异变形，形成地裂缝。

图 4.4　断裂面与围墙破坏点一致

同时，值得注意的是，断裂性质、规模、活动性及上覆松散地层特性均对活动断裂对地裂缝的控制产生影响。

大量的宏观调查证实，绝大多数活动断裂均是多次反复活动的，即断裂的活动在时间上和空间上具有继承性和重复性的特点。也就是说，地表断裂大多数是沿着已有的而且是在第四纪活动过的断层线上出现，地震能量易沿着已有的软弱结构面或断层带释放而不太可能在其周围完整坚硬的岩石中产生新的破裂。这个事实不仅对主断裂如此，而且对许多分支断裂和构造性地裂缝也是如此。

对于走向滑动断裂而言，其再次活动产生的地表裂缝的方向和位置基本上与之吻合，即使有覆盖层，其位置与基岩断裂的位置也不会偏移很大；当逆断层活动产生地表断裂时，其走向基本与断裂一致，但地表裂缝出现的位置往往和原断裂的位置有一定的偏移，出现在断裂的上盘或下盘均有可能；正断层活动时产生的地裂缝基本出现在主断裂迹线上，多出现在上盘一方。

断裂活动性对地裂缝的控制作用主要表现在活动时代不同，其上断点埋深也不相同，断层上断点埋深越浅，断层活动年代越新。胡平等（2021）在《第四纪地层中断层同震错动行为的离心机实验研究》一文中，利用离心机试验模型通过预制断层上断点在模型中不同的高度位置模拟第四纪地层中不同活动年代、不同上断点深度的断层，从而实现了对在第四纪地层中的那些前第四纪以来有过活动的断层现今地震时的同震错动的研究。根据大多数实际断层的考察结果，特别是北京地区的实际情况，本次试验模型中预制正断层的角度（断层面与竖直方向的夹角）取 20°。预制断层上断点的高度设计为 4 种情况：预制断层上断点在模型上部（模型高度 3/4 处），预制断层上断点在模型中部（模型高度 1/2 处），预制断层上断点在模型底部（模型高度 1/3 处）和无预制断层（即前第四纪断层）。模拟装置采用液压系统向下或向上运动模拟地震时的正断层或逆断层错动，观察用当地第四纪黏土和（或）砂土级配制作的第四纪地层变化（图 4.5 ~图 4.7）。

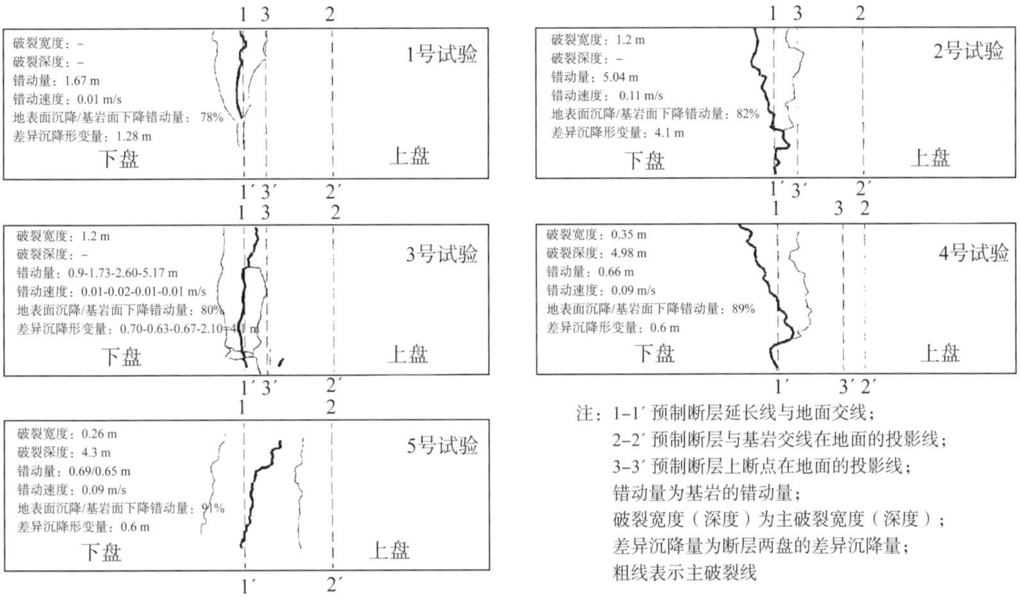

图 4.5　黏土模型试验现象及测量结果

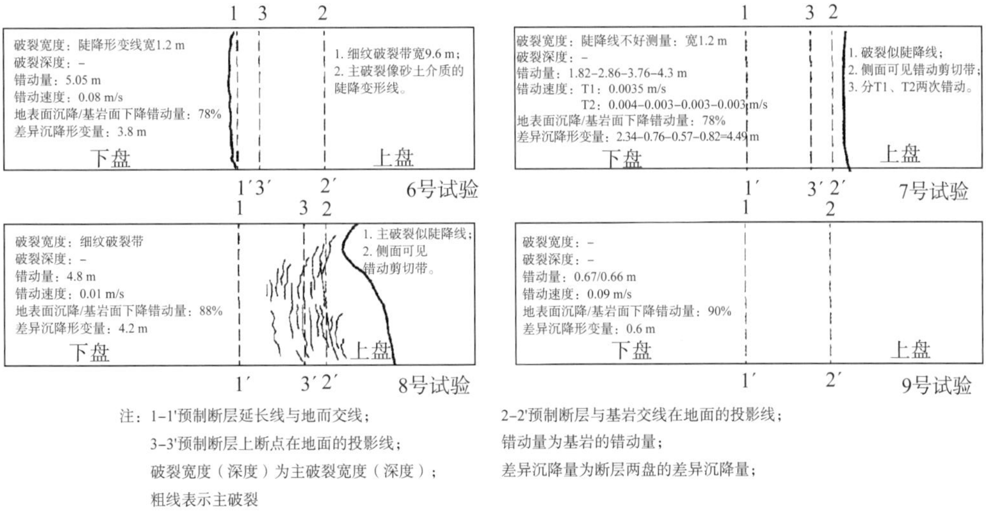

图 4.6　砂土模型试验现象及测量结果

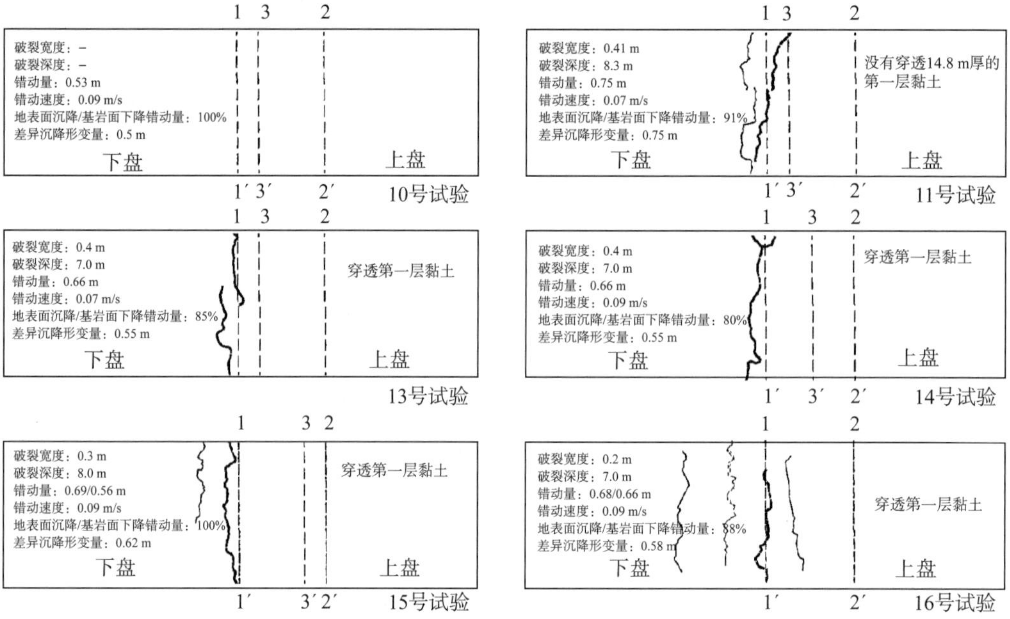

注：1–1'预制断层延长线与地面交线；2–2'预制断层与基岩交线在地面的投影线；
3–3'预制断层上断点在地面的投影线；错动量为基岩的错动量；
破裂宽度（深度）为主破裂宽度（深度）；差异沉降量为断层两盘的差异沉降量；
粗线表示主破裂

图 4.7 黏土、砂土互层模型试验现象及测量结果

结果表明，预制断层上断点埋深越浅（断层活动年代越新），地表破裂条数越少，主裂缝、陡降变形带且越向 1 – 1 ′ 线（沿预制断层向上与地表的交线）近旁集中，主破裂宽度越宽、深度越深。反之上断点埋深越深（断层活动年代越老），地表破裂条数越多、越分散、影响范围越大，但主破裂仍在 1 – 1 ′ 线近旁，且多沿上盘一侧偏离 1– 1 ′ 线。见图 4.4、图 4.5、图 4.6。

4.1.4 断裂活动与地裂缝活动特征具有相似性

活动断裂对地裂缝的主控作用不仅表现在对区内分布规律和发育强度的影响，同时地裂缝的活动特征也基本与断裂活动特征相一致。

构造应力释放形成的地裂缝是一种次生破裂行迹，地裂缝与基底构造不表现为复合重接关系，而是与基底主控构造呈一定力学配套机制。指由地球内动力地质作用产生的地裂缝，它的形成、规模、破坏程度与地震、断裂活动和区域地应力场有直接的对应关系。发生大地震时，常常会发生地裂缝，主要是由于强烈的震动和断裂位移引起的，受震源机制控制并与发震断裂走向吻合。1976 年唐山地震时，在极震区出现了一条 7.8 km 长的地裂缝带。

北京地区混合成因地裂缝主要是地球内动力作用形成的断裂、地震作用和区域应力场对地裂缝形成、形态起控制作用，而人类活动特别是地面沉降诱发加剧了地裂缝的发展，是决定地裂缝发育强度的主要因素。顺义地裂缝带、高丽营 – 土沟地裂缝带和羊房 – 庙卷地裂缝带均属于混合成因地裂缝。

顺义断裂对地裂缝起到控制作用，顺义地裂缝带沿顺义断裂走向展布，是断裂的地表变形带，该断裂是北京市一条主要活动断裂，全新世仍在活动。探槽揭露在地表下晚更新世地层中 5 m 左右有一次明显的事件，时间大约 0.025 Ma。上部底层没有错断，但有明显的变形（图 4.8）。

图 4.8　顺义油库探槽地层错动

而人为活动进一步激化了地裂缝活动强度，并使其危害性加重。地裂缝是活动断裂、地下水超量开采引发地面沉降及古地震液化共同作用的结果。

顺义断裂活动性较弱，且第四纪松散沉积层厚度较大，断层的蠕动变形不足以产生地表裂缝。对地裂缝控制主要表现在断裂早期活动，形成了地层破裂面，并造成上下两盘第四系松散沉积层厚度相差三四百米，导致了场地深部地层的不均匀性。顺义地裂缝带的出现及其南东侧普遍相对下降，必然有其深部地质的物质基础，即地裂缝带两侧岩层及其厚度有较大的差异，而且这种差异是截然的，不是过渡的，同时还保持较稳定的方向性（NE40° ~ 50° ）。这就排除了由于古河道等地貌沉积环境不同而造成岩相变化的可能，合理的解释是岩层的差异是由断裂而形成的。据军营村分别位于该断裂两盘的顺 4、顺 5 钻孔资料，北西盘于孔深 474 m 穿过松散堆积见白云岩，而南东盘深 800 m 尚未见前新生界基岩，两盘松散堆积厚度相差 300 多米（图 4.9），造成了断裂两侧岩土体的不均匀性。

超量开采地下水对地裂缝活动起着诱发促进作用。顺义城区附近是北京平原地下水超量开采区之一，特别是 20 世纪 80 年代后期，由于燕京啤酒厂等大型企业大量开采地下水，逐渐形成了以平各庄为中心的地面沉降区，在地下水过量开采，地下水位逐年下降的情况下，导致顺义断裂东南盘地面相对下沉，造成沿顺义断裂地面不均匀沉降，沿着抗变形能力薄弱的破裂面形成地裂缝带。

高丽营－土沟地裂缝带沿黄庄－高丽营断裂地表变形带发育，该断裂是北京平原区重要的断裂之一，是划分京西隆起与北京坳陷的界线。从早白垩世开始发育，明显控制了下

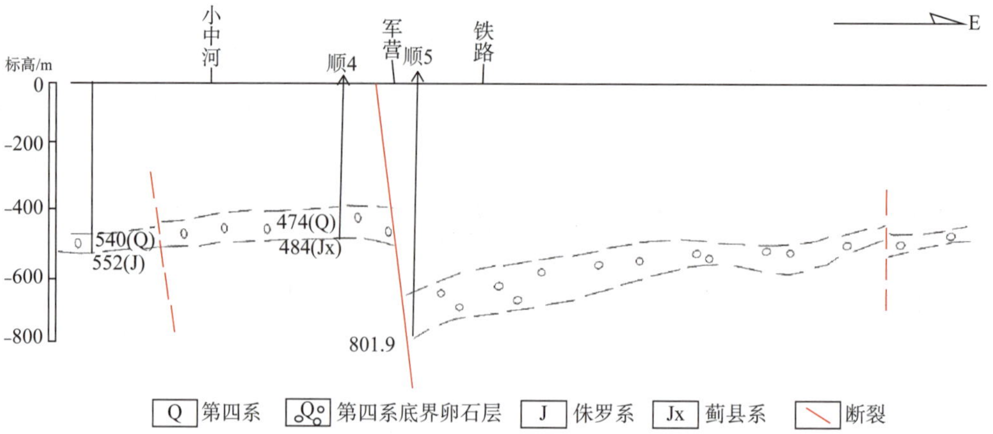

图 4.9　顺义断裂剖面

白垩统的分布，新生代时期构成了北京坳陷的西边界，是一条边断边沉积的同生正断裂，自中生代晚期以来一直持续活动。探槽揭露断裂断错到地表，断距达 1.5 m 左右。根据光释光测年结果，断裂两侧土样年龄大致为 13 ~ 22 ka，属晚更新世地层。钻探、物探资料显示，地表变形带与基岩断裂相连。断裂两侧第四系厚度相差 600 ~ 700 m，地层岩性结构有明显差异，为差异沉降提供了地质基础。同时，高丽营、土沟地区地面沉降发育区，近年来地面沉降速率一般为 20 ~ 40 mm/a，加剧了地裂缝的发育强度，地裂缝两侧的差异变形量达到 10 mm/a 以上。

西王路地裂缝监测资料表明，北京高丽营地裂缝带活动具有三维特征。通过对水准测量数据分析可知，高丽营地裂缝具有三维活动特点，垂直方向地裂缝具有上盘相对下降特点，水平方向具有明显的水平右旋和水平拉张特点。三维活动量中垂向变化量最大，水平扭动向变化量次之，水平拉张向变化量最小（图 4.10）。

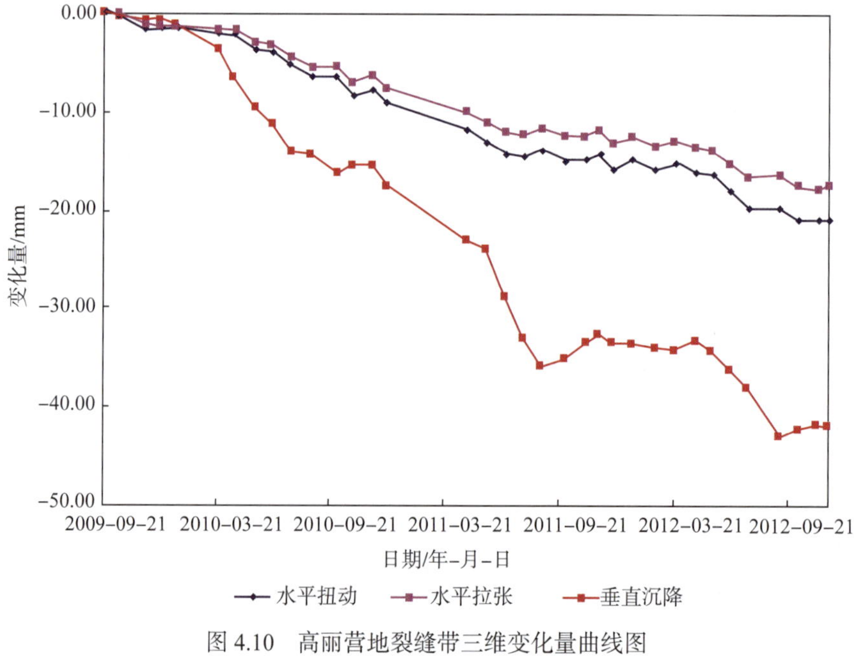

图 4.10　高丽营地裂缝带三维变化量曲线图

4.2 地面沉降与地裂缝

地裂缝灾害的形成、发展与区内地下水长期超采引发的地面沉降有着密不可分的关系。地下水开采可引发土体渗透变形、土体的固结变形等物理作用。超量开采地下水引发的地面沉降与地裂缝的发育密切相关，其发育在空间布局、发展阶段上与地下水超采、地面沉降的发展具有一致性。

抽取地下水，特别是深层承压水，可导致抽取地下水层位附近及其以上土层的压密变形和地面沉降，地面沉降的范围和沉降量与含水层的水头损失大小及范围、上部土层的黏土层厚度及性质等因素有关。一般情况下，从沉降中心（水头损失最大处）向外远离方向，地面的累积沉降量逐渐减小，在较小的区域范围内可以认为地面沉降是均匀的。当没有断裂等其他构造因素时，仅仅由于上部土层的差异导致地面较小范围的差异沉降，可诱发地表开裂和地裂缝的发生。这种地面差异沉降诱发的地裂缝与构造型地裂缝有些现象和作用机理是相同的，如动力源都来自下部或深部。由于抽取地下水导致的地面沉降和地裂缝与构造地裂缝的作用机理相似，因而，对有构造地裂缝活动的区域，当该区域也存在抽取地下水引起地面沉降时，两者的共同作用会导致地裂缝的超常活动。对于不同的区域，存在变化的只是构造活动和地面沉降对地裂缝活动的影响程度不一样，或对地裂缝活动量值的贡献不一样。下面针对本区的具体情况，分析一下本场地地裂缝活动的主要贡献因素。

4.2.1 地面沉降诱发地裂缝机理

地下水水位下降引起土体压缩变形过程中，由于水位下降的不均衡而导致地表产生沉降盆地。在沉降盆地的不同部位，土体因处于不同的应力状态而形成不同的应变场。一般情况下，盆地边缘拉张应力相对集中，将导致土层的开裂变形。有些情况下，尽管拉张应力的集中程度低于土层的拉张强度，但可能诱发土层中已有破裂面进一步开裂而在地表形成裂缝，尤其是由于地质构造原因造成第四系厚度差异较大，且地层岩性差异较大时，最易引发地裂缝的发生（图 4.11）。

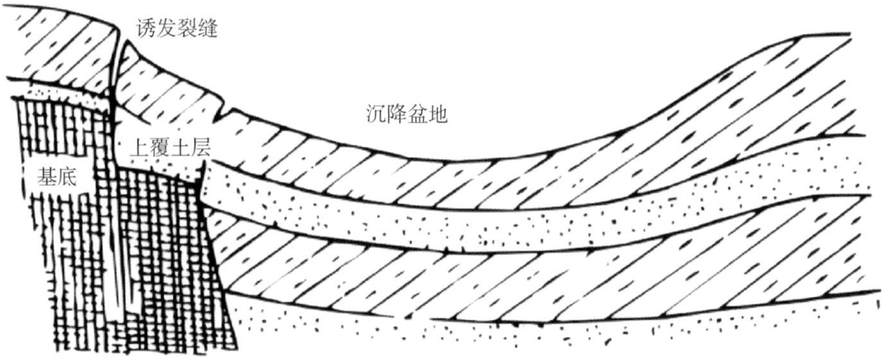

图 4.11 沉降盆地边缘的诱发地裂缝机理示意图

4.2.2 地面沉降加剧地裂缝的活动

北京市存在日趋严重的地面沉降现象。1955 ~ 2007 年间，北京市地面沉降累计量大于 50 mm 的面积达到 4132.23 km^2，其中大于 100 mm 的面积达到 3249.08 km^2。分布呈南北两个大区。北区主要为昌平沙河－八仙庄沉降区，最大累计沉降量达到 1106 mm，该沉降中心与顺义后沙峪、平各庄逐渐连成一片；中间是朝阳区来广营沉降区，累计最大沉降量达到 826 mm；南部为东郊八里庄－大郊亭、通州沉降区（包括梨园－台湖和通州区），最大累计沉降量分别达到 765 mm、536 mm、638 mm。南区主要为榆垡－礼贤沉降区，累计最大沉降量为 883 mm。此外，局部较小的沉降中心还有顺义区北务，最大累计沉降量为 358 mm，顺义平各庄，最大累计沉降量为 475 mm。其中通州沉降区（包括梨园—台湖和通州区）虽然为最近几年才发展起来的沉降中心，但其累计沉降量和沉降速率都比较大，且处于通州新城规划位置，对其可能存在的危害和不可预测的安全隐患应予以重视。

高丽营地裂缝带位于沙河—八仙庄沉降区一带，至 2009 年沉降中心累积沉降量达到 1163 mm。场地所在区域 1955 ~ 2009 年累积沉降量为 500 ~ 600 mm，近 3 年年平均沉降速率为 11.5 ~ 13.8 mm/a，2009 年的沉降速率为 20 ~ 40 mm/a。

北京平原浅部地层包括第四系全新统和上更新统地层，底板埋深为 100 m 左右（第一含水岩组），含水层岩性以冲洪积形成的细砂、中粗砂为主，其间的隔水层主要岩性以洪积、湖积的黏性土为主（第一压缩层），压缩模量为 13 ~ 24 MPa。地下水类型为潜水、浅层承压含水层，是农业主要开采层。从近 3 年的监测结果可以看出，该层是地面沉降的主要贡献层，沉降量主要发生在黏性土中，对地下水动态变化敏感度高，地层单位沉降量为 0.072 ~ 2.357 mm/（m・m），不同监测站由于地层岩性等因素的影响，地层敏感度差异比较大，其地层单位沉降量变化也很大。在地层厚度相差不大的情况下，浅部地层在整个地层沉降量中的贡献率一般都大于 50%，最大的甚至达到 74.21%（王四营站，2007 年）。具体见表 4.1。

表 4.1　北京市浅部地层沉降量分析表

监测站		地层厚度 /m	沉降量 /mm	总沉降量 /mm	水位平均降深 /m	单位沉降量 /mm（m・m）$^{-1}$	贡献率 /%
天竺站	2005 年	117	26.511	42.993	3.13	0.072	61.68
	2006 年		21.340	38.073	0.18	1.013	56.05
	2007 年		27.301	40.821	0.75	0.311	66.88
望京站	2005 年	99	25.474	54.342	0.17	1.514	46.90
	2006 年		23.335	49.765	0.10	2.357	46.89
	2007 年		25.522	46.300	0.79	0.326	55.12
王四营站	2005 年	94	12.659	23.577	0.92	0.146	53.69
	2006 年		11.658	24.044	0.57	0.218	48.57
	2007 年		11.292	15.216	0.78	0.154	74.21

注：水位平均降深为该地层厚度内几个含水层的水位降深平均值；单位沉降量为该地层平均厚度 1 m 地下水位降深 1 m 时的地面沉降量（据北京市地质环境总站）。

中深部地层主要为第四系中更新统地层，顶板埋深为 80 ~ 100 m，底板埋深为 300 m 左右。地下水为中深层孔隙承压水，本含水岩组（第二含水岩组）为第四系中更新统（Qp_2）冲洪积物、冲湖积物，含水层为多层结构，岩性以中粗砂为主，部分含砾。埋深越大，水力联系越差，在开采条件下，可得到侧向径流和部分越流补给。地下水开采主要用于生活、工业用水及部分农业灌溉。压缩层（第二压缩层）岩性为中更新统冲洪积、冲湖积的粉土、粉质黏土、黏土层，压缩模量为 36 ~ 61 MPa，地层单位沉降量为 0.016 ~ 0.273 mm/(m · m)。从近 3 年的监测结果可以看出，该层整个地层沉降量中的贡献率一般都小于 50%，最小的仅仅为 17.99%（天竺站，2005 年）。具体见表 4.2。

表 4.2 北京市中深部地层沉降量分析表

监测站		地层厚度 /m	沉降量 /mm	总沉降量 /mm	水位平均降深 /m	单位沉降量 /mm（m · m）$^{-1}$	贡献率 /%
天竺站	2005 年	121.1	7.736	42.993	3.94	0.016	17.99
	2006 年		8.167	38.073	1.44	0.047	21.45
	2007 年		10.398	40.821	1.197	0.072	33.12
望京站	2005 年	101	28.868	54.342	2.61	0.1095	53.12
	2006 年		26.430	49.765	0.96	0.273	53.11
	2007 年		20.778	46.300	1.16	0.177	44.88
王四营站	2005 年	91	10.918	23.577	2.80	0.043	46.31
	2006 年		12.346	24.044	2.28	0.0595	51.43
	2007 年		3.924	15.216	1.68	0.026	25.79

注：水位平均降深为该地层厚度内几个含水层的水位降深平均值；单位沉降量为该地层平均厚度 1 m 地下水位降深 1 m 时的地面沉降量（据北京市地质环境总站）。

深部地层为第四系下更新统，主要分布在顺义天竺、后沙峪，昌平沙河，朝阳东坝，平谷城区至门楼庄，以及通州区侉子店、觅子店，大兴区采育、风河营等第四系沉积中心地区。地下水为深层孔隙承压水。含水岩组顶板埋深 300 m 左右，含水层岩性为第四系下更新统冲积物，冲湖积物，含水层岩性以中粗砂、砾石为主，含水岩组为多层结构，埋深大，顶部有厚度大于 30 m 的黏性土隔水层，与上部中深层承压水含水层水力联系差。该含水岩组尚未大量开采，根据含水岩组的埋藏条件、沉积环境等综合分析，深层承压水基本上处于天然状态。压缩层河湖相沉积的灰褐色、灰色粉质黏土、黏土层，结构致密，大部分呈坚硬状态，密实度高，根据天竺站土工试验资料，压缩模量大部分大于 70 MPa，400 m 以下土层多呈固结状态，有胶结现象。压缩模量大部分大于 100 MPa。压缩性极低，压缩层中夹冲洪积、冰水沉积的黄色中粗砂、圆砾石层，密实度高。由于该层开采量很小，土层固结程度高，压缩性低，对地面沉降影响较小。

监测数据显示，在同一深度、同一地区，黏性土层单位沉降量较大，砂层、砂砾石层单位沉降量较小，地面沉降主要发生在黏性土层中。以粉土、黏性土层为主的监测层组单位沉降量是以砂层、砂砾石层为主要岩性监测层组单位沉降量的 2 ~ 3 倍，是地面沉降的主要贡献层。

由于 3 个监测站处于不同区域，地下水开采规划、需求量、开采层位等都有差异，另外不同年份地下水的开采情况也不一定完全相同，因此即使是同一个监测点，在不同的年份，其各地层地面沉降贡献率、单位沉降量等都有比较大的变化范围。

天竺地面沉降监测站 117 m 以浅地层沉降量在整个沉降量中的贡献率 3 年均超过 50%。此外，天竺监测站 238 m 以下地层年沉降量依次为 8.746 mm、8.566 mm、3.122 mm，占整个沉降贡献率的 20.37%、22.50%、7.65%。地层单位水位降深引起的地层单位沉降量为 0.0115 mm/m。可以看出，由于下部地层力学强度高，压缩性低，单位水位降深引起的地层单位沉降量明显降低。

通过以上资料可以了解到，北京平原区地面沉降主要是超量抽汲地下水造成的。地层岩性及结构特征是产生地面沉降的重要地质背景，地下水开采是地面沉降产生的直接诱因。地面沉降发生发展、分布规律与地下水动态变化、地层岩性与其结构特征密切相关。地面沉降范围主要是分布在冲洪积扇平原中下部地区。120 m 以浅的第一压缩层地层是地面沉降的主要贡献层，浅部地层单位沉降量大于深部地层单位沉降量。地面沉降主要发生在黏性土层中，相同条件下，黏性土层单位沉降量明显大于砂层、砂卵石层的单位沉降量。由于北京平原分布有大范围厚度较大的湖相沉积层，具有较大的压缩潜力，以后随着地下水开采，水位下降，土层将随着压缩，进而发生进一步地面沉降（贾三满，2007）。

地面沉降加剧地裂缝强度主要表现在两个方面：一个是断裂的早期活动造成上下两盘第四系松散沉积层厚度差，导致场地深部地层的不均匀性；另一个是深部基岩断裂的蠕滑引起第四系的蠕动变形而沿原有构造破裂面发生变形，其周围土体遭到不同程度的扰动破坏，在距主裂缝多发育有次级小裂缝，其剖面形态多呈“Y”形或树枝状，其土体力学强度减低形成了地表水下渗通道，在承压水位持续下降条件下，将产生孔隙释水压密和裂隙释水压密双重效应，大大增加了地裂缝的活动量。西安市研究结果表明，抽水引发的地面沉降量约占地裂缝活动量的 80% ~ 90%，高丽营地裂缝同样反映如此规律。

高丽营地裂缝位错量主要是由于基岩蠕滑变形和松散层不均匀沉降造成的，是断裂蠕动变形和差异沉降量的叠加，地面沉降的发生加剧了地裂缝的发育程度和规模。

利用八仙庄地面沉降监测站分层监测结果，计算得到高丽营地裂缝发育区的主要沉降层的比单位变形量，结合场区内 C206 地下水监测孔的年水位变幅和勘查孔揭露的地层情况，计算场区内 2009 年地裂缝两侧的差异沉降量。计算公式如下：

$$\sum S = I'_i H_i h_i$$

式中：S—地层变形量即地面沉降量；I'_i—地层的比单位变形量；H_i—计算土层厚度；h_i—水位下降值。

通过计算得到，高丽营地裂缝发育区在主要地下水开采层范围内，上盘 2009 年沉降量为 6.73 mm，下盘 2009 年沉降量为 1.17 mm，2009 年沉降差为 5.56 mm（表 4.3）。

表 4.3　场区内差异沉降统计计算表

主要开采层深度 /m	上盘				下盘				差异沉降量 /mm
	岩性	厚度 /m	比单位变形量 /（$mm \cdot m^{-1} \cdot m^{-1}$）	沉降量 / mm	岩性	厚度 /m	比单位变形量 /（$mm \cdot m^{-1} \cdot m^{-1}$）	沉降量 / mm	
55 ~ 85	黏粉砂	6.8	0.0486	1.31	中粗砂	18.3	0.0056	0.29	1.02
	中粗砂	23	0.0056		砂砾石	11.5	0		
131 ~ 186	粉砂	11.7	0.0225	5.42	中粗砂	15.7	0.0058	0.88	4.54
	砂砾石	9	0		中粗砂	12	0.0058		
	粉黏土	33.7	0.05		中粗砂	26.7	0.0058		
开采层				6.73				1.17	5.56

综上所述可见，地面沉降的发生加剧了地裂缝的发育程度，加剧了地裂缝的垂向活动强度。地面沉降加剧了地裂缝的发育程度和规模。

4.2.3 地裂缝与地面沉降空间关系

地面沉降对地裂缝的影响，主要是由于地层差异沉降所致，其影响的实质是由于差异沉降部位的拉张应力分布，沉降区域不同部位拉张应力分布具有差异，形变梯度较大的盆地边缘范围为拉张应力集中区域，所以土层内应力应变分布与沉降盆地部位具有对应关系。由超量开采地下水引发的地面沉降是地裂缝的主要诱发因素。北京市平原区混合型地裂缝在地表显现及其后期活动性与区内地面沉降、地下水位动态的时空变化表现有明显的对应关系。

从地裂缝分布与地面沉降空间关系情况看，北京市混合型地裂缝均分布于地面沉降盆地的边缘，地面沉降对地裂缝变形的制约作用显而易见，地裂缝的这种空间分布反映了地面沉降是诱发地裂缝活动的重要因素。地裂缝带在沉降区内几个较大的沉降漏斗的陡变地带显现，这种空间位置的一致性表明现今地裂缝与地下水超采相关联。

高丽营地裂缝位于昌平沙河—八仙庄沉降区的边缘，该沉降区为北京平原区目前累计沉降量最大的地区。孙河地裂缝、北甸地裂缝位于来广营沉降区的边缘，该沉降区是北京平原区目前发展最为快速的沉降区（图 4.12）。

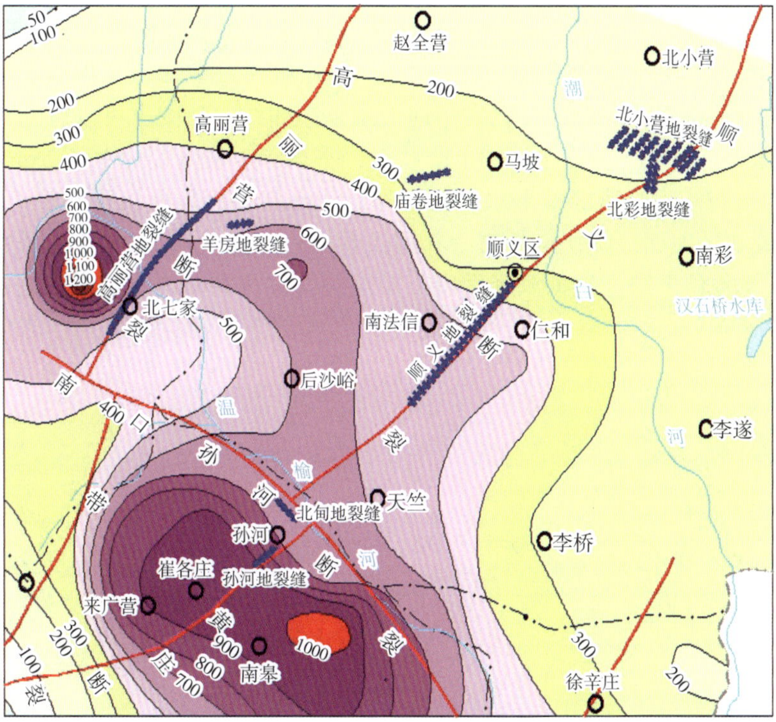

图 4.12　地面沉降与地裂缝位置关系图

地裂缝带的分布区大部分属于地下水严重超采区，地裂缝带附近更有北京市水源八厂、水源九厂、首都机场、天竺工业开发区及燕京啤酒厂等需水量极大的单位。这些单位不仅需水量大，而且抽水速度快、持续时间长，因而造成地下水位大幅度下降且得不到迅速恢复，从而造成地面沉降。

4.2.4 地裂缝与地面沉降时间关系

地面沉降与地裂缝在活动及加剧的时间上具有同步性。从时间上看，地裂缝进入频发的时期恰恰是地面沉降快速发展、地下水下降速率较快的时期。地裂缝的形成和发展与地下水开采量急骤增加和地下水位大幅度下降具有相对应性，与地面沉降的发展特点相对应。地裂缝活动对大量抽取地下水活动的敏感性较强。

总体上看，区域地裂缝发生的数量和范围随时间进程递增。从大华北各省区域复合型地裂缝的发生发展过程来看，地裂缝都是先从一两处开始破裂、萌生，然后随时间进程定向地向一个方向或几个方向发展，同时出现地裂缝的数量也逐渐增多。北京平原区从 1965 年起发生多起地裂缝灾害，并呈现明显的增多趋势。据不完全统计，从 1965 年至 1975 年，北京地区发生不到 10 条地裂缝破坏，从 1975 年起数量明显增加，到 1985 年，地裂缝破坏处已多达数十条。进入 20 世纪 80 年代末期，地裂缝发展迅速，已经发现数百处地裂缝。地裂缝在数量和规模上都随着时间递增而继续发展。总体上看，地裂缝的高峰时期也是北京平原区地下水开采量开始大幅度增加，地面沉降逐渐开始发展的时期。

庙卷地裂缝所在的顺义马坡地区是北京平原近几年地下水位下降速度较快的区域。20 世纪 80 年代后顺义地区由于连续干旱，1980 年水源八厂投产使用，随着地下水开采量的大幅增加，在顺义地区形成了牛栏山漏斗和天竺漏斗，庙卷地裂缝地区恰好位于牛栏山漏斗和天竺漏斗的交接地带，地下水水位下降速度快，且水力坡度变化较大。尤其是进入 2000 年以来，地下水水位快速下降的趋势更为明显。图 4.13 为北京市水文地质工程地质大队设在顺义马坡地区官正卷的 S1033 号孔常年地下水动态曲线。从图中可以看到，马坡地区地下水水位从 2000 年以来一直处于持续下降状态，平均年水位降幅为 1 ~ 2 m。在一定地层背景条件下，长期持续快速的地下水水位下降趋势必然引起地面沉降的快速发展。同时，自 2006 年起该地区地面沉降快速发展，并据庙卷村村民反映自 2006 年起开始有地裂缝破坏现象。地下水水位下降、地面沉降发展以及地裂缝发育在时间上具有较好的一致性（图 4.13）。

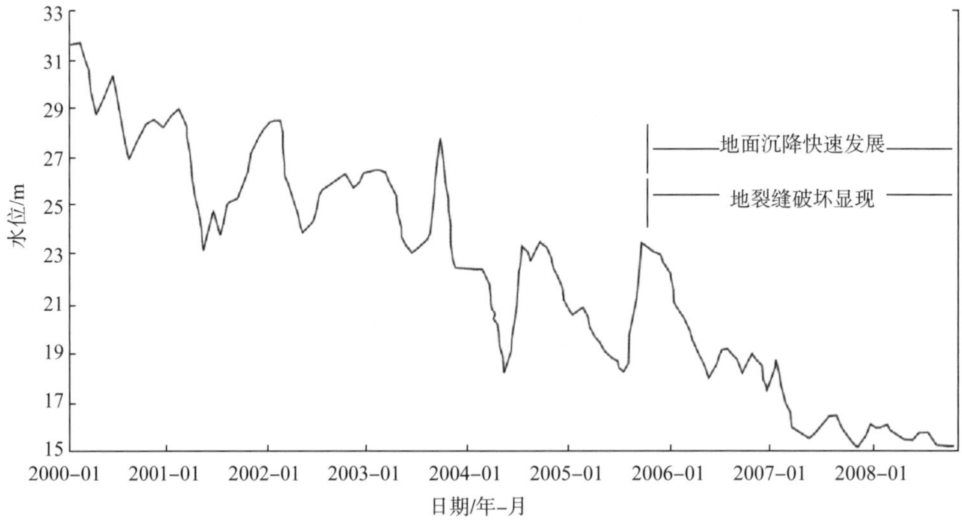

图 4.13　顺义马坡地区 S1033—A 号孔多年地下水动态曲线

孙河地区是目前北京市平原区承压水水位下降最为迅速的地区之一。本区开采用水以深层承压水为主，导致深层承压水水位持续下降。从机井统计资料可以看出，孙河、楼梓庄地区井越打越深，20 世纪 90 年代以前打井深度大部分在 100 m 以内，从 1990 ~ 2000 年打井深度在 100 ~ 150 m 以内，2000 年以后，由于连续干旱，造成地下水位持续下降，出水量减少，并且浅层地下水局部污染，为了满足生活用水的需求，打井深度都在 200 ~ 300 m。据统计孙河一带的平房乡、东坝乡、楼梓庄乡、常营乡深层地下水开采井共有 71 眼，总开采量约 24685.5 m^3/d，深层承压地下水开发利用程度很高，自 2000 年以来深层承压水水位一直处于持续下降状态，每年下降 2 ~ 3 m。

2005 年底，楼梓庄集中供水工程（规模为 10542 m^3/d）一期开始投入使用，这使得该地区深层承压水开采强度进一步加大。目前该水源地取水水源为第四系深层承压水，主要集中在孙河及附近的金盏乡、楼梓庄乡一带。由于该地区深层承压水的大规模开采，使得该地区近年深层承压水水位较往年更为迅速地大幅度下降，近五年下降幅度达到 11.13 ~ 13.57 m。图 4.18 为孙河附近东郊牛场 625 号地下水水位动态监测曲线。从 2000 年 1 月至 2008 年，其浅层、中深层、深层承压水水位分别下降 17.19 m、10.84 m 和 20.04 m，尤其是进入 2003 年以来，承压水水位下降幅度加大，平均每年下降幅度达到 2 m 左右（图 4.14）。

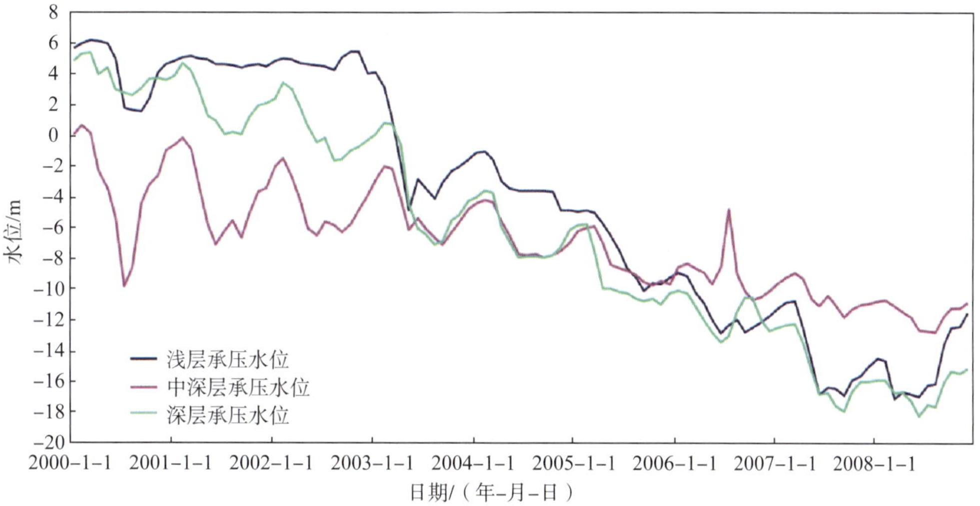

图 4.14　朝阳孙河地区地下水水位动态曲线

自 2005 年后由于地下水水位迅速下降，孙河地区地面沉降快速发展，同时在该地区逐渐发现地裂缝的发育，从时间上看，地裂缝和地面沉降发展具有明显的对应关系。

4.2.5　地裂缝对地面沉降响应特征

抽水作用可以引起含水层的水平运动和水平应变，只要地裂缝或其下伏断层软弱结构面位于抽水引起的径向拉张应变区内和拉张应变随时间的增大阶段，就会对地裂缝及下伏活断层的活动起加速作用，并且抽水速率越大，影响越显著。

由于地下水的渗流方向与地裂缝走向垂直，地下水渗流过程中产生的渗透力加剧了地裂缝的活动，当水位变动频繁时，其产生的渗透力也加剧和刺激了地裂缝的频繁活动。

地裂缝在每一个抽水轮回内具有垂直位移先加速、后减速的变化过程。地裂缝距抽水井较近，每个抽水轮回都能够使地裂缝先后经历两种变形：抽水初期首先在地裂缝带形成拉张区，地裂缝随之接受以井为中心的径向拉张应变逐渐增加达到最大值，然后拉张应变逐渐变小直至拉张区离开地裂缝而迎来挤压区，这时地裂缝又将经历挤压应变和挤压应力由小到大的变化过程。地裂缝在经历径向拉张变形时，断层面或地裂缝面上的正应力减小，相应地形成了正断层性质的剪张滑移，也导致了地裂缝的垂直位移加速，反过来，地裂缝在经历径向挤压变形时，断层面上的正应力将随之增大而使地裂缝的剪张滑移减速。

在地下水开采过程中，会在土层中形成一个降水漏斗，土体中的孔隙水压力会随着孔隙中水的排出而不断减小，有效应力相应地逐渐增加，随着有效应力的不断增加，土体的孔隙体积不断被压缩而使土体产生固结变形，导致地面形成以降水漏斗为中心的地面沉降，并且在沉降区地表形成一定范围的拉张应力区。当这种拉张应力超过土层的抗拉强度时，就会在地表产生土体破裂，即地裂缝，或者加剧已有的地裂缝活动。

另一方面，当已有构造地裂缝两侧土层不相同时，地下水的开采会使得裂缝两侧的地层固结压缩量不同，从而使地裂缝两侧的地面沉降速率不同，引起或加剧地裂缝上下盘的相对垂直位错活动。

从地裂缝活动速率的阶段性特征分析，地下水开采与地裂缝的发展过程有密切相关性。每当用水高峰期来临，地裂缝总是在扩张并向两侧漏斗中心延伸；用水高峰期一过或降水偏多时，地裂缝就停止活动或者活动量降低、频率减小。这种迹象在年际、年内的变化趋势明显。

根据地裂缝三维监测资料和地下水水位监测资料对比，地裂缝垂向变化与承压水动态季节变化有较好的相关性，水位下降，变形速率增大，水位回升，变形速率减缓，甚至出现小量回弹，并且有明显的滞后现象，滞后时间一般 3 ~ 4 个月，与地下水入渗及地面沉降反应基本一致。而与水平拉张变形和水平扭动变形无明显关系，地裂缝变形特征与潜水动态无明显关系。

4.3　地裂缝与地层岩性

地裂缝的发育程度和规律受地裂缝两侧地层差异大小的影响。沿地裂缝走向方向上的地层差异，使得地裂缝发育规模具有一定的分段性。与地裂缝走向方向垂直方向上，地层差异主要表现为其左右两侧第四系地层厚度差异较大，使其压缩层厚度差异较大，产生的差异沉降较大，其直接影响地裂缝两侧的位错量。

4.3.1　地裂缝横向方向地层差异研究

地裂缝受构造活动的控制，在横向方向上，使得地裂缝上下盘两侧地层差异较大。首先表现在地层厚度差异巨大。在高丽营地裂缝勘查工作中的多个探槽皆反映，黄庄 - 高丽营断裂面直达地表，在近地表位置有明显的错动，并造成上下盘两侧第四系松散沉积层厚度相差较大，且岩性发生错动，导致了场地地层的不均匀性。高丽营地裂缝发育区域范围内的汤热 61 号、汤热 54 号地热孔资料显示（图 4.15），下盘于孔深 491 m 处穿过松散堆积见到安山岩，而上盘深 1115 m 才见到火山角砾岩，两盘松散堆积厚度相差为 620 m，造成了断裂两侧地层的不均匀性。这种不均匀性越大，地裂缝的发育程度就越大。

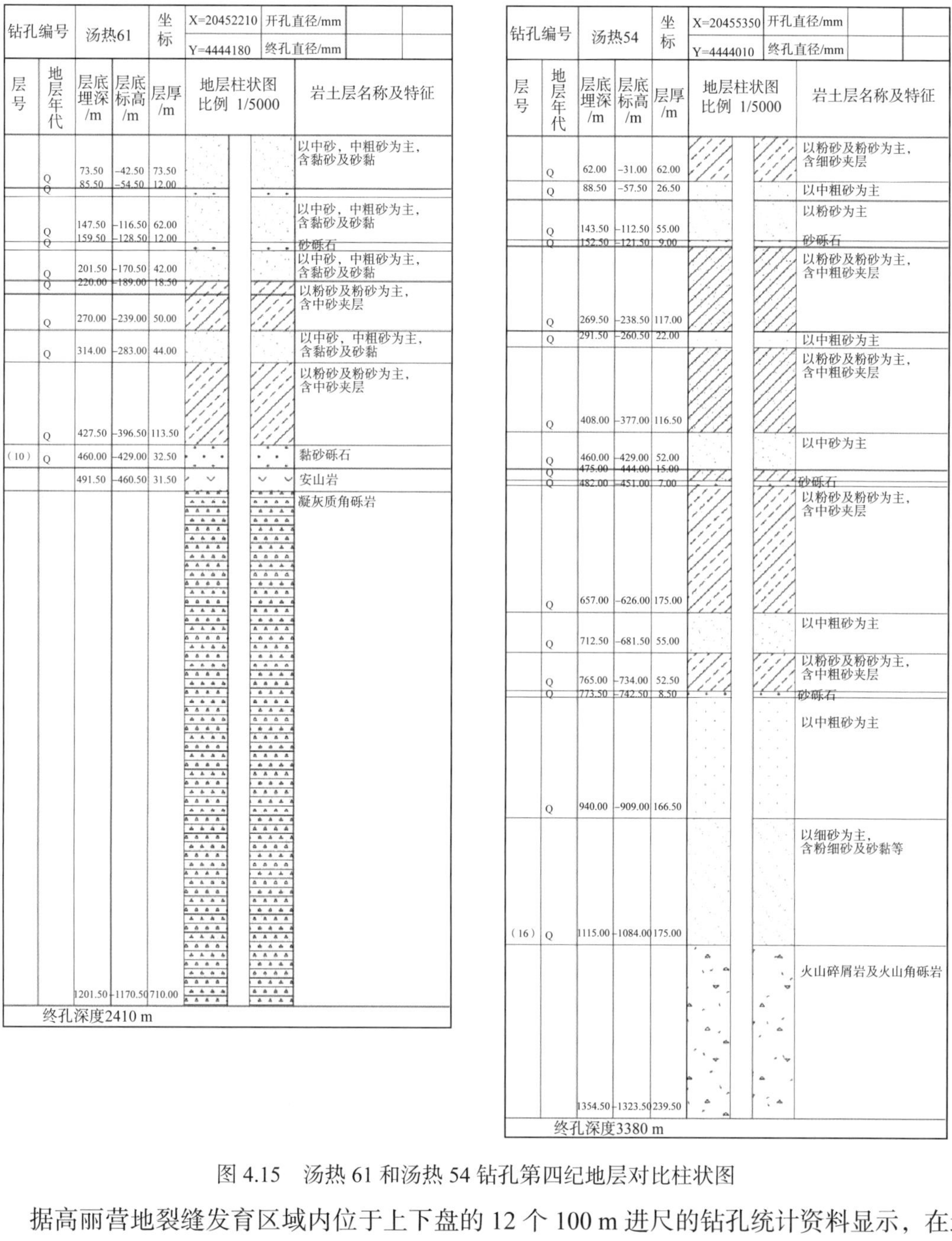

图 4.15　汤热 61 和汤热 54 钻孔第四纪地层对比柱状图

据高丽营地裂缝发育区域内位于上下盘的 12 个 100 m 进尺的钻孔统计资料显示，在地裂缝两侧，上下盘浅部地层差距较大。尤其是在浅部 30 m 以上地层，这种较大的压缩层差异也易产生较大的不均匀沉降。如在高丽营地裂缝发育区北部 ZK1 剖面中钻孔地层岩性中 0 ~ 30 m 黏土厚度在下盘约占 44%，在上盘约占 62.4%，上下盘黏性土厚度差异较大（图 4.16）。加之由于地裂缝破裂面本身是抗变形的薄弱面，抗变形能力微乎其微，是对地面沉降作用十分敏感的部位，相比一般地层，其对不均匀沉降有局部放大效应。

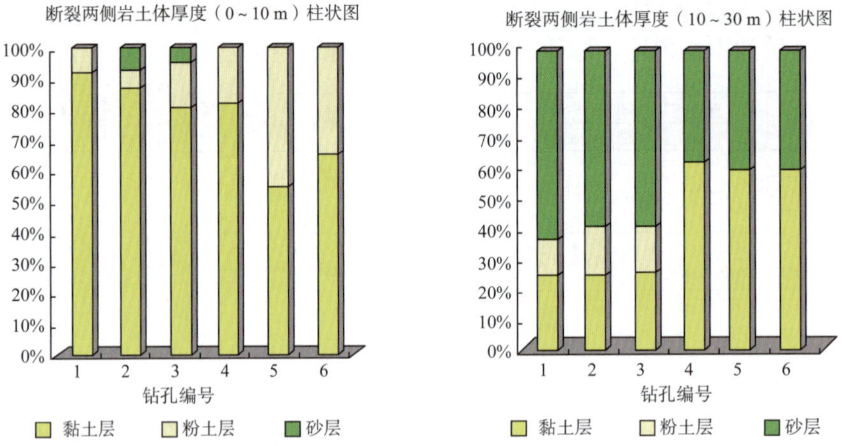

图 4.16　1—1′ 剖面地层岩性含量图

4.3.2　地裂缝走向方向地层差异研究

沿着地裂缝走向方向看，介质条件对地面沉降变形场与分布具有制约作用，并直接影响地裂缝的分段规律。地裂缝活动性与地面沉降变形场两者间的时空关系表明，地面差异形变是地下水开采影响区内地裂缝活动的主要作用机制，差异形变的程度与固结压缩土层的变形性质密切相关，地下水开采引起的地面沉降形变场的空间分布和变化明显受到土层压缩变形性质的影响，从而影响地裂缝的发育程度。

以高丽营地裂缝为例，根据高丽营地裂缝区场地工程勘察结果，地裂缝场地介质条件的共性特点是：地裂缝开裂宽度和发育深度与土层流塑变形强弱密切相关，土层越密实、胶结程度越高、压缩性越强，地裂缝活动性就越强，变形幅度就越大，而流塑变形明显的土层地裂缝活动大都表现极其微弱，某些地裂缝发育程度表现的分段性特征大多与此相关。

在地裂缝发育范围内，由北向南，地裂缝发育规模逐渐变小，由探槽、钻探确定的断距也有变小的趋势。究其原因，在裂缝发育范围内，由北向南，从地貌上来看，由二级阶地变为河漫滩。从岩性介质来看，黏性土含量变少，而细砂、中砂类等胶结程度低、压缩性弱的土层含量明显增多。如在高丽营地裂缝发育区北部 ZK1 剖面中钻孔地层岩性中 0 ~ 30 m 黏土厚度在下盘约占 44%，在上盘约占 62.4%，在该钻孔剖面处开挖的探槽揭露其断裂在近地表位置直接错动达到 3.06 m。而南部 ZK5 剖面中黏性土厚度在下盘约占 24.82 %，在上盘约占 60.76%，在该处通过探槽开挖揭露的断裂在近地表位置错动仅为 0.3 m（图 4.17）。

4.4　地貌与地裂缝

地貌环境对地裂缝的影响主要表现为两种方式，一种属于地貌影响型，对于复合型地裂缝来说，其往往发育于地貌条件突变的位置；另一种属于地貌形态控制型的地裂缝，地裂缝的发育与构造无直接关系，受地貌形态的直接控制和影响。

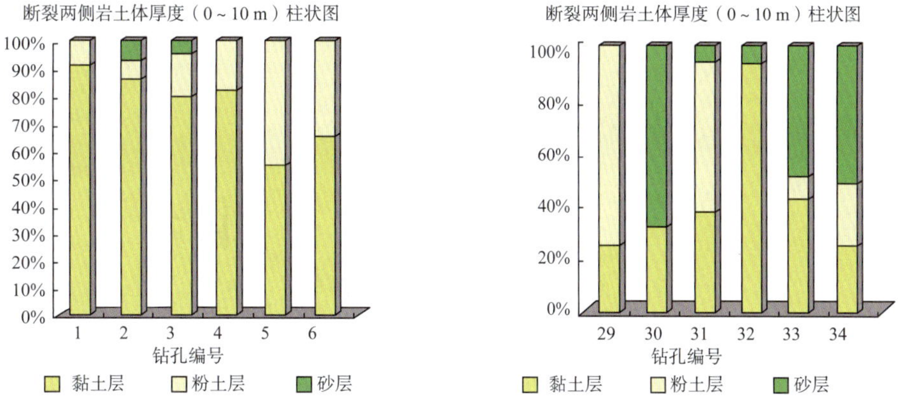

图 4.17　1-1′ 与 5-5′ 剖面地层岩性含量图

4.4.1　地貌影响型

地貌环境是地形、土层成因及岩性、水文地质特征以及构造等地质条件的综合反映，因此，地裂缝分布与地貌之间的关联特点也是地形、土层等影响地裂缝形成和发展的地质环境的综合体现。一方面，沿地貌单元边界不同成因类型及物理力学性质的土层交错沉积，形成了工程地质条件的差异带，基底构造变形和含水土层固结变形都会导致地貌边界产生应力、应变传播和不均衡扩散，是地表变形比较敏感的范围，地面沉降形变场往往在地貌边界出现形变梯度陡变。另一方面，内部基底构造活动也往往导致地貌形态发生局部变化，沿基底断裂展布方向两侧地面地形容易出现陡变，形成陡坎、陡坡等微地貌界线。这种受构造控制的微地貌界线不但是构造变形集中部位，也往往是地层地质条件差异分带界线，因此地裂缝容易沿此类微地貌界线发育，往往总体上一般发育于山前冲洪积平原、河流高阶地、黄土台地、山前冲洪积平原与山区等地貌单元内，且多沿不同地貌单元交接部位分布。

根据十五城市活断层探测成果，在调查区范围内，黄庄 - 高丽营断裂带北东段西王路村到土沟村一段还存在明显的断裂垂直位移断坎（图 4.18 和图 4.19）。

在土沟村内华都肉鸡场南侧农地里，发育有近南北向的陡坎，高差明显，上下地貌面高差显示的断裂垂直位移量为 25 cm 左右，最大处可达 50 cm 以上。虽然断裂在西王路村到土沟村之间存在走向上变化，从不同区段位置看，位移的矢量关系上并没有显著的区别。见图 4.20、图 4.21。

4.4.2　地貌控制型

在北京平原区发育的某些非构造型地裂缝属于地貌形态控制型的地裂缝。以通州区地裂缝为例，该地裂缝主要分布在河流的两岸，均为顺河堤方向发育。在地裂缝集中出现的西集—郎府地区，地处潮白河中下游平原河流改道频繁的泛滥区，古河道极为发育，这些地区地势低洼，沉积物新，结构疏松，同时这个地区也是唐山地震后砂土液化严重的地区。通州区的地裂缝并没有出现与断裂走向相一致的规律性，同时结合通州区的构造断裂分布、活动性、第四纪覆盖层工程地质特征和水文地质条件综合分析认为：该区地裂缝是由于砂土液化喷砂冒水造成地面塌陷引发的地裂缝，属于非构造型地裂缝。

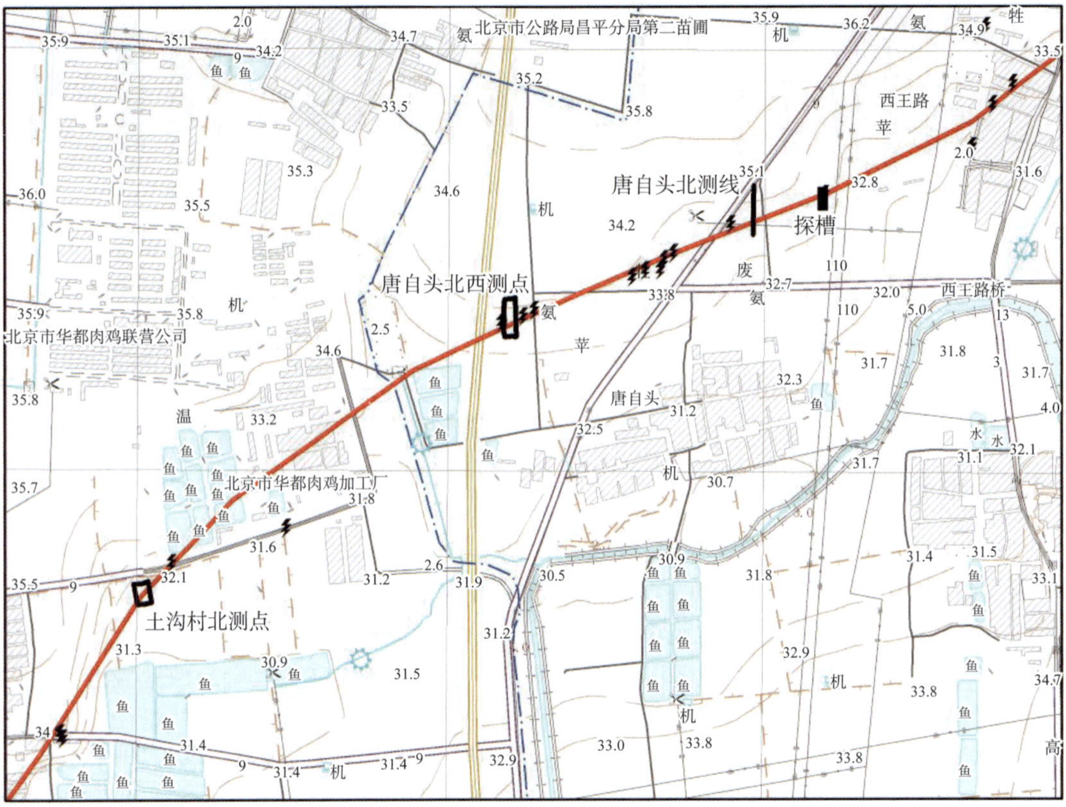

图 4.18　实测地形分布位置

4.5　砂土液化与地裂缝

频繁的地震所导致的砂土液化也是某些地裂缝出现或加剧的一个因素。古地震砂土液化是地裂缝发育的影响因素。强烈地震是导致砂土液化发生的直接原因。一般来说，无论某个地区的土质情况和水文地质条件怎样，如果没有发生地震，就不会发生砂土液化。但就地震这个因素而言，震级越高，历时越长，则引起的液化越强。北京平原区内近些年频繁发生的地震所导致的砂土液化也可能是某些地裂缝出现或加剧的一个因素。从空间分布来看，平原区大多数混合型地裂缝往往发育于砂土液化区（图 4.22）。

以庙卷地裂缝为例，顺义区自 1970 年以来，虽没有发生过强烈的地震，但 4 级以下的有感地震却时有发生。据北京市地震局统计，自 1970 年以来，顺义区共发生地震 200 余次，有感地震 10 次。顺义地区地震发生较为集中，而庙卷地裂缝位于地震比较集中的区域（图 4.23）。

地震发生时的地震波会造成地表薄弱地层发生形变。含饱和水的粉细砂受震动后，结构和性状发生严重变化而发生流动变形，以致抗剪强度和承载力明显下降，甚至完全丧失，产生砂土液化，从而导致地面下沉变形，造成地裂缝、不均匀地面沉降等地质灾害。北京地区的砂土液化灾害主要分布在地势低洼、沉积物新、结构松散的潮白河、温榆河、小中河等河流的中下游沿岸地区。由图 4.24 可知，庙卷地裂缝和孙河地裂缝发育区域均位于小中河西岸，地层结构是上部为黏性土层，透水性差，中部为粉细砂，底部常为中、粗砂或卵砾石层，是砂土液化的可能发生区。

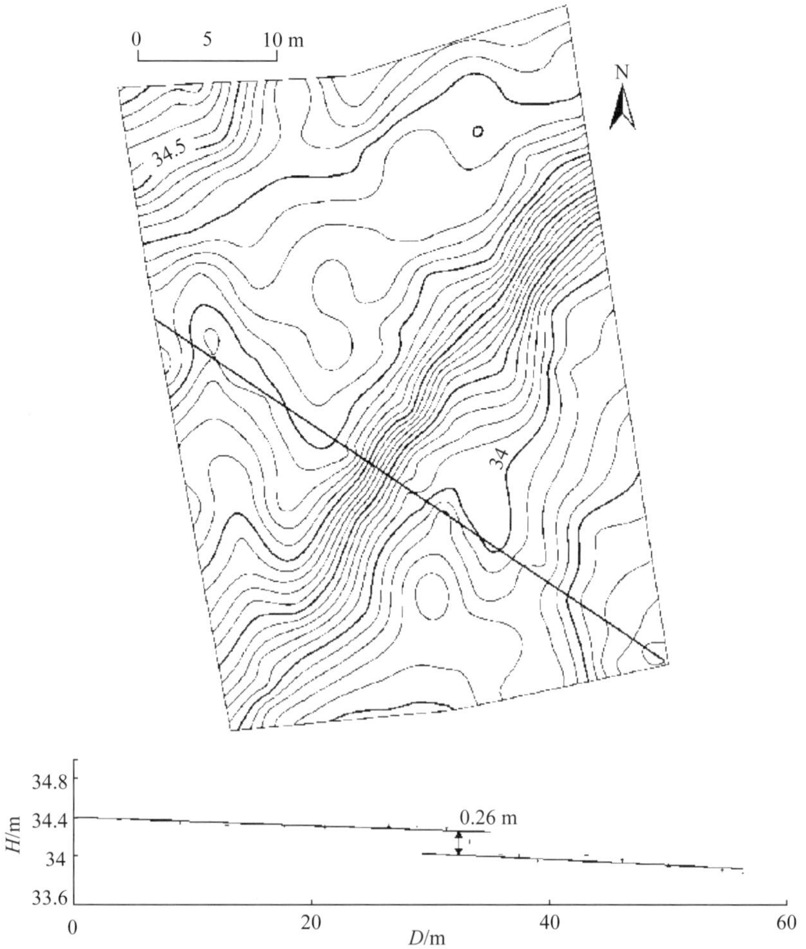

图 4.19　土沟村北全站仪实测地形及跨陡坎地形剖面

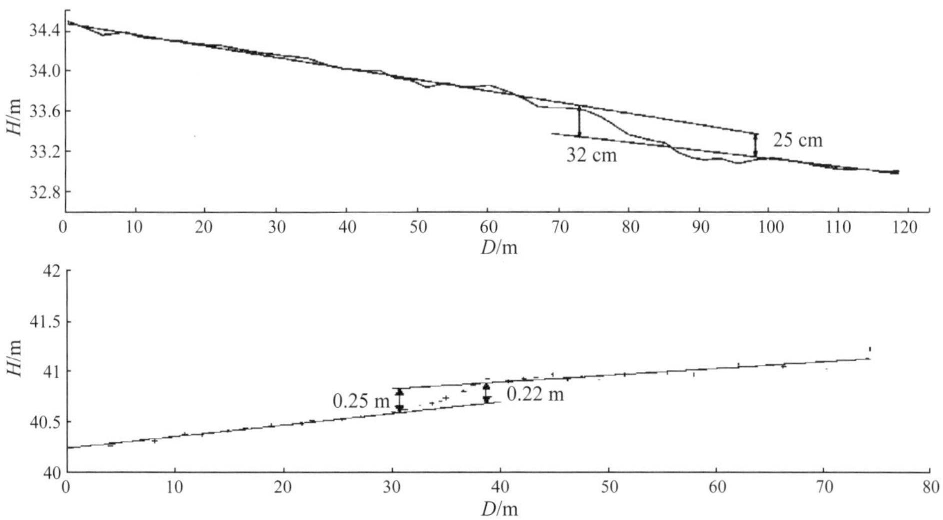

图 4.20　唐自头村北跨地裂缝带地形剖面图

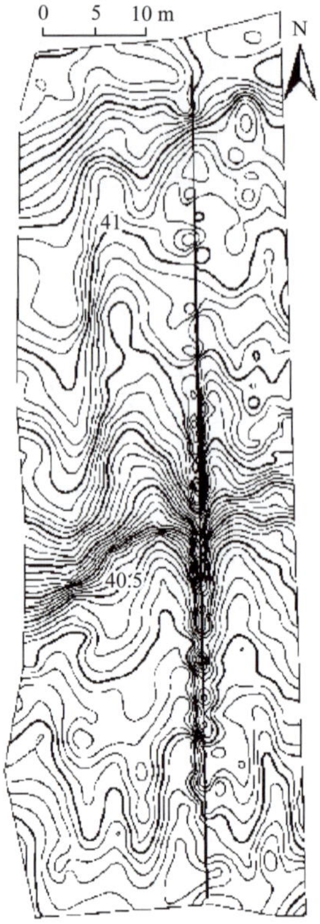

图 4.21　唐自头村北西北全站仪实测地形及跨陡坎地形剖面

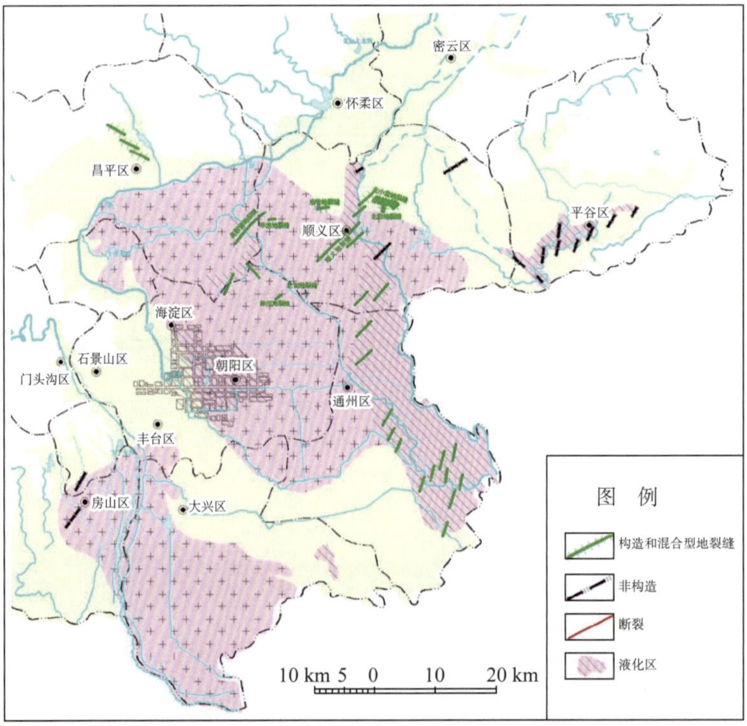

图 4.22　砂土液化与地裂缝分布图

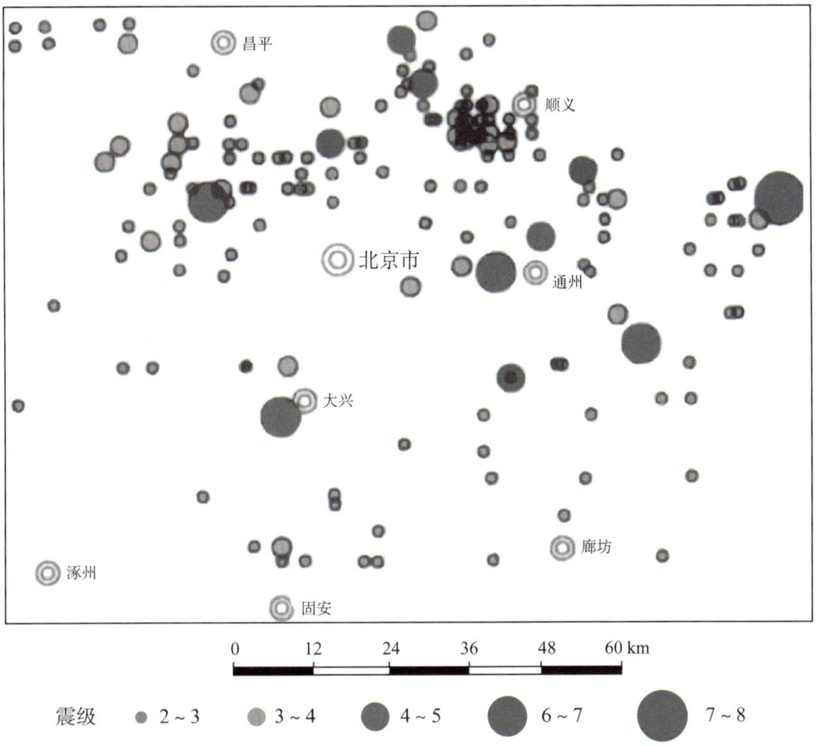

图 4.23　北京及周边地区地震活动分布图

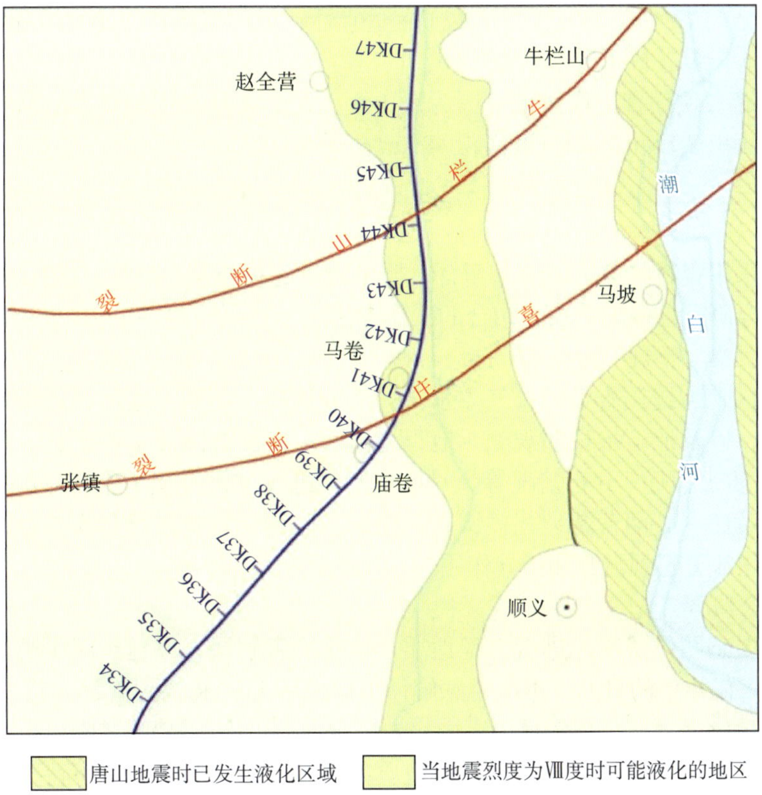

图 4.24　庙卷地裂缝区域砂土液化分区图

5 工程应用案例

实现地面沉降和地裂缝调查、勘查、监测和研究成果在城市规划建设各个领域中的应用，从而保障北京城市地质安全，获得社会效益和经济效益的双赢，是北京地面沉降和地裂缝监测系统运行的最高目标。北京地面沉降和地裂缝综合成果与城市规划建设的紧密结合可体现在 3 个方面：一是城市线性工程（主要是城市轨道交通、城际间高速铁路等）；二是重大城市工程（包括高科技园区、重要城市设施等）；三是区域城市规划建设（主要包括北京市规划新城）。

5.1 重大城市工程地面沉降和地裂缝勘查评价

位于昌平区的“未来科技城”是国务院国资委从国有经济布局和结构的战略调整、科技实力、研究队伍情况出发，选择了 14 家中央企业在京集中建设并预备打造成一个具有世界一流水准的科技园区。前期建设用地地质灾害危险性评估报告认为“规划场区内有黄庄 - 高丽营断裂穿过，黄庄 - 高丽营断裂对规划场区影响大，在活动断裂两侧 0 ~ 300 m 范围内，危险性大，工程建设适宜性差；该区域范围内发育有地裂缝，已经造成房屋开裂和道路破坏情况”。为评价地裂缝场地的工程适宜性，保证拟建建筑的设计和安全，对“未来科技城”内地裂缝进行了专项勘查工作。

本次地裂缝专项勘查工作区域范围为北 1 区、北 2 区及北区和南区之间核心绿地部分地区，工作区面积 2.7 km^2，调查区面积 40 km^2（图 5.1）。

5.1.1 工作方法

此次工作采用资料收集、InSAR 解译、野外调查、物化探、钻探、槽探以及室内试验、建立模型、综合研究等多种手段相结合的工作方法。

（1）资料收集、整理、分析

搜集工作区地裂缝调查资料：气象水文、区域地质、第四纪地质、地形地貌、水文地质、工程地质，以及地下水长期观测、地裂缝监测、地面沉降测量等资料、地下工程设施（地下铁道、人防工程等）分布情况等。对搜集资料进行分析整理工作，对历史资料关于工作区地裂缝、黄庄 - 高丽营断裂相关调查、勘查、监测等资料进行分析，总结前人工作经验，为本次工作部署起到借鉴和指导作用。

（2）InSAR 解译

充分利用遥感图像资料，进行工程地质、地质灾害解译，以达到减少野外工作量，提高成果质量和工作效率的目的。本次遥感解译工作采用 InSAR 遥感解译方法。

InSAR 遥感解译方法主要解译以下内容：确定地貌形态，特别是工作区内陡坎等分布，重点解译活动断裂、地裂缝、地面沉降等地质灾害的分布、规模和形态特征，对其发展趋势和危害程度做出初步评判。

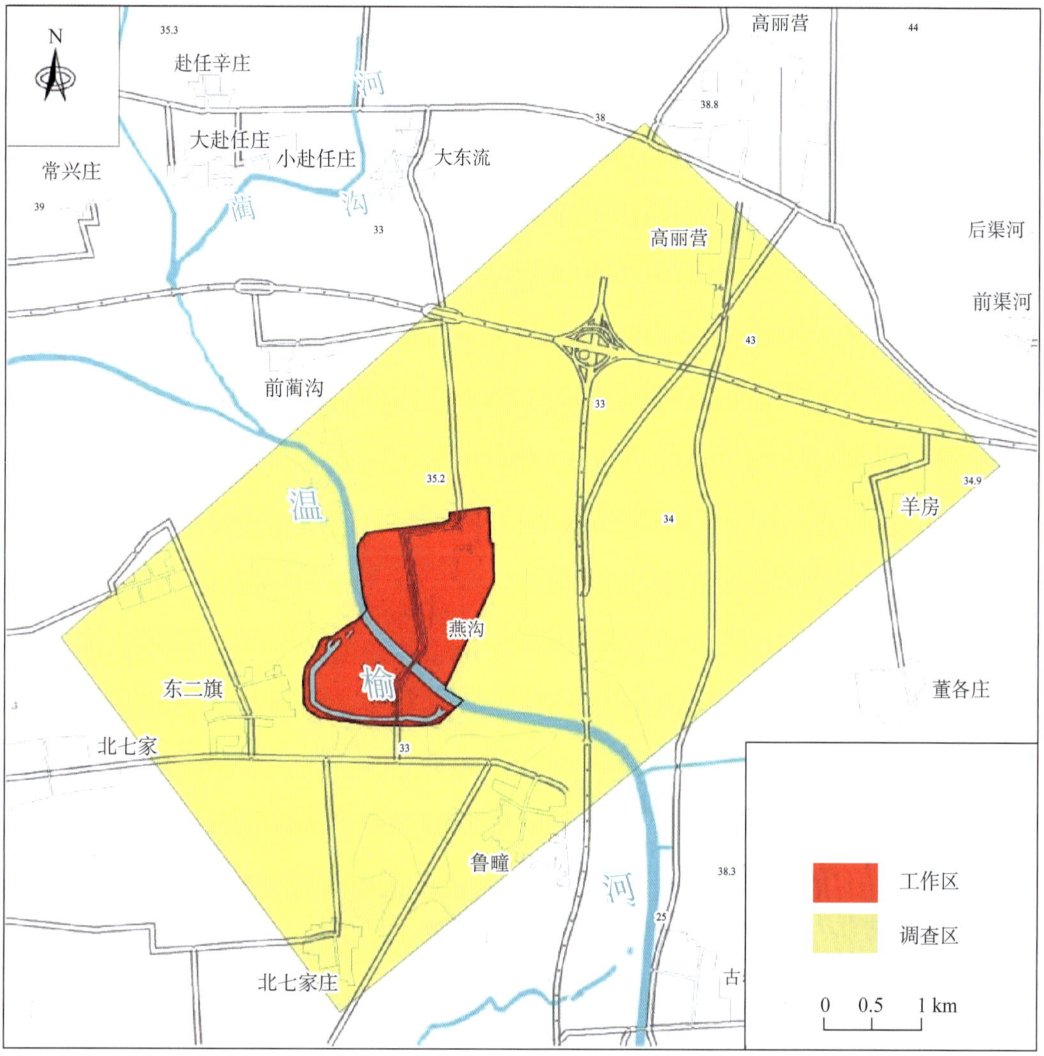

图 5.1 工作区位置图

（3）野外调查

根据工作目标，部署野外调查内容。野外调查分为两个精度进行，调查区范围内精度为 1∶2.5 万，采用 1∶1 万地理底图，调查面积为 40 km^2；工作区范围内调查精度为 1∶2000，采用 1∶500 地理底图，调查面积为 2.7 km^2。野外调查采用线路穿越法和追索法相结合的方法，观测路线垂直黄庄－高丽营断裂布置。调查采用手持 GPS 进行定位，调查首先从未来科技城北区地质灾害综合评价危险性大区 600 m 范围内逐步向两侧推进，对区内历史上出现过地裂缝、地面沉降等灾害情况进行访问调查，特别是对工作区内的陡坎进行详细调查描述，野外调查成果为后续物化探、钻探、槽探等工作提供充实依据。同时，调查工作区内水文地质、工程地质等基本情况。

（4）物化探

1）人工地震技术：

应视探测对象布置成测线或测网；多道接受时，测线宜呈直线布置；

本次工作点间距 1 m。

2）可控源测深：

可控源测深是指使用一对供电电极（偶极源）向地下发射交变电流，供电频率逐个由 104 Hz 到 0.1 Hz（或更低），供电强度和方向均由人为控制，同时在地面观测人工建立的地下电磁场。经过对数据处理分析，得到电阻率、阻抗相位等参数，据此对地下地层进行横向和纵向划分，主要解决断裂位置及倾向、落差问题。本次观测，采用标量“CSAMT”观测方法，野外测量一律采用 50 m 点距进行探测（图 5.2）。

3）地质雷达探测：

采用地质雷达方法进一步准确确定规划区内地裂缝的具体位置和规模。地质雷达具有分辨能力强、观测效率高、信息量大等优点，目前已广泛用来探测地裂缝、裂隙等灾害。地质雷达探测是应用电磁波的反射原理，通过发射天线向地下介质发射毫微秒级的脉冲电磁波，电磁波在介质中传播时，其路径、速度和波形将随介质的介电性质及几何形态改变而变化，因此，可根据受到反射波旅行时间、强弱、波形特征及天线位置来确定地裂缝的位置和规模（图 5.3）。

图 5.2　可控源测深

图 5.3　地质雷达

本次检测方法采用剖面法，即发射天线和接收天线以固定间距沿探测剖面同步移动，连续记录。根据在已知地质断面上的试验结果设定相关参数，获取雷达数据。然后对获取的雷达资料进行数据处理。

4）氡气测量法：

氡气测量是用氡气仪测量土壤中氡的强度，在构造断裂发育地段，氡气可沿断裂或破碎带运移至地表在断裂、破碎带附近的土壤中形成氡气异常。通过测量土壤氡气在平面上的强度差异，可以判定断裂构造的位置和破碎带的分布范围。

（5）钻探

在物化探工作的基础上，布置一定的钻探工作。钻探主要用于查明地层结构与岩性特征、软弱夹层与特殊土层的埋藏分布特征、含水层（组）水文地质特征，岩土体工程地质特征等，并利用钻孔进行原位测试和采样等工作。本次钻孔位置的确定主要依据前人研究资料、物化探勘探成果、工作区内陡坎等自然地貌和地裂缝现象。原则上分布于断裂两侧，剖线尽可能垂直于断裂走向，钻孔深度分别为 50 m 和 100 m。

钻探共完成了 6 条剖面线，共 40 个钻孔，其中 50 m 钻孔 28 个，100 m 钻孔 12 个，共计 2600 m。

（6）槽探

在野外调查、物化探、钻探的基础上，在黄庄 – 高丽营断裂带上部署探槽工作，确定垂直于黄庄 – 高丽营断裂带，主要用于地裂缝和黄庄 – 高丽营断裂的精确定位、活动性、影响范围等内容的研究（图 5.4）。

图 5.4　探槽野外施工照片

（7）模型方法

本次工作采用的数值模拟软件为大型工程分析软件 FLAC3D，它是快速拉格朗日差分分析（Fast Lagrangian Analysis of Continua in 3 Dimension）的简写，是采用“显式拉格朗日”算法和“混合 – 离散分区”技术的有限差分程序，在国际土木工程、地质工程界具有广泛应用和良好声誉，主要用于建立地质和岩土工程的高级三维模型，并进行数值模拟分析与评价。

通过数值模拟，分别得到了研究地块在构造应力和地下水作用下，断裂带（地裂缝）的发展趋势及其影响范围，结合对未来一段时间内地下水开采、地面沉降和地裂缝活动趋势的预测，计算得出未来一定时间内影响范围的预测值。

（8）综合研究

综合研究主要是将获得的众多原始资料进行系统全面的综合整理、分析研究和数理统计，目的是为了查明场地内地裂缝分布的具体位置、产状及发育特征；确定场地内地裂缝的影响带宽度和变形分区；分析地裂缝的形成原因，并使用模型评估工程使用期内的最大累积活动量和最大差异沉降量。在上述调查与分析的基础上提出可行的预防措施和建议，提出合理的建筑物避让距离和工程防治措施建议。

5.1.2　地裂缝灾害情况调查

根据本次场地地裂缝勘查评价的目的，为掌握区域地裂缝总体走向、地裂缝条数、活动特征、影响带宽度和沿线建（构）筑物破坏特征，对场地周围（NE–SW 向）地裂缝地表现象明显和建（构）筑物破坏较为严重的区域进行了详细的地裂缝地表调查。以场地为中心，从南西—北东方向主要调查了八仙别墅小区、普罗旺斯别墅区、北七家卫生院、土沟村（工作区）、唐自头村和西王路村，总调查长度超过 6 km，调查面积为 40 km^2。其中，又以场地西南的八仙别墅小区场地东北的西王路村、唐自头村最为典型，其建（构）筑物的破坏也最为严重。通过调查，基本掌握了场地附近区域地裂缝的地表出露情况以及地裂缝活动特征、影响带宽度和建（构）筑物破坏情况，为场地地裂缝活动性判别以及建（构）筑物基础合理避让距离的选取提供了参考资料。调查发现的地裂缝发育和活动特征见表 5.1 和表 5.2。

表 5.1 地裂缝发育特征统计表

调查区域	调查点（组）	地表发育特征
西王路村	1	部队围墙从上至下轻微开裂，个别墙砖被错断
	2	新建卫生服务站和北侧机械修理厂围墙严重开裂，南侧民房房梁被错断，院内地表错开，错线较杂乱，东南向下沉
	3	新修水泥路面被错断，断线较杂乱
	4	新建平房后墙严重开裂，墙后新修水泥路面被明显错断，东向地面下沉
	5	老房后墙出现 4 处贯穿式裂缝，两侧裂缝距离 21.3 m
	6	房屋后墙扭曲严重，出现多条裂缝，最严重处横向 2 m 范围垂直错断 18.6 cm
	7	新建房屋和地面出现多条裂缝
	8	西王路地裂缝监测站西侧新建院墙开裂
唐自头村	9	唐自头租赁站东院子围墙出现多处墙体裂缝
	10	唐自头租赁站西院围墙南墙发现 3 条裂缝
	11	唐自头租赁站西院围墙西墙发现 1 条墙体裂缝，墙体严重破坏，已经失稳，采取了人工加固措施，沿裂缝可清晰看到院内景象
	12	唐自头租赁站西侧林地发现地表裂缝，裂缝两侧地面明显错开，北西向较平坦，南东向下沉且有扭动痕迹，裂缝长 80 m
华都肉鸡厂	13	厂区东侧围墙和相邻厂房出现裂缝
	14	中部偏西区域一处老旧围墙严重开裂
	15	路面开裂，主裂缝北侧隆起，南侧下沉，另有多条杂乱裂缝
	16	西院南墙发现两条明显贯穿墙体裂缝，南侧柏油路面发现 7 条规模较小地裂缝，展布较杂乱
土沟村（已经整体搬迁，为拟建工程场地）	17	大棚地裂缝，两条平行，呈南西向展布，长 32 m
	18	7 号探槽两侧地表裂缝，北侧 4 条，南侧一条，长度小于 5 m，呈南北向展布
	19	10 号探槽东侧地表裂缝，长 7.8 m
土沟村	21	15 号探槽东南侧地表裂缝，长 21.2 m
八仙别墅	22	20 号探槽西北侧一组 4 条地表裂缝，呈南北向展布，长度小于 5 m
	23	16 号探槽东北侧一组 13 条地表裂缝，呈北东向展布，长度均小于 10 m
	24	18 号探槽南侧一组两条地表裂缝，呈北东向展布，长度 7 m
	25	八仙别墅 0701 西侧主路路面错断，东南侧路面下沉，房屋有两处裂缝

续表

调查区域	调查点（组）	地表发育特征
八仙别墅	26	八仙别墅 0702 门前路面错断，断面东侧路面下沉，主断面周围杂乱分布多条较短裂缝，0702 号房屋明显开裂
	27	八仙别墅 0808 门前路面变形，局部错断，东侧路面下沉，坡度较缓

注：调查点编号由东北向西南递增；不包括拟建场地探槽揭示地裂缝；坐标点均为典型点坐标；个别地裂缝调查点未列出。

表 5.2　地裂缝活动参数及影响带宽度调查结果统计表

调查项目	范围值		最大值	
地表错距	14.8 ～ 48.6 cm		48.6 cm	
活动速率	5.0 ～ 16.2 mm/a		16.2 mm/a	
影响带宽度	上盘	下盘	上盘	下盘
	10 ～ 49.4 m	5 ～ 16 m	49.4 m	16 m

5.1.3　探槽揭露的浅部特征

在地表调查的基础上，为观察地裂缝的地质特征，沿地裂缝带开挖了大量探槽（图 5.5），深度为 5 ～ 8 m，最长达 200 m。

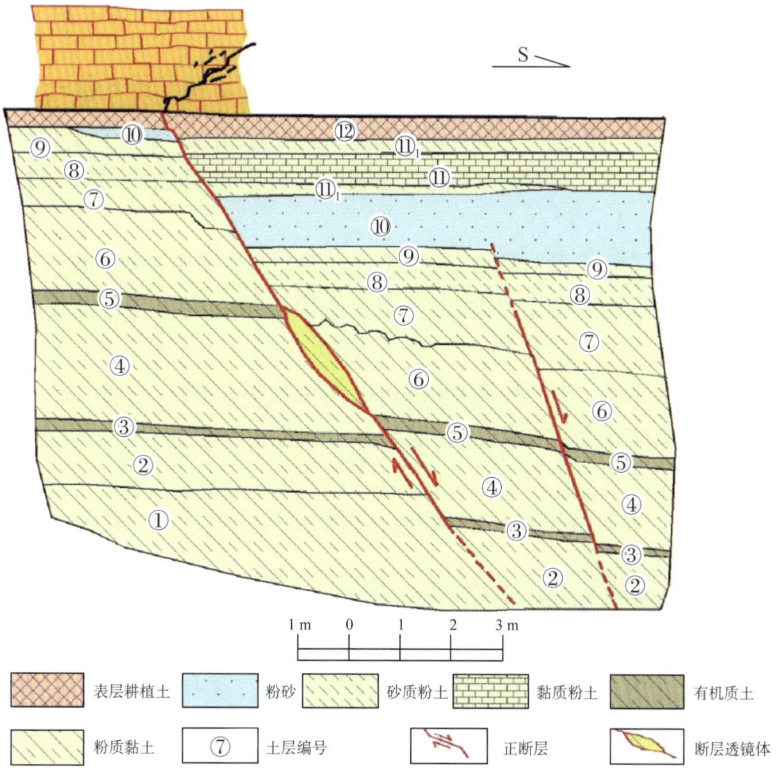

图 5.5　西王路探槽东壁断面剖面示意图

5.1.3.1 西王路探槽

探槽位于西王路村西，探槽长 20 m，宽 9 m，深 8.4 m。按岩性特征、形成时代划分，探槽内共揭露 12 个地层单元，断裂面两侧地层有明显差异，见图 5.6。以探槽东壁为例，地层岩性从新到老依次为：

图 5.6 探槽西壁灰色有机土层被错断

①层人工填土，黄褐色，稍湿，主要成分为粉质黏土，厚度断裂下盘 0.3 ~ 0.4 m，上盘 0.4 ~ 0.8 m。

②层黏质粉土，褐黄色，湿，中密，含次生姜石和大量黑色锰质结核，层中加有粉质黏土$②_1$层，该层仅分布在断裂的上盘（下降盘），厚度 1.2 m。

③层粉砂，黄白色，湿，中密，具有微层理，含有大量黄色氧化铁，上盘厚度 1 m 左右，下盘厚度较小，仅 0.3 m 左右。

④层粉质黏土，黄棕色，湿 – 饱和，中密，可塑，厚度 0.3 ~ 0.5 m。

⑤层砂质粉土，灰黄色，湿，中密，可塑，土质均匀，水平层理清楚，含氧化铁，厚度 0.6 m。

⑥层粉质黏土，褐黄色，饱和，中下密，可塑，含氧化铁，该层上盘（下降盘），厚度 0.8 ~ 1.0 m，与下伏地层接触面呈波浪形接触。下盘厚度 0.5 ~ 0.6 m，与下伏地层以一条薄层黑色有机物为界。

⑦层粉质黏土，下盘为暗褐黄色，饱和，中密；上盘为灰色，含有机质，断裂两侧厚度基本一致，厚度 1.5 m 左右。

⑧层有机土，灰绿色，饱和，软塑，顶底分布两条黑色探线，含有螺壳，厚度 0.3 ~ 0.5 m 左右。

⑨层粉质黏土，灰色，饱和，中下密，软塑 – 可塑，含有机质，黑色炭质斑点。厚度 1.5 ~ 2.0 m。

⑩层有机土，灰黑色，饱和，软塑，含有螺壳，厚度 0.15 ~ 0.25 m。

⑪层粉质黏土，灰色，饱和，中下密，软塑 – 可塑，含有机质，黑色炭质斑点。

根据探槽剖面可清楚看到似叠瓦式两条正断层，北侧为主断裂，断裂面向上延至地表，走向 NE70°，倾向南东，倾角在东侧槽壁为 55° ～ 60°，西侧槽壁为 65° ～ 70°，垂直位错 1.5 m（图 5.7）。在主断裂南侧有一次生断裂，走向、倾向与主断裂大致相同，垂直位错较小，约 20 cm，断层面延至粉砂③层。

图 5.7　TC1 东壁地层错断局部放大示意图

在探槽断面上，可以清楚地看到地层的缺失、重复、厚度变化和超覆现象，如在主断裂的下盘缺失黏质粉土②层和粉质黏土②$_1$层，且粉砂③层的厚度也小于上盘的厚度。

地层的倾斜度在断裂两侧均有向断裂方向倾斜的趋势，上盘倾斜度大于下盘。主断裂面大部分比较平直，在局部有透镜体，透镜体内有不同深度颜色的黏性土块，其岩性、颜色比较混杂。粉质黏土⑦层顶部的黑色炭线在上盘出现波纹状绕曲，在下盘有拖曳牵拉现象。由于标志层⑧层、⑩层厚度较薄，可塑性较好，在断裂面两侧出现弯曲变形现象。次断裂垂直位错较小，断裂面平直。

开挖探槽揭露黄庄 - 高丽营断裂错断全部第四系地层，断裂面直达地表，具有多期活动的特点，累计断距为 1.5 m 左右。黄庄 - 高丽营断裂的地表断面位置与地裂缝完全一致，说明黄庄 - 高丽营断裂目前仍在活动。

探槽采取了孢粉和光释光试样，进行年龄测试。

孢粉结果发现，在 42 个样品中共统计鉴定到 72810 粒孢子花粉，平均每样约 1734 粒，孢粉平均浓度为 39.6 粒 /g。孢粉组合以草本植物花粉与乔木植物花粉为主，前者略高于后者，其平均含量分别为 58.0% 及 39.6%，灌木植物花粉及蕨类植物孢子很少，含量分别为 0.8%、1.6%，有时见少量水生植物花粉。从孢粉对比图上可以看出，探槽剖面下部乔木植物花粉含量略高于草本植物花粉，且耐寒喜湿的云杉树种出现较多，估计当时气候偏凉（冷）湿；探槽剖面上部草本植物花粉占优势，且以耐干旱、耐冷的藜、蒿为主，可见气候向干冷方向发展。从区域孢粉组合特征来看，云杉一般在晚更新世常有出现，而栎，榆等落叶阔叶树种多在全新世温暖时出现。因此，根据孢粉年龄测试结果可知该断裂形成于晚更新世。

另外，根据光释光测年结果，断裂两侧土样年龄大致在 13 ～ 22 ka，为晚更新世，说明该断裂形成于晚更新世。

通过孢粉和光释光测年结果可以说明，黄庄－高丽营断裂形成于晚更新世。根据断裂错断到地表以及在地表引起墙体开裂现象，说明黄庄－高丽营断裂目前仍处于活动状态。

5.1.3.2 土沟村 TC1 探槽

TC1 探槽长 150 m，上口宽 7 m，下口宽 2 m，深 6 m，探槽走向 S180°。按岩性特征、形成时代划分，探槽内共揭露 9 层，断裂面两侧地层有明显差异。以探槽东壁（图 5.7）为例，地层岩性自上而下从新到老依次为：

①层人工填土，为黏质粉土，黄褐色，含有有机质，砖瓦片，局部有人工开挖洞穴。厚度 1.1 m 左右，其下为第四纪沉积层。

②层粉土，棕黄色，有针孔状小洞，裂面上有擦痕。厚度 2.5 m 左右。

③层粉土，褐黄色，饱和，含氧化铁云母，底部有 5 ~ 10 cm 的黏土夹层，含姜石，黄褐色。厚度 1.4 m 左右。

④层粉砂，黄色，含有氧化铁，局部含有小砾石。厚度 0.5 m 左右。

⑤层粉土，褐黄色，稍湿，局部及底部有黏土夹层，夹层中有云母、氧化铁、局部含有姜石。厚度 0.9 m 左右。

⑥层粉细砂，灰黄色，稍湿，有层理，含有云母、氧化铁。厚度 1.1 m 左右。

⑦层粉土、黏土、粉砂互层，褐黄色，含有氧化铁。该层仅分布在断裂的下盘（上升盘）。厚度 0.25 m 左右。

⑧层黏土，棕黄色，湿，含氧化铁、微量贝壳。厚度 1.0 m 左右。

⑨层粉质黏土，浅灰色，湿，含有有机质、氧化铁、云母等。未见底界深度（图 5.8）。

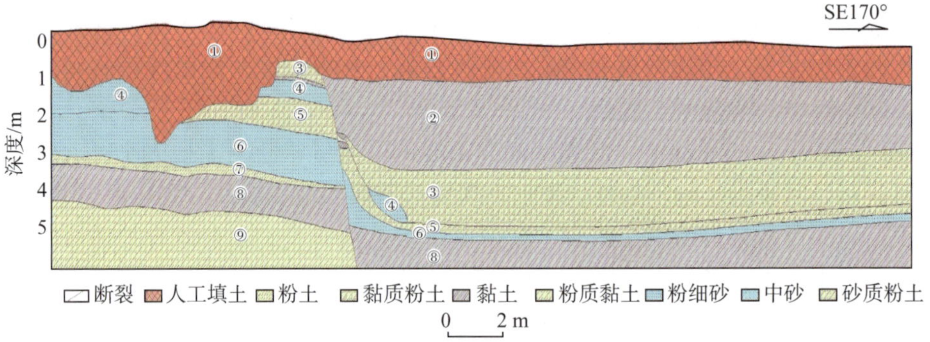

图 5.8 TC1 东壁断面剖面实测图

根据探槽剖面（图 5.7）可清楚地看到地层错动，断裂面向上延至近地表，向下延至探槽底部。走向 NE65°，倾向南东，倾角 80°，断距为 1.24 m。

在探槽剖面示意图（图 5.8）上，可以清楚地看到地层的缺失、重复、厚度变化和超覆现象，如在断裂的下盘北部局部缺失⑤层粉土，断裂的上盘缺失⑦层粉土、黏土、粉砂互层，且上盘⑤层粉土的厚度也小于下盘的厚度。地层的倾斜度在断裂两侧均有向断裂方向倾斜的趋势，上盘倾斜度大于下盘。断裂面大部分比较平直，在局部有透镜体。标志层③层、⑤层、⑥层在断裂面两侧出现弯曲变形现象，特别是上盘的拖曳牵拉现象较为明显。断裂错距比较大，③层粉土垂直位错 1.24 m，⑧层黏土垂直位错 1.16 m。

图 5.9　TC11 地层错断整体示意图

由于断层下降盘地层存在拖曳现象，断层的垂直位移量包括两侧地层的直接错动量和拖曳变形量两个部分，同震垂直位移量即是两个部分之和。由探槽剖面及照片可以清晰地看到地层拖曳现象，拖曳变形达 2.32 m，因此，TC1 断距为 3.56 m（含直接错动量 1.24 m 和拖曳变形量 2.32 m）。

另外，在 TC1 的西壁能明显看出地层的弯曲变形。在上盘，地层受到断裂影响，有清晰的上盘地层沿断层面在下滑过程中造成的拖曳现象。地层在靠近断裂的位置被拖曳牵拉，逐渐翘起，倾角为 20° 左右，向南延伸，出现一个类似洼斗的凹陷，随后慢慢变平缓。经过测量，下盘变形带宽度为 7.2 m，上盘整个变形带宽度为 25 m 左右。

5.1.3.3　土沟村 TC11 探槽

TC11 探槽长 50 m，宽 8 m，深 4 m，走向 SW265°。按岩性特征、形成时代划分，探槽内共揭露 10 层，断裂面两侧地层有明显差异。以探槽东壁（图 5.9）为例，地层岩性从新到老依次为：

①层人工填土，为黏质粉土，黄褐色，含有有机质，砖瓦片。厚度 0.22 m。

②层粉质黏土，黄褐色，湿，含有有机质、氧化铁、云母等。该层仅分布在断裂的上盘（下降盘）。厚度 0.4 m 左右。该层中夹有 2 层粉细砂夹层，灰黄色，含有云母、氧化铁，厚度 0.3 m 左右，向断裂方向逐渐尖灭。

③层粉质黏土，褐色，可塑，含氧化铁云母。夹锈黄色条带。该层仅分布在断裂的上盘（下降盘）。与下伏地层以一条薄层黑色有机物为界。厚度 0.7 m。

④层黏土，黄褐色，湿。上盘厚度 0.8 m 左右，下盘厚度 0.9 m 左右。

⑤层粉细砂，灰黄色，有层理，含有云母、氧化铁、局部含有姜石。在断裂下盘分布稳定，厚度在 0.6 ~ 0.7 m 之间。但在断裂上盘，由于受到断裂影响，只出露一部分，后逐渐尖灭。

⑥层粉土，灰黄色，稍湿，有层理，含有云母、氧化铁。在断裂下盘分布稳定，厚度在 0.4 ~ 0.5 m 之间。但在断裂上盘，由于受到断裂影响，只出露一部分，后逐渐尖灭。

⑦层黏土，褐黄色，较湿，可塑。含有氧化铁。在断裂下盘分布稳定，厚度为 0.2 ~ 0.3 m。但在断裂上盘，由于受到断裂影响，只出露一部分，后逐渐尖灭。

⑧层粉土，灰黄色，湿，含氧化铁、微量贝壳。在断裂下盘分布稳定，厚度为 0.2 ~ 0.3 m。但在断裂上盘，由于受到断裂影响，只出露一部分，后逐渐尖灭。

⑨层粉质黏土，灰色，较湿，含有有机质等。在断裂下盘厚度为 0.8 ～ 0.9 m，在上盘未见底界深度。

⑩层黏土，灰褐色，湿，可塑，含有有机质。该层仅分布在断裂下盘。

根据探槽剖面（图 5.10）可清楚地看到两条正断层，断裂面向上延至近地表，向下延至探槽底部。主断裂走向 NE62°，倾向南东，倾角 81°。在探槽断面上，可以清楚地看到在地表下 4 m 左右深度范围内，④层黏土错断 0.72 m，⑤层粉细砂错断 0.39 m，⑥层粉土错断 0.12 m（图 5.11），⑦层黏土错断 0.08 m，⑧层粉土错断 0.12 m，①层人工填土没有发生错断现象。其中，主断裂上盘的⑤ ~ ⑧层处于断裂的破碎带中，地层比较杂乱，含有少量不规则团块。在伴生断裂上，地层错动不大，⑤ ~ ⑧层错动距离均为 0.1 ～ 0.2 m。在断裂的上盘，有一条明显的标志层——③层粉质黏土和④层黏土的分界，含黑色有机物薄层。在断裂的影响下，该层明显发生了 4 次错动事件，累计垂直位移量达到 1.5 m 左右。此外，由探槽剖面及照片可以清晰地看到地层拖曳现象，拖曳变形达 1.25 m，因此，TC11 断距为 2.96 m（含直接错动量 1.71 m 和拖曳错动量 1.25 m）。

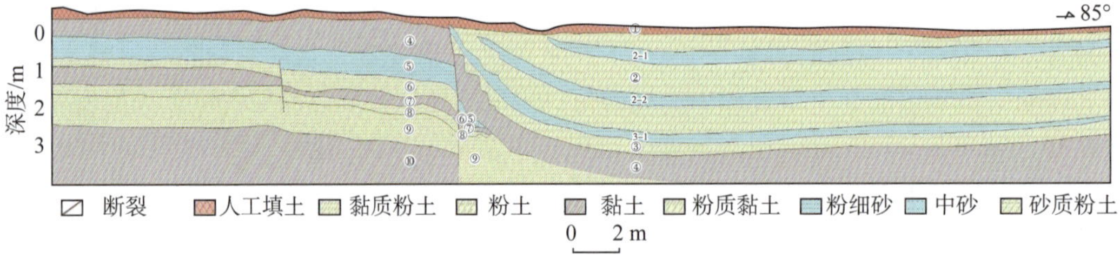

图 5.10　TC11 探槽断面剖面实测图

图 5.11　TC11 主断裂地层错断局部放大示意图

另外，地层受到主断裂影响，在靠近主断裂的位置被拖曳牵拉，逐渐翘起。经过测量，得出上盘变形带宽度为 27.5 m，将此长度投影到垂直于地裂缝走向方向上，其下盘变形带宽度为 9 m，上盘变形带宽度为 25.5 m。

黄庄－高丽营断裂通过高各庄钻孔地层岩性和年龄测试分析得出，黄庄－高丽营断裂北段至少发生过 6 次错动事件。从 TC11 多次错动迹象可以明显看出，黄庄－高丽营断裂发生过至少 5 次以上错动事件，这是北京地区形象揭示黄庄－高丽营断裂多次错动的最直接证据，但具体错动时期还有待 ^{14}C 和光释光取样和测试结果的进一步分析。

5.1.3.4 土沟村 TC12 探槽

TC12 探槽长 150 m，上口宽 7 m，下口宽 2 m，深 6 m，走向 S180°。按岩性特征、形成时代划分，探槽内共揭露 13 层，断裂面两侧相同岩性地层有明显垂直位移，出现不连续（图 5.12）。以探槽西壁为例，地层岩性从新到老依次为：

①层人工填土，为黏质粉土，黄褐色，含有有机质，砖瓦片。厚度 0.2 ~ 0.4 m。

②层粉土，黄褐色，较湿，含有有机质、氧化铁、云母等。该层仅分布在断裂的上盘（下降盘），到地表逐步尖灭。厚度在 0.2 ~ 0.3 m 之间。

③层粉质黏土，褐色，较湿，可塑，夹薄层粉土。该层仅分布在断裂的上盘（下降盘）。厚度在 0.4 ~ 0.5 m 之间。

④层粉细砂，灰黄色，有层理，含有云母、氧化铁。该层仅分布在断裂的上盘（下降盘），到地表逐步尖灭。厚度为 0.3 ~ 0.5 m。

⑤层粉质黏土，褐色，较湿，可塑，夹有一层灰黄色、厚度为 0.3 ~ 0.4 m 的粉细砂，含有氧化铁成分。厚度为 1 m 左右，在伴生断裂的下盘，由于受到断裂、剥蚀等影响，厚度逐渐变薄，最后只有 0.1 m 左右，在主断裂下盘没有出露。

⑥层粉细砂，灰黄色，有层理，含有云母、氧化铁。在伴生断裂上盘分布稳定，厚度为 0.4 m 左右。在主断裂下盘没有分布。

⑦层粉质黏土，褐色，较湿，可塑，夹有灰绿色有机质条带。在破碎带分布稳定，厚度为 1.0 m 左右。在伴生断裂上盘未见底界，在主断裂下盘没有分布。

⑧层粉土，灰黄色，湿，含氧化铁。在主断裂下盘夹有两层薄层褐红色粉质黏土，厚度为 0.5 ~ 0.6 m。

⑨层粉质黏土，褐色，较湿，含有有机质等。在主断裂下盘厚度为 0.2 m 左右，在主断裂上盘，受到探槽开挖深度限制，没有出露。

⑩层粉细砂，灰黄色，有层理，含有云母、氧化铁。在主断裂下盘分布，厚度为 0.1 ~ 0.2 m，逐渐尖灭。在主断裂上盘，受到探槽开挖深度限制，没有出露。

⑪层粉土，褐黄色，较湿，含氧化铁。在主断裂下盘分布稳定，厚度为 0.6 m 左右，在主断裂上盘，受到探槽开挖深度限制，没有出露。

⑫层粉细砂，灰黄色，有层理，含有云母、氧化铁。在主断裂下盘分布稳定，厚度为 0.6 m 左右，在主断裂上盘，受到探槽开挖深度限制，没有出露。

⑬层粉土，灰黄色，湿，夹薄层黄灰色黏土。受到探槽开挖深度限制，未见底界。

根据探槽剖面可清楚看到一条主断裂以及几条伴生断裂。断裂面向上延至近地表，向下延至探槽底部。主断裂走向 NE65°，倾向南东，倾角 76°。地层发生两次较大错断，但在断裂破碎带上仍有非常清晰小错断。在探槽断面上，可以清楚看到在地表下 3 m 左右深度范围内的地层错动情况。在主断裂上，⑦层粉质黏土错断近 1 m；在伴生断裂上，⑦层粉质黏土中夹有的灰绿色条带发生 3 次错动事件，上下高差达到 1.1 m，①层人工填土没有发生错断现象。详见图 5.12、图 5.13。

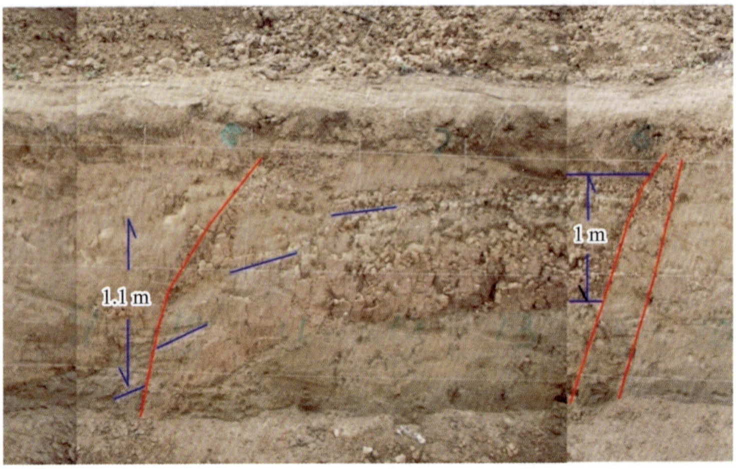

图 5.12　TC12 主断裂地层错断局部放大示意图

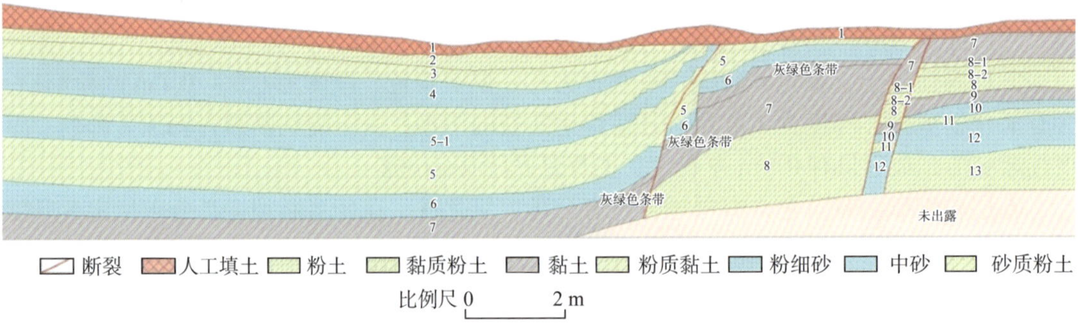

图 5.13　TC12 断面剖面示意图

另外，在 TC12 的西壁能明显地看出地层的弯曲变形。在伴生断裂上盘，地层受到断裂影响，在靠近断裂的位置被拖曳牵拉，逐渐翘起，向南延伸，出现一个类似洼斗的凹陷，随后慢慢变平缓。经过测量，下盘变形带宽度为 4.5 m，上盘整个变形带宽度为 24.5 m 左右（图 5.14 和图 5.15）。此外，由探槽剖面及照片可以清晰地看到地层拖曳现象，拖曳变形达 1.02 m，因此，TC12 断距为 3.06 m（含直接错动量 2.04 m 和拖曳错动量 1.02 m）。

5.1.3.5　土沟村其他探槽

土沟村 TC13、TC7、TC15、TC10、TC5、TC8、TC3 探槽均发现有地层错动迹象。

TC5 地层特征显示活动断裂有明显的两次错动事件，仅这两次错动事件的直接错动量就达到 3.21 m（图 5.16）。

TC13 有较明显的破碎带。在主断裂和伴生断裂之间的破碎带以及伴生断裂的上盘，地层比较混乱，未能较好地与下盘地层相对应。在主断裂面上，有受到断裂影响形成的坑洞。洞内有非常清晰的断裂面，表面平整，土层松散。

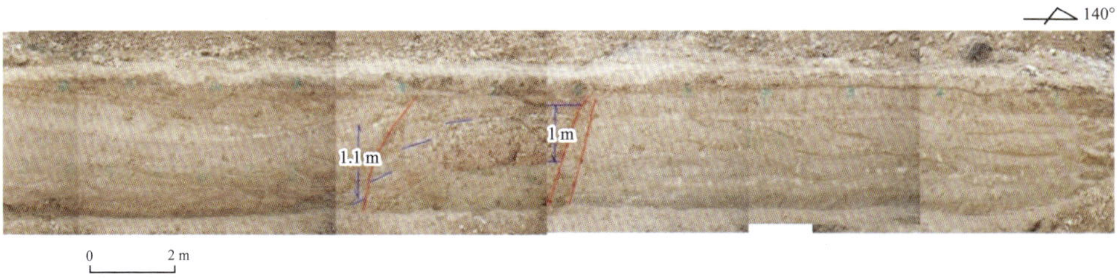

图 5.14　TC12 地层错断整体示意图

图 5.15　TC12 地层变形示意图

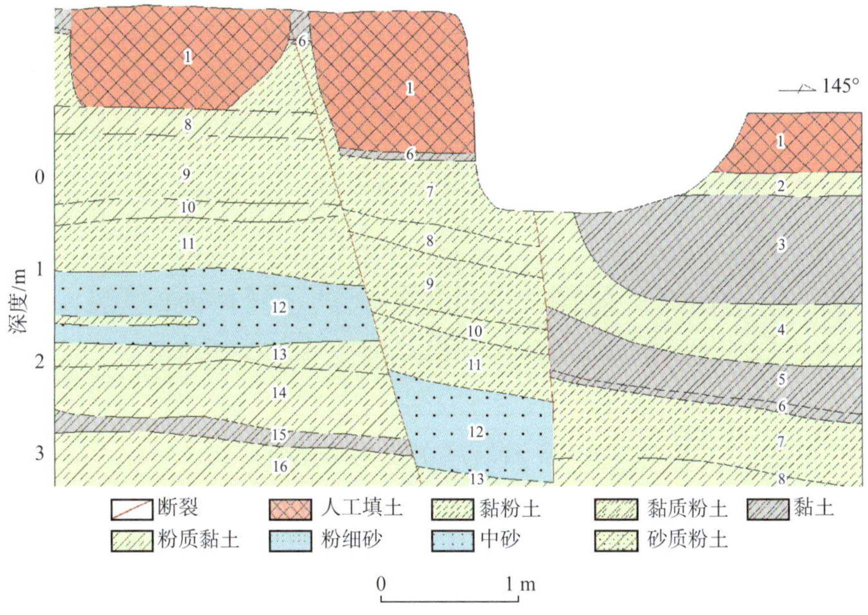

图 5.16　TC5 局部剖面图

TC3 地层错动面明显，但地层界线氧化严重，并有渐变的规律，因此错动量不易判断。底部含有大量有机质淤泥相地层。在上盘发育有近 3 m 的破碎带，在破碎带范围内多伴生小断裂、小裂隙、裂缝，并且发育方向大多与主断裂相反，呈现出“X”形，同时破碎带内土层松散。

5.1.3.6　温榆河 TC16、TC17 及 TC18 探槽

TC16、TC17 和 TC18 探槽位于温榆河北岸，地层岩性上部为黄灰色粉土层，呈稍密状态，含木炭等腐殖质，偶见蓝色砖瓦碎片，属于新近沉积层，下部以松散的灰黄色—灰色

细砂、中砂为主，含木炭等腐殖质，初步判断属于全新世地层。三探槽均见有地层错断迹象，断距 0.4 m 左右（图 5.17），说明黄庄—高丽营全新世以来有过活动。

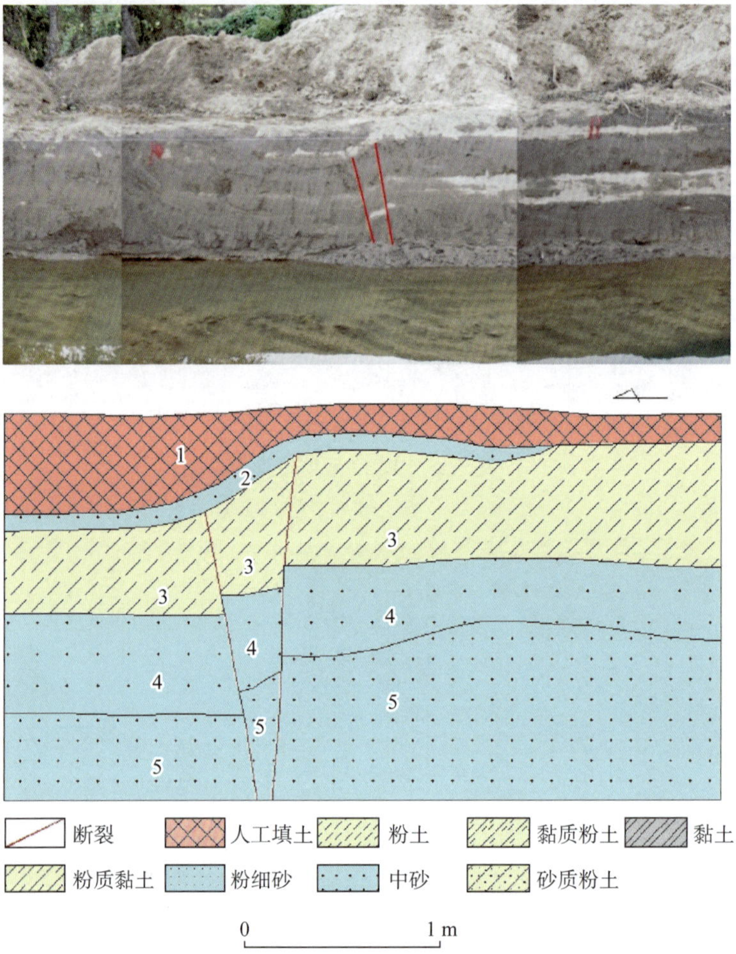

图 5.17　TC17 照片及局部剖面图

由探槽揭露的地裂缝特征可以看出，工作区地裂缝的发育受断裂的控制。地裂缝在勘查场区内总体走向 NE30° ~ NE73°，变化较大，倾角为 60° ~ 81°，主破裂带宽度从 0 ~ 7.72 m 不等，揭露的断距从 0.4 ~ 3.21 m 不等，并多伴有伴生断裂。此外典型性探槽揭露了明显的变形带，TC1、TC11 和 TC12 变形带宽度分别为 25 m、25.5 m 和 24.5 m（表 5.3）。

表 5.3　探槽揭露地裂缝特征一览表

探槽编号	主裂缝走向	主裂缝产状（倾向∠倾角）	主破裂带宽度及数量 /（m/ 条）	直接错动量 /（m/ 层位）	拖曳变形量 /（m/ 层位）	垂直变形量 /m
TC 1	65°	155 ∠ 80°	1 条	1.24	2.32	3.56
TC 3	73°	163° ∠ 60°	1 条	0.41	—	—

续表

探槽编号	主裂缝走向	主裂缝产状（倾向∠倾角）	主破裂带宽度及数量 /（m/ 条）	直接错动量 /（m/ 层位）	拖曳变形量 /（m/ 层位）	垂直变形量 /m
TC 5	30°	∠ 76°	2.0/2	3.21 / ②黏土	＞ 0.3 ②黏土	＞ 3.51
TC 6	—	—	1 条	0.29 m	—	—
TC 7	52°	142° ∠ 63.5°	0.8/2	0.56 m/ ④砂质粉土	＞ 0.06 m ④砂质粉土	＞ 0.62
TC 8	56°	146° ∠ 67°	1 条	0.48 m	—	—
TC10	73°	163° ∠ 76°	2.4/2	＞ 1.18 m/ ③粉细砂	—	—
TC11	62°	152° ∠ 81°	7.72/2	1.71 m/ ④黏土	1.25 m ④黏土	2.96
TC12	65°	155° ∠ 76°	4.2/3	2.04 m/ ⑦粉质黏土	1.02 m ⑦粉质黏土	3.06
TC13	40°	130° ∠ 81°	3.0/2	0.75 m/ ⑧粉土		
TC15	57°	147° ∠ 76°	3.4/3	0.76 m/ ④粉土	＞ 0.29 m ④粉土	＞ 1.05
TC17	—	—	0.25/2	0.1 m/ ④中砂	0.3 m ④中砂	0.4

5.1.4 钻孔揭露的浅部特征

在土沟村完成了 6 条钻探剖面，共 40 个钻孔，以控制黄庄 - 高丽营断裂的走向，错断深度等，以及确定地裂缝和活动断裂由地表到 100 m 深度地层的发育状态。该 6 条测线由西向东布设，跨越黄庄 - 高丽营断裂，最北侧测线位于华都肉鸡厂，最南侧测线在温榆河北岸，中间各测线均匀布设。

根据剖面Ⅱ - Ⅱ′（图 5.18），地表也出现了明显的错动，错动位置在 ZK9 和 ZK10 之间，埋深 4.3 m 处错动 1.8 m。ZK10 的⑥层 - 细砂层不只在垂向深度上出现明显的下沉，在厚度上也出现明显的差异。ZK9 和 ZK11 的⑥层 - 细砂层厚度都大于 7 m，而 ZK10 中⑥层 - 细砂层厚度只有 3.4 m，认为断裂穿过 ZK10，再向下地层与 ZK8、ZK9 一致，验证了

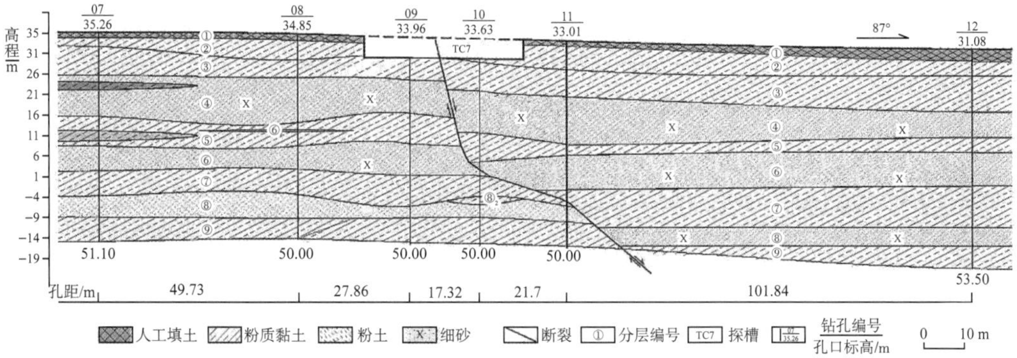

图 5.18 Ⅱ—Ⅱ′ 地质剖面图

判断结果，错动距离为 3.2 m；在埋深 33.4 m 处⑦层地质单元错动位置在 ZK10 和 ZK11 之间，错距为 3.2 m；在埋深 44.1 m 处⑧层地质单元错动位置在 ZK11 和 ZK12 之间，错距为 3.9 m，根据剖面结果，断裂倾角发生了改变，上部倾角约为 65°，埋深为 30 ~ 40 m，倾角约 30°，下部倾角约为 65°。

从工程地质剖面图可以看出，场地钻孔揭露的地层主要为冲洪积粉质黏土、粉土和细砂互层，在勘查场区 6 条地质剖面中揭露出黄庄－高丽营断裂的存在。总体上看，地裂缝两侧的地层错断明显，上部地层错距小，向下错距逐渐增大。从场区内看，由北向南，地层错断距离逐渐变小，北侧剖面错断距离相对大于南侧错断幅度。1 号剖面错距很大，地表错动 2.3 m，在埋深 27.5 m 处，错距为 10.5 m，在埋深 38.4 m 处，错距达到了 11.2 m。其余 5 条剖面错动距离基本一致，在地表附近 0 ~ 5 m 范围内错距为 1.03 ~ 1.8 m，5 ~ 20 m 范围内错距为 2.51 ~ 4.95 m，20 ~ 50 m 范围内错距为 5.01 ~ 7.9 m。地裂缝在地表到地表以下 100 m 深度范围内，倾角在 60° ~ 80° 之间，随着埋深的加大，倾角有逐渐变平缓的趋势。各剖面地层错断情况见表 5.4。

表 5.4　钻孔剖面地层错断信息表

剖面编号	地层编号	深度 /m	岩土名称	错断位置	错断距离 /m
剖面 1	②	2.5	粉质黏土	ZK3-ZK4	2.49
	④	9.5	细砂	ZK3-ZK4	7.1
	⑤	13.5	粉质黏土	ZK3-ZK4	8.8
	⑦	27.5	粉质黏土	ZK3-ZK4	10.55
剖面 2	②	4.3	粉质黏土	ZK9-ZK10	1.8
	④	10.5	细砂	ZK9-ZK10	2.72
	⑥	26.4	细砂	ZK10-ZK11	3.51
	⑧	40.3	细砂	ZK11-ZK12	5.86
剖面 3	②	3.3	粉质黏土	ZK15-ZK16	1.72
	④	14.5	细砂	ZK15-ZK16	1.88
	⑥	21.6	细砂	Z16-ZK17	4.95
	⑨	37.6	粉质黏土	Z16-ZK17	5.01
剖面 4	②	6.6	粉质黏土	ZK23-ZK24	1.63
	④	19.2	细砂	ZK23-ZK24	2.35
	⑧	41.1	细砂	ZK23-ZK24	5.29
剖面 5	②	3.5	粉质黏土	ZK31-ZK32	1.03
	⑦	34.2	粉质黏土	ZK32-ZK33	5.55
	⑨	39.6	粉质黏土	ZK32-ZK33	7.8
剖面 6	$②_2$	5.1	粉质黏土	ZK37-ZK38	1.33
	$③_1$	10	粉质黏土	ZK37-ZK38	2.51

续表

剖面编号	地层编号	深度 /m	岩土名称	错断位置	错断距离 /m
剖面 6	⑥	22.1	细砂	ZK37–ZK38	5.1
	$⑨_1$	45.1	粉质黏土	ZK38–ZK39	7.9

5.1.5 物探揭露的深部特征

可控源音频大地电磁法探测、浅层地震探测、地质雷达探测和氡气测量多种物化探手段联合使用，可以确定地裂缝由浅表地层到浅部地层直至基岩的深部地层的地裂缝、活动断裂发育状态。

5.1.5.1 综合剖面 1 组

综合剖面 1 组布置在测区北侧，位于华都肉鸡厂南门外公路的南侧，测线沿近东西向布设，由西往东进行测量。

从可控源 K I 测线反演电阻率断面图 [图 5.19（d）] 可以看出，受断裂控制基岩埋深表现为西部浅，东部变深，西部第四系厚为 450 ~ 600 m；东部第四系厚为 700 ~ 850 m，由西往东迅速变厚。反演电阻率断面图水平向有电阻率间断现象，形成电阻率纵向强梯度带和强电性起伏带，在桩号 500 处出现电阻率低阻带或电阻率陡降带，分析认为是断裂构造引起反映，且桩号 500 处为主断裂带，即 F_1 断裂。该断裂向南东方向倾，断层视倾角为 60° ~ 70°，表现为上盘下降，下盘上升的正断层，推断为黄庄 – 高丽营断裂带主断裂带。

浅层地震 ZI 测线在垂直投影到地表为桩号 1310 处，同相轴有明显错断，存在断点，倾向南东，上盘下降，下盘上升，是正断层，因此推断为 F_1 断裂，即黄庄 – 高丽营断裂。该断层在第四系内错断明显，由浅至深断距在加大，倾向南东，浅层倾角近 80°，向深部逐渐变缓。通过倾角换算，浅层地震 ZI 探测得到黄庄 – 高丽营断裂在地表桩号为 1292 处通过 [图 5.19（c）]。

地质雷达 L1 测线（起点为桩号 580）通过对数据处理后的雷达信息结合浅表层地球物理条件的深入分析，根据雷达波异常特征，初步确定探测异常，再根据已有勘查资料、现场调查结果和地下管线资料进行综合分析，剔除由地下工程、地下施工和浅表不均匀等引起的异常。根据雷达波反射深度及强弱，其中桩号为 1316 ~ 1358 之间异常深度大于地表以下 2.0 m，初步确定为地裂缝引起的异常带 [图 5.19（b）]。

从氡气测量 D1（起点为桩号 580）线剖面图 [图 5.19（a）] 可以看出，氡气测量背景数值为 800 ~ 1600 Bq/m^3，该剖面出现多处氡异常区，在测线桩号为 1280 ~ 1373 之间氡气测量值为 7000 ~ 8000 Bq/m^3，是其背景值的 7 倍左右，氡异常最为突出，既 F_1 异常区。

综合剖面 1 组探测线南侧开挖的 11 号探槽内地层有明显错动，在探测线北侧华都肉鸡厂围墙上有明显的墙体开裂现象，地裂缝通过位置为桩号 1283 处。多种物化探手段成果异常带为桩号 1280 ~ 1373 间，见表 5.5，可见该处地裂缝是基底断裂活动在地表浅部的延伸，地裂缝与下部构造断裂面呈明显的重接复合关系。此外，将物化探异常带长度投影到地裂缝走向的垂直方向上，综合剖面 1 组探测线与该处地裂缝走向交角为 41°，经过换算，得到垂直于地裂缝走向方向上地裂缝异常带的宽度为 61 m（图 5.20）。

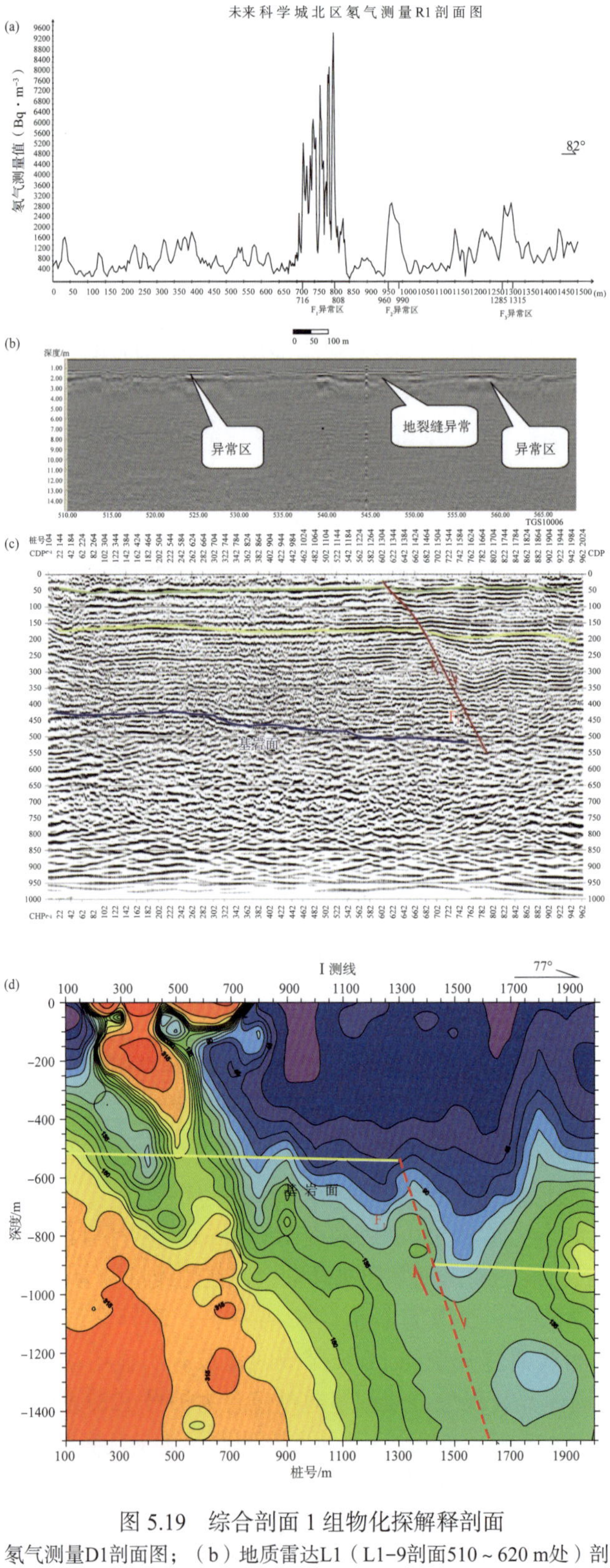

图 5.19 综合剖面 1 组物化探解释剖面

（a）氡气测量D1剖面图；（b）地质雷达L1（L1-9剖面510 ~ 620 m处）剖面图；

（c）浅层地震探测Z I 剖面图；（d）可控源探测KI 剖面图

表 5.5　综合剖面 1 组物化探勘查异常点统计表

物探综合剖面	物探手段	剖面序号	异常点（带）位置	成果验证	异常带宽度	备注
综合剖面 1 组	氡气测量	D1	桩号 1280 ～ 1373	地裂缝通过桩号 1283 处	（1）沿测线方向：93 m；（2）垂直地裂缝走向方向：61 m	以可控源探测桩号为准
	地质雷达	L1	桩号 1316 ～ 1358			
	浅层地震	ZI	桩号 1310（上断点在地表的垂直投影） 桩号 1292（沿倾向上断点在地表的投影）			

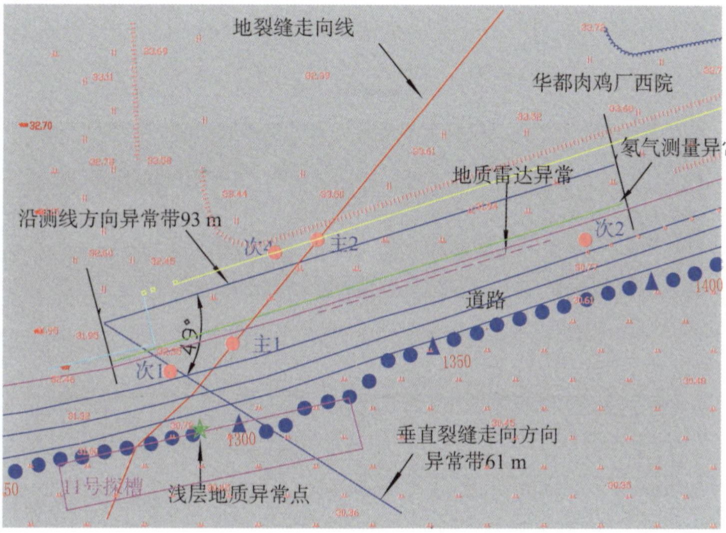

图 5.20　综合剖面 1 组测线处地裂缝影响宽度图

5.1.5.2　综合剖面 2 组

综合剖面 2 组布置在测区北侧，位于原纸箱厂的北侧，测线沿近东西向布设，由西往东进行测量。

从可控源 K Ⅱ测线反演电阻率断面图 [图 5.21（d）] 可以看出，该测线第四系厚度与 K Ⅰ测线特征相似，由西向东迅速变厚。反演电阻率断面图垂直投影到地表后桩号 900 处有向东倾低阻带，基岩落差在 300 ～ 400 m 之间，分析认为是 F_1 断裂构造引起，该断裂倾向南东，倾角 60° 左右，南东盘下降，北西盘上升，为正断层，推断是黄庄 – 高丽营断裂。

浅层地震 Z Ⅱ测线在垂直投影到地表为桩号 870 处，同相轴有明显错断，存在断点，倾向南东，上盘下降，下盘上升，是正断层，因此推断为 F_1 断裂，即黄庄 – 高丽营断裂。通过倾角换算，浅层地震 ZI 探测得到黄庄 – 高丽营断裂在地表桩号为 852 处通过 [图 5.21（c）]。

地质雷达 L2 测线（起点为桩号 400）桩号为 845 ～ 860 之间，异常深度大于地表以下 2.0 m，初步确定为地裂缝引起的异常带 [图 5.21（b）]。

从氡气测量 D2（起点为桩号 400）线剖面图 [图 5.21（a）] 可以看出，本剖面氡气测量背景数值为 1000 Bq/m^3 左右，干扰因素较少，剖面图显示在桩号为 840 ～ 865 处测点之间

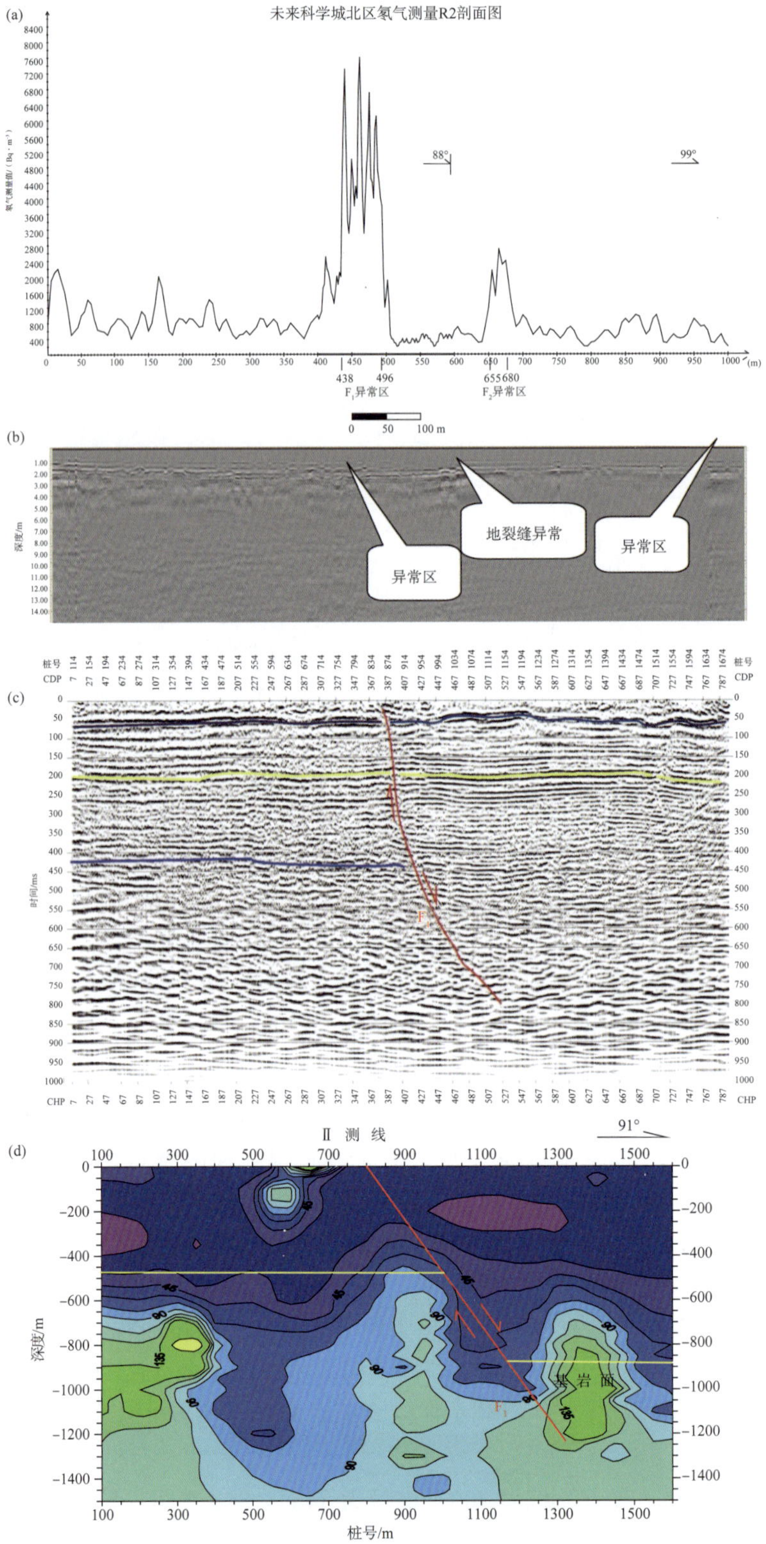

图 5.21　综合剖面 2 组物化探解释剖面

（a）氡气测量D2剖面图；（b）地质雷达L2（L2-5剖面400～500 m处）剖面图；（c）浅层地震探测ZⅡ剖面图；（d）可控源探测KII剖面图

氡气测量值为 4800 ~ 7000 Bq/m^3，是其背景值的 4 ~ 7 倍，是明显突出氡异常区域，即 F_1 异常区。结合区域地质资料推断 F_1 异常区是黄庄 – 高丽营主断裂（F_1）的反映。

综合剖面Ⅱ组探测线南侧开挖的 7 号探槽内地层有明显错动，在探测线沿线有多处地表和围墙开裂（工作区地裂缝调查主 3、次 1、次 2、次 3），该处地裂缝从桩号 866 处通过。该测线多种物化探手段成果异常带为桩号 840 ~ 865，最东端次 3 裂缝处从桩号 913 处通过，所以异常带宽度为 73 m（表 5.6）。综合剖面 2 组探测线与该处地裂缝走向交角为 8°，经过换算，得到垂直于地裂缝走向方向上地裂缝异常带的宽度为 72.6 m（图 5.22）。

表 5.6　综合剖面 2 组物化探勘查异常点统计表

物探综合剖面	物探手段	剖面序号	异常点（带）位置	成果验证	异常带宽度	备注
综合剖面 2 组	氡气测量	D2	桩号 840 ~ 865	地裂缝通过桩号 866 处	（1）沿测线方向：73 m；（2）垂直地裂缝走向方向：72.6 m	以可控源探测桩号为准
	地质雷达	L2	桩号 845 ~ 860			
	浅层地震	ZⅡ	桩号 870（上断点在地表的垂直投影） 桩号 852（沿倾向上断点在地表的投影）			

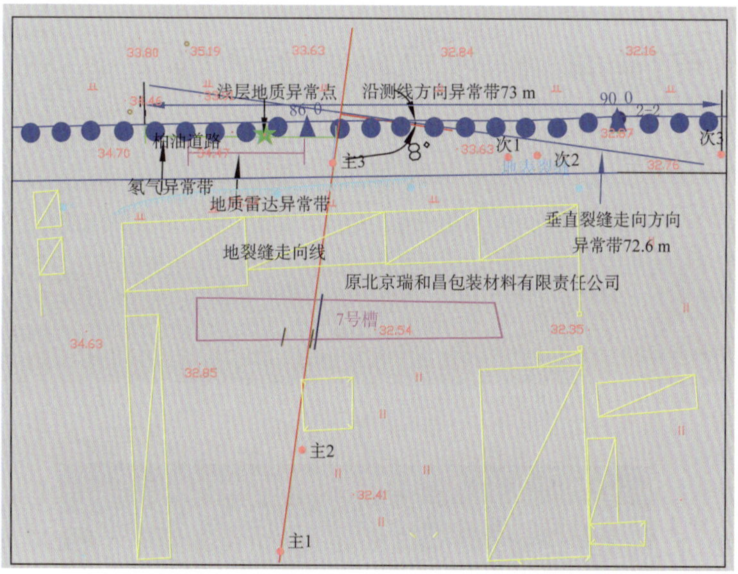

图 5.22　综合剖面 2 组测线处地裂缝影响宽度图

5.1.5.3　综合剖面 3 组

综合剖面 3 组测线布置在土沟村东北，近北西向布线，由西北向东南测量。

从可控源 K Ⅲ测线反演电阻率断面图可以看出 [图 5.23（d）]，桩号 0 ~ 950 之间第四系厚度在 450 m 左右，向东第四系厚度明显变大，其厚度在 700 ~ 850 m 之间。反演电阻率断面图显示 900 ~ 1050 m 为一范围较宽的低阻带，该低阻带由断裂破碎带引起，即 F_1 断裂；断层倾向南东，视倾角 75° 左右，为上盘下降，下盘上升的正断层，为黄庄 – 高丽营断裂。

从浅层地震 Z Ⅲ测线 [图 5.23（c）] 可以看出，在桩号 910 处，同相轴有明显错断，存

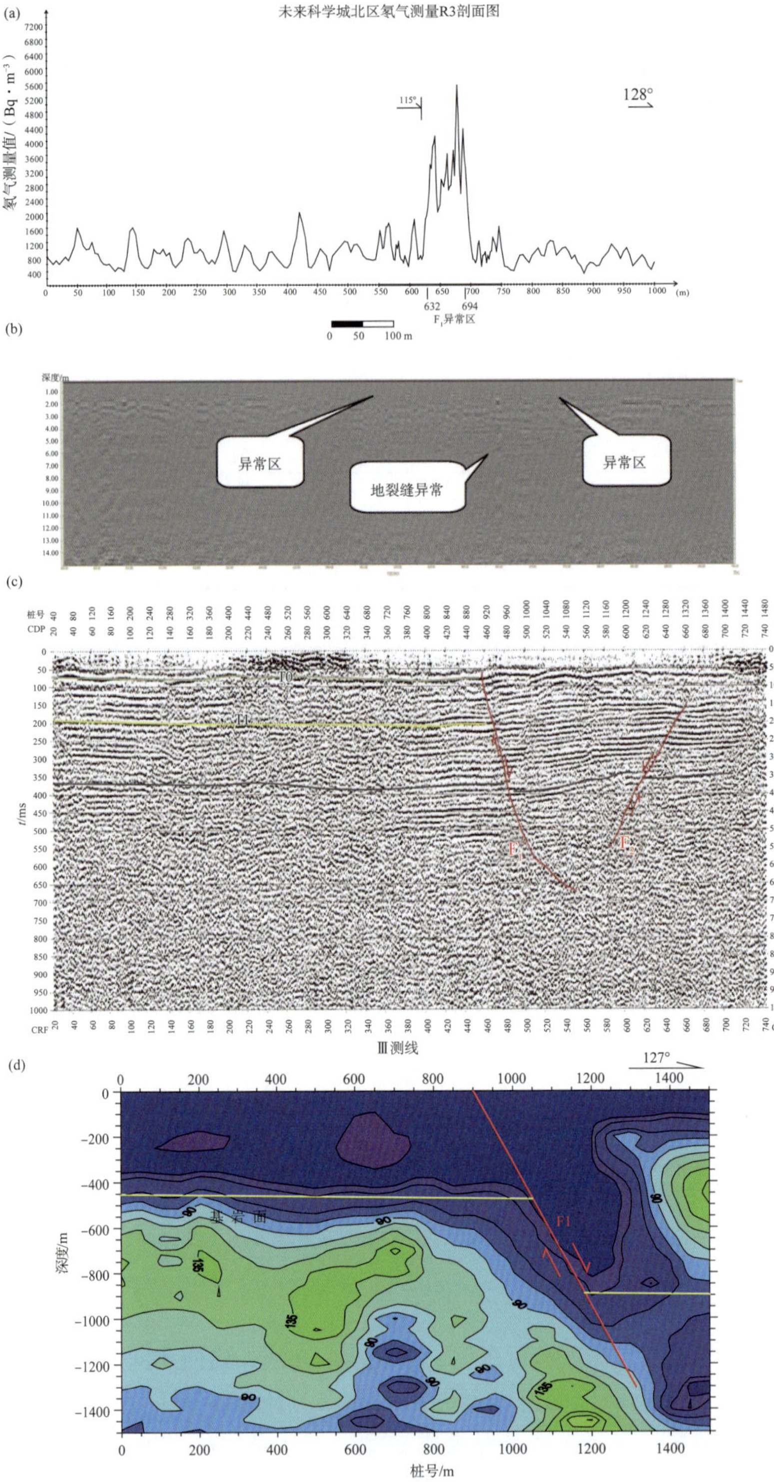

图 5.23 综合剖面 3 组物化探解释剖面

（a）氡气测量D3剖面图；（b）地质雷达L3（L3−7剖面600 ~ 700 m处）剖面图；（c）浅层地震探测ZⅢ剖面；（d）可控源探测KⅢ剖面图

在断点，倾向南东，上盘下降，下盘上升，是正断层，与 V 测线 F_1 断裂特征类似，因此推断为 F_1 断裂，即黄庄－高丽营断裂。同时在桩号 1360 处存在一断点，倾向北西，倾角约为 65°，上盘上升，下盘下降，为一逆断层，定义为 F_2 断层。该 F_2 断层为本次勘查范围之外，因此还有待进一步工作对其进行验证。

地质雷达 L3 测线在可控源测线［图 5.23（c）］桩号为 891 ~ 920 之间，异常深度大于地表以下 2.0 m，初步确定为地裂缝引起的异常带。

氡气测量 D3 线剖面图［图 5.23（a）］显示氡气测量背景数值为 800 ~ 1400 Bq/ m^3，该剖面有一处氡异常区，其位置在测线中西部 632 ~ 694 m 测点之间，氡气测量值为 3600 ~ 4600 Bq/m^3，是其背景值的 4 ~ 5 倍，氡异常明显突出，即 F_1 异常区；结合区域地质资料推断解释 F_1 异常区是黄庄－高丽营主断裂（F_1）的通过位置。

综合剖面 3 组测线南侧开挖的 3 号探槽内地层有明显错动，地裂缝从可控源测线 900 m 处通过。通过探槽和钻探的验证，桩号为 910 处的 F_1 断裂为工作区地裂缝在浅部地层的延伸。该测线多种物化探手段成果异常带为桩号 875 ~ 937，所以异常带宽度为 62 m（表 5.7）。综合剖面 3 组探测线与该处地裂缝走向交角为 20°，经过换算，得到垂直于地裂缝走向方向上地裂缝异常带的宽度为 58.9 m（图 5.24）。

此外，浅层地震探测得到的 F_2 断层位于本次勘查范围之外，因此还有待进一步工作对其进行验证。

表 5.7　综合剖面 3 组物化探勘查异常点统计表

物探综合剖面	物探手段	剖面序号	异常点（带）位置	成果验证	异常带宽度	备注
综合剖面 3 组	氡气测量	D3	875 ~ 937	地裂缝通过 899 处	（1）沿测线方向：62 m；（2）垂直地裂缝走向方向：58.6 m	以可控源探测桩号为准
	地质雷达	L3	891 ~ 920			
	浅层地震	Z Ⅲ	910（上断点在地表的垂直投影） 892（沿倾向上断点在地表的投影）			

5.1.5.4　综合剖面 4 组

综合剖面 4 组位于土沟村南，由可控源 K Ⅳ测线和浅层地震 Z Ⅳ测线，以及氡气测量 D5 测线和地质雷达 L5 测线组成。

从可控源 K Ⅳ测线反演电阻率断面图［图 5.25（d）］可以看出，桩号 0 ~ 700 之间第四系厚度为 450 m 左右，向东第四系厚度明显变大，其厚度在 700 ~ 850 m 之间。在距测线西端 750 m 处有一倾向南东的电阻率等值线陡降带，是一明显断裂构造显示，即 F_1 断裂；该断裂倾向南东，倾角 80° 左右，北西盘上升，南东盘下降，为正断层，根据与其他测线对比，具有类似特征，推断该断裂为黄庄－高丽营断裂。

从浅层地震 Z Ⅳ测线［图 5.25（c）］可以看出，在桩号 680 处，存在正断层，与其他测线特征类似，因此确定为 F_1 断层，即为黄庄－高丽营断裂。同时在桩号 1344 处存在一断点，倾向北西，倾角约为 65°，上盘上升，下盘下降，为一逆断层，定义为 F_2 断层。同时在 1350 处存在另一断点，倾向南东，近于直立，定义为 F_3 断层。

地质雷达 L5 测线在可控源测线［图 5.25（b）］桩号为 715 ~ 734 之间异常深度大于地表以下 2.0 m，初步确定为地裂缝引起的异常带。

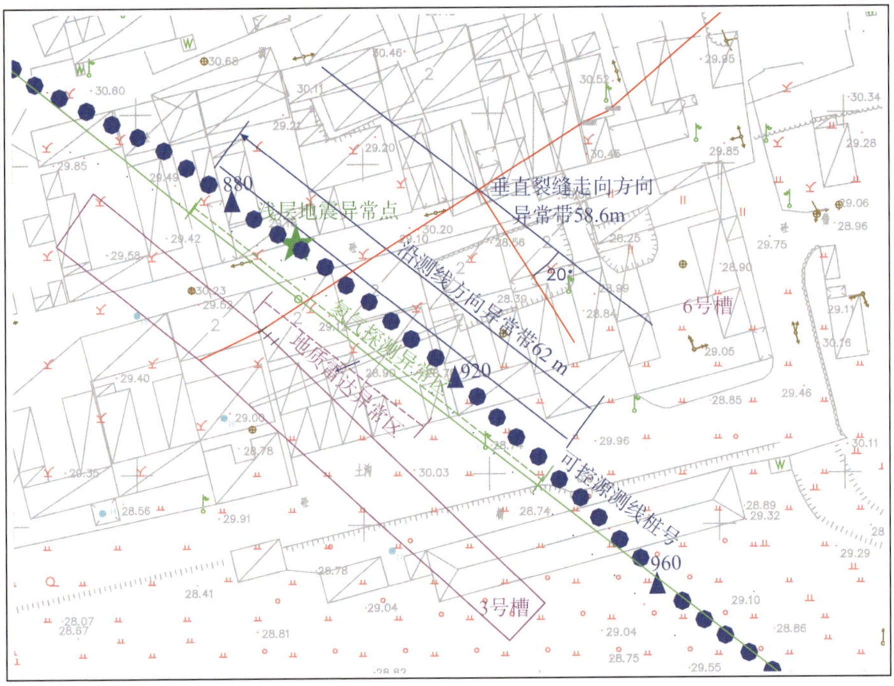

图 5.24　综合剖面 3 组测线处地裂缝影响宽度图

氡气测量 D5 线剖面图 [图 5.25（a）] 显示，氡气测量背景数值为 800 ～ 1000 Bq/m^3，该剖面出现两处氡异常区，在测线中部 494 ～ 526 m（桩号为 710 ～ 742）测点之间氡气测量值为 4500 ～ 5000 Bq/m^3，是其背景值的 4 ～ 5 倍，氡异常最为突出，即 F_1 异常区。在 F_1 异常西侧 426 ～ 450 m（桩号为 674 ～ 698）测点之间氡气测量值为 2800 Bq/m^3 左右，是其背景值的 2 ～ 3 倍，为次一级氡异常区域，即 F_4 异常区。F_4 异常区位于 ZK29 和 ZK30 之间，通过钻孔揭露的岩性对比可以看出，该处地层较连续，没有明显错动，因此认为 F_4 异常区并非由于构造原因造成。同时结合区域地质资料推断 F_1 异常区是黄庄－高丽营主断裂（F_1）的通过位置，F_4 异常区是黄庄－高丽营主断裂（F_1）次生断裂的分布位置。

综合剖面 4 组测线南侧开挖 16 号探槽和国网 1 号槽内都有明显的地层错动迹象，地裂缝通过位置位于桩号 696 处。综合剖面 4 组的多种物探结果均在地裂缝通过位置有所反映，也很好地说明了该处地裂缝受黄庄－高丽营断裂控制。整个测线剖面上，异常带的宽度为 80 m（表 5.8）。该异常带与地裂缝走向基本垂直（图 5.26）。

此外，浅层地震探测得到的推测 F_2、F_3 断层位于本次勘查范围之外，因此还有待进一步工作对其进行验证。

表 5.8　综合剖面 4 组物化探勘查异常点统计表

物探综合剖面	物探手段	剖面序号	异常点（带）位置	成果验证	异常带宽度	备注
综合剖面 3 组	氡气测量	D5	710 ～ 742	地裂缝通过 696 处	垂直地裂缝走向方向：80 m	以可控源探测桩号为准
	地质雷达	L5	680（上断点在地表的垂直投影）			
	浅层地震	ZⅣ	662（沿倾向上断点在地表的投影）			

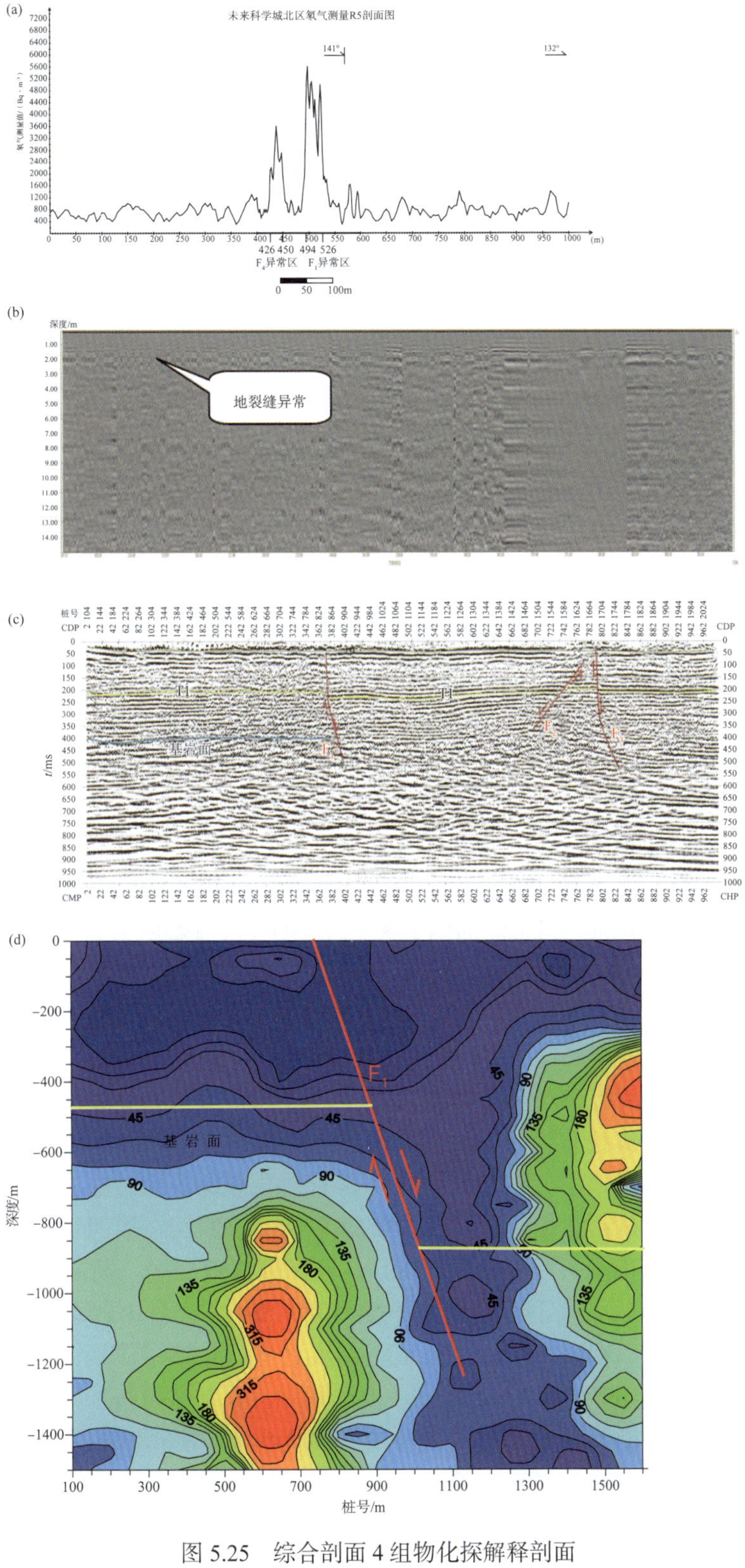

图 5.25　综合剖面 4 组物化探解释剖面

（a）氡气测量D5剖面图；（b）地质雷达L5（L5-6剖面500 ~ 600 m处）剖面图；

（c）浅层地震探测ZⅣ剖面图；（d）可控源探测KⅣ剖面图

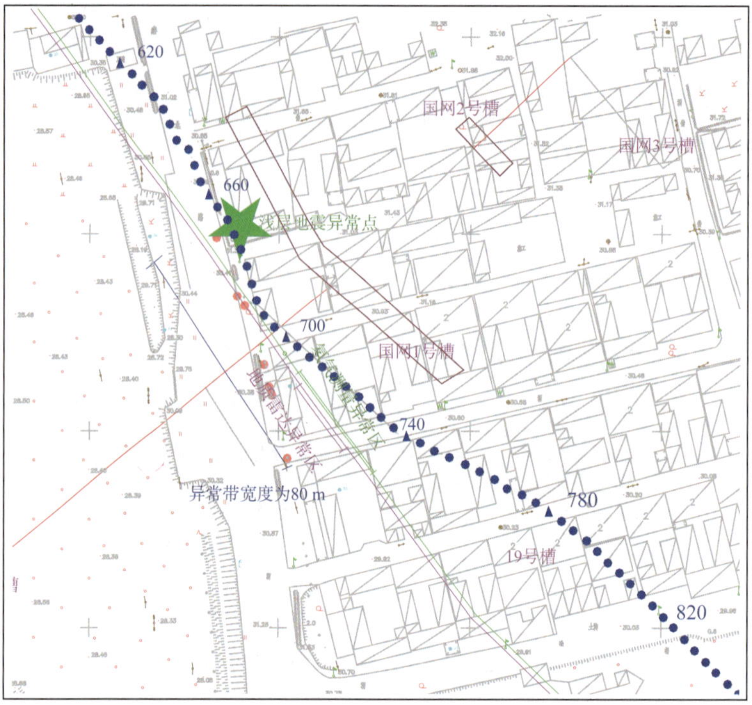

图 5.26　综合剖面 4 组测线处地裂缝影响宽度图

5.1.5.5　综合剖面 5 组

综合剖面 5 组位于温榆河南岸，由可控源 KV 测线和浅层地震 ZV 测线，以及氡气测量 D6 测线和地质雷达 L6 测线组成。

从可控源 KV 测线反演电阻率断面图 [图 5.27（d）] 可以看出，第四系下伏基岩埋深由西至东迅速变厚，由 450 m 变厚至 850 m。在桩号 500 m 处有较宽的电阻率低阻带，它是一条明显的断裂构造显示，即 F_1 断裂；该断裂倾向南东，倾角 60° 左右，为正断层，推断该断裂为黄庄 – 高丽营断裂。

从浅层地震 Z V 线的时间剖面图 [图 5.27（c）] 上可以看出，整条测线 50 ms、100 ms、200 ms、300 ms、450 ms 处有强的反射波组。200 ms 左右存在明显的强反射层位，定义为 T_1 层，推测为第四纪粗砂地层。整条测线的西侧 T_1 地层较为连续，在横向上基本呈水平展布，在断层部位存在明显错断（垂直投影桩号 540 处）。该断层在第四系内错断明显，由浅至深断距在加大，倾向南东，浅层倾角近 80°，向深部逐渐变缓。断层的下盘与上盘第四系在同深度的沉积差异较大，下盘第四系厚度约为 420 m，上盘第四系厚度明显加大。在测线的东端（大桩号处）深度 750 m 左右，反射波组仍然和浅层第四系的反射波特征类似，而在测线的西端（桩号 100 ~ 600 处）深度 420 m 以下，反射波组特征与浅层第四系反射波特征明显不同，因此推断测线西端第四系厚度为 420 m，测线东端第四系厚度约为 780 m。另外，在地层纵波速度方面，在桩号 540 处，有一明显的速度台阶，桩号 540 以西速度在 450 m 深度明显变大，而在桩号 540 以东，纵波速度在大于 420 m 深度后仍然变化不明显，因此在中间桩号 540 处存在大的断裂带，推断该断裂为黄庄 – 高丽营断裂（F_1 断裂）。在桩号 800、950 处，在深部（400 m 以下）存在两个断裂，未延伸到浅部地层。

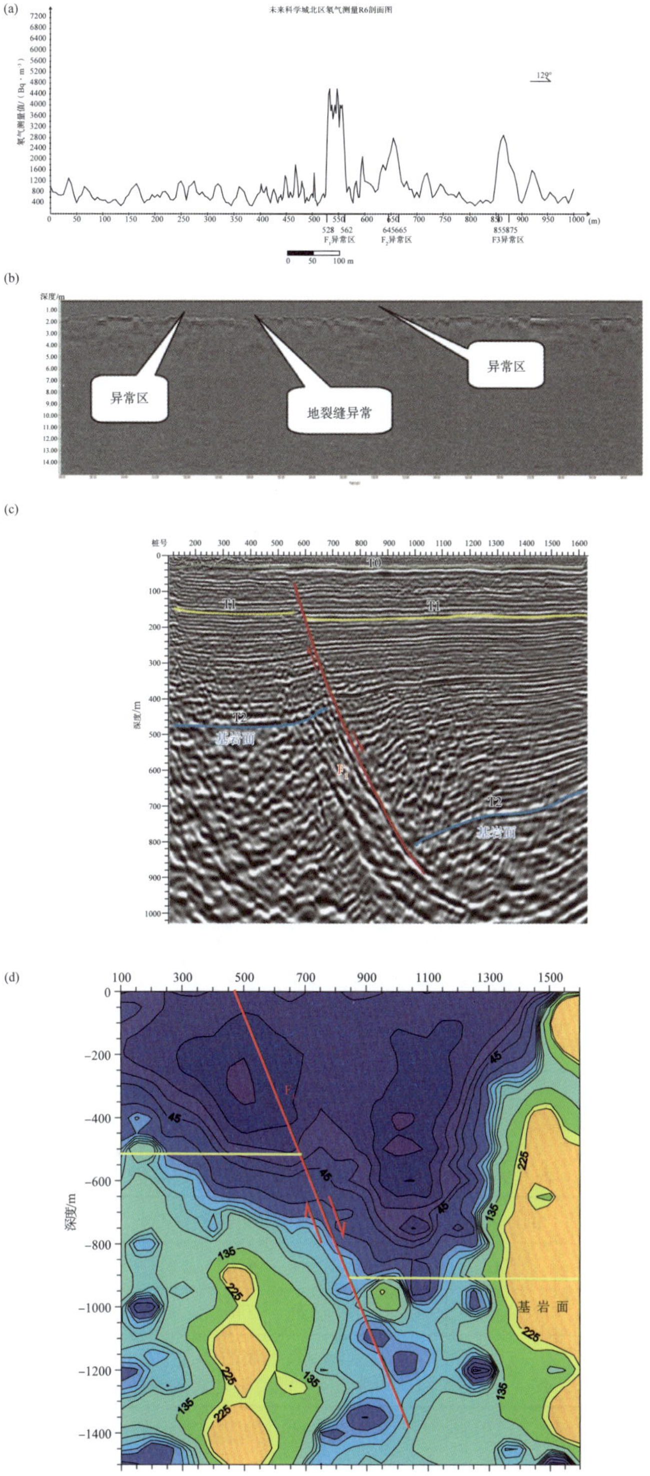

图 5.27　综合剖面 5 组物化探解释剖面

（a）氡气测量D6剖面图；（b）地质雷达L6（L6-6剖面500 ~ 600 m处）剖面图；（c）浅层地震探测ZV剖面图；（d）可控源探测KV剖面图

地质雷达 L6 测线 [图 5.27（b）] 在桩号为 521 ~ 538 之间，异常深度大于地表以下 2.0 m，初步确定为地裂缝引起的异常带。

从氡气测量 D6 线剖面图 [图 5.27（a）] 可以看出，本剖面氡气测量背景数值为 1000 Bq/m^3 左右，干扰因素较少，剖面图显示在 528 ~ 562 m（可控源测线桩号为 514 ~ 548）测点之间，氡气测量值为 4000 Bq/m^3 左右，是其背景值的 4 倍，为一明显突出的氡异常区域，即 F_1 异常区。F_1 异常东侧 645 ~ 665 m 测点（可控源测线桩号为 631 ~ 651）之间的氡气测量值为 2600 Bq/m^3 左右，是其背景值的 2 ~ 3 倍，为较明显的异常区域，即 F_2 异常区。

结合区域地质资料推断 F_1 异常区是黄庄 – 高丽营主断裂（F_1）的反映（图 5.28 和表 5.9）。F_2 异常区位置地质雷达、浅层地震探测均无异常反应，初步判断该处氡气异常并非由地裂缝或活动断裂原因造成。

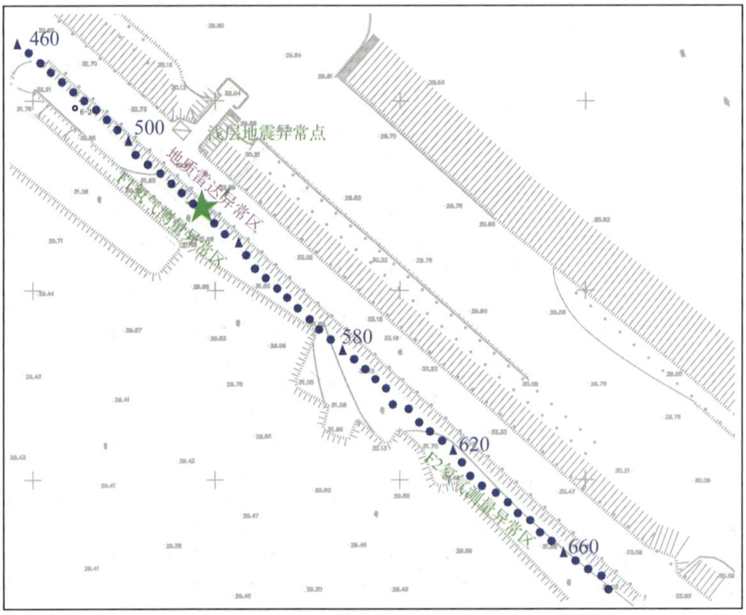

图 5.28　综合剖面 5 组测线处地裂缝异常带位置图

表 5.9　综合剖面 5 组物化探勘查异常点统计表

<table>
<tr><th>物探综合剖面</th><th>物探手段</th><th>剖面序号</th><th>异常点（带）位置</th><th>异常带宽度</th><th>备注</th></tr>
<tr><td rowspan="3">综合剖面 5 组</td><td>氡气测量</td><td>D6</td><td>514 ~ 548</td><td rowspan="3">沿测线方向为 34 m</td><td rowspan="3">以可控源探测桩号为准</td></tr>
<tr><td>地质雷达</td><td>L6</td><td>521 ~ 538</td></tr>
<tr><td>浅层地震</td><td>ZⅤ</td><td>540（上断点在地表的垂直投影）
522（沿倾向上断点在地表的投影）</td></tr>
</table>

5.1.5.6　综合剖面 6 组

综合剖面 6 组有可控源 KⅥ测线和浅层地震 ZⅥ测线组成。该测线位于土沟村西侧，测线走向 40°，在测区西部与可控源及浅层地震Ⅰ、Ⅱ、Ⅲ、Ⅳ测线相交，为一联络线，用于验证数据的可靠性，同时探测场区内是否发育有北东方向的大柳树断裂。

可控源 KⅥ测线反演电阻率断面图 [图 5.29（b）] 可以看出，基岩埋深 450m 左右，变化不大，说明无基岩错动现象，另外该测线与另 4 条测线交点处闭合较好，也说明了此次资料的可靠性。

从浅层地震 ZⅥ测线解译图 [图 5.29（a）] 上可以看出，测线反射同相轴连续，地层结构清晰，不存在断层。通过综合剖面 6 组探测可知，该场区内无北西向断层发育。

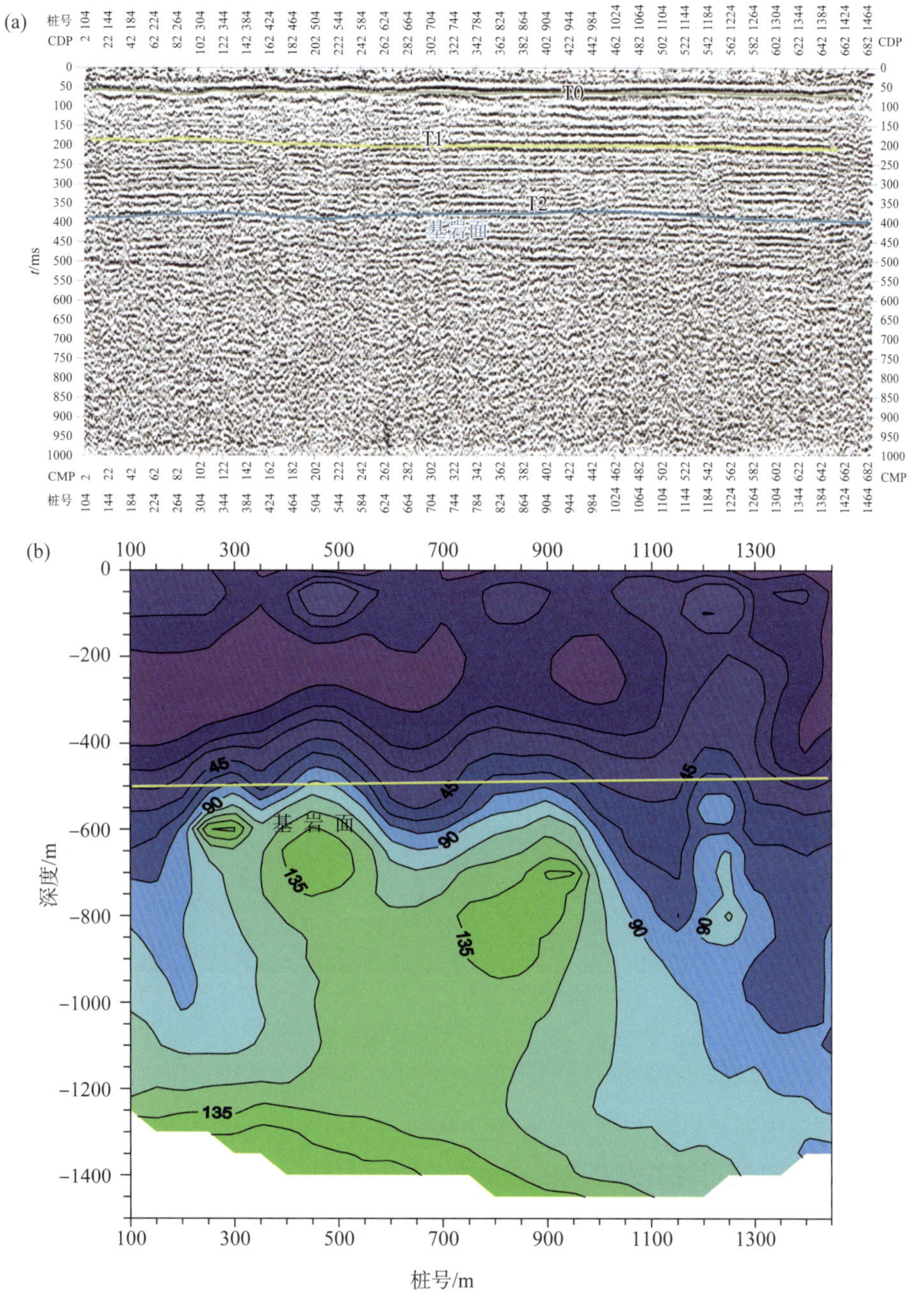

图 5.29　综合剖面 6 组物化探解释剖面

（a）浅层地震KⅥ剖面图；（b）可控源探测KⅥ剖面图

5.1.5.7　综合剖面 7 组

综合剖面 7 组由地质雷达 Z4 测线和氡气测量 D4 测线组成，位于土沟村中。

地质雷达 L4 测线 [图 5.30（b）] 在 472 ～ 498 之间异常深度大于地表以下 2.0 m，初步确定为地裂缝引起的异常带。

从氡气测量 D4 线剖面图 [图 5.30（a）] 可以看出，本剖面氡气测量背景数值为 1200 Bq/m^3 左右，该剖面在测线 466 ～ 512 m 测点之间氡气测量值为 4400 ～ 4800 Bq/m^3，是其背景值的 4 倍左右，氡异常表现较为明显突出，即 F_1 异常区。结合区域地质资料推断 F_1 异常区是黄庄 – 高丽营主断裂（F_1）通过位置。F_1 异常西侧 416 ～ 432 m 之间次一级氡异常，即 F_4 异常区。F_4 异常区南侧由长安大学开挖的国网 8 号槽内无任何地层错断迹象，因此可以判断 F_4 异常并非由于地裂缝原因造成。

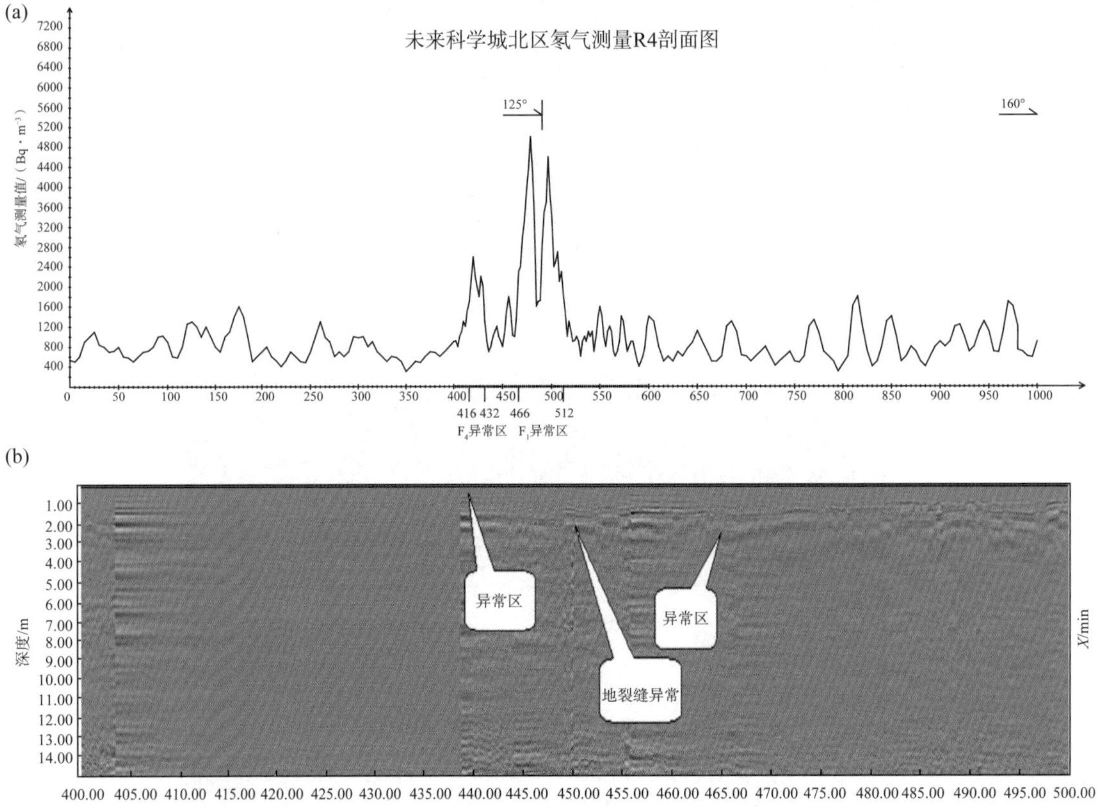

图 5.30　综合剖面 7 组物化探解释剖面

（a）氡气测量D4剖面图；（b）地质雷达L4（L4–5剖面400 ~ 500 m处）剖面图

由 1 号探槽和国网 8 号槽所确定的地裂缝位置恰好位于地质雷达 L4 和氡气测量 D4 测线异常带之间，可见地裂缝的发育除了在地表有所反映外，还与浅部地层状态密切相关。由地质雷达 L4 和氡气测量 D4 测线所确定的异常带宽度为 45.5 m（图 5.31）。

地裂缝地表总体走向为 NE52° ～ 77°；探槽显示其在地表至地表以下 5 m 左右，倾角为 NE65° ～ 81°，多数为 NE76°；钻探资料揭示其在 100 m 深度范围内的倾角为 NE70° ～ 90°，多数为 NE80° 左右；物探推测其倾角约为 80°，深部倾角逐渐变缓，深部地层至基岩处倾角为 60° 左右。

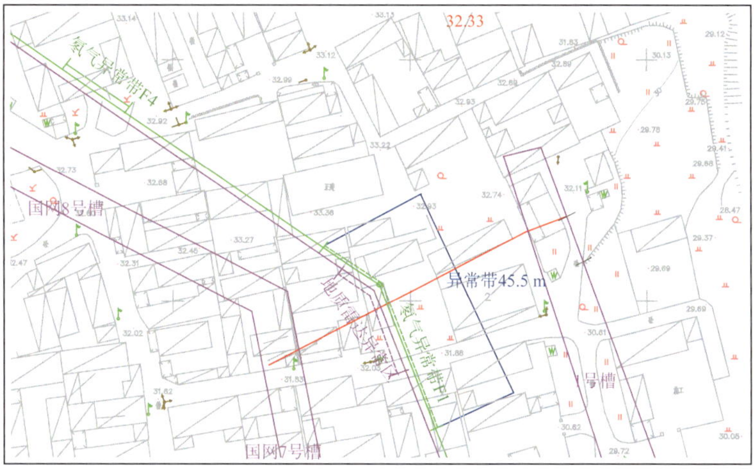

图 5.31　综合剖面 7 组测线处地裂缝异常带位置图

5.1.6　活动性分析

通过地表调查发现，高丽营－土沟地裂缝带目前仍在活动中，且其活动速率逐年加快。野外调查中对房屋破坏变形速率进行了统计（表 5.10）。由此表可以看出，房屋修建的日期越长，其活动速率相对越小，尤其是进入 2000 年后，其活动速率明显增加，表明地裂缝进入活跃期。

表 5.10　高丽营－土沟地裂缝带地裂缝活动速率统计表

破坏类型	地裂缝	位置	活动时间	活动速率 / (mm · a^{-1})
房屋破坏点	西王路地裂缝	二组：西王路二巷 9 号	1970 年至今	平均约 4.7
	土沟地裂缝	华都肉鸡厂西院南墙	1983 年至今	平均约 7
	西王路地裂缝	一组：西王路中路一巷 8 号	2001 年至今	平均约 7.2
	唐自头地裂缝	唐自头村北果园林地	2007 年至今	平均约 13.3

顺义区西王路村地裂缝监测站内在地裂缝带两侧共布置了 13 个水准监测点（图 5.32）。从水准点分布图上可以看出，6、7、8、9、10、11 点位于上盘，1、2、3、4、5、12、13 点位于下盘。通过对 2009 年 9 月到 2010 年 8 月底共计 11 次测量数据的分析可以发现，地裂缝上盘 6 个水准点全部下沉，而下盘 7 个点大部分显示出极轻微的上升，由此说明地裂缝上盘总体上处于下沉状态。特别是从地裂缝带两侧相同距离水准点的对比来看，上盘变形量远大于下盘。距离地裂缝两侧各 5 m 的 5 号、6 号点其相对变化量为 15.95 mm，距离地裂缝两侧各 15 m 的 13 号、10 号点其相对变化量为 18.12 mm（表 5.11）。

另据跨断层水准测量资料，怀京 2 ～怀京 3，1966 ～ 1978 年高丽营断裂上盘下降 2.3 mm，平均年速率为 0.2 mm/a。而西王路地裂缝监测站数据显示，2009 年 9 月至 2010 年 8 月，地裂缝下盘最大下降量达到 16.43 mm。对比看出，断层上盘的下降量明显增加。

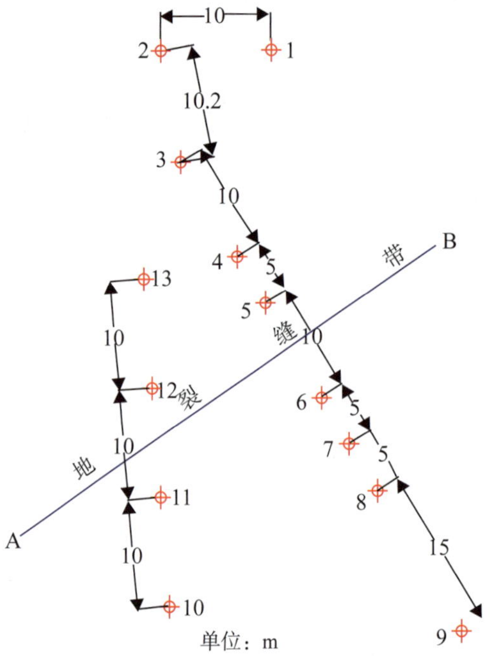

图 5.32　西王路地裂缝监测站水准点位置平面图

表 5.11　地裂缝带上下盘两侧相同距离水准点垂直变形对比表（2009 年 9 月至 2010 年 8 月）

水准点	地裂缝两侧距离 /m	累计变化量 /mm	相对变化量 /mm
5	5	+1.9	15.95
6		−14.05	
4	10	+1.71	14.85
7		−13.14	
12	5	+1.4	16.94
11		−15.54	
13	15	+1.69	18.12
10		−16.43	

注："+"表示抬升；"−"表示下沉。

通过地裂缝沿线道路、房屋破坏情况调查以及监测数据均显示，黄庄－高丽营断裂沿线地裂缝仍在活动中，最大活动速率为 18.12 mm/a。

5.1.7　地裂缝两侧变形数值模拟

5.1.7.1　数值模拟方法

本次采用的数值模拟软件为大型工程分析软件 $FLAC^{3D}$，它是快速拉格朗日差分分析（Fast Lagrangian Analysis of Continua in 3 Dimension）的简写，是采用"显式拉格朗日"算法和"混合－离散分区"技术的有限差分程序，在国际土木工程、地质工程界具有广泛应用和良好声誉，主要用于建立地质和岩土工程的高级三维模型，并进行数值模拟分析与评价。

（1）空间导数的有限差分近似

快速拉格朗日分析采用混合离散方法，将区域离散为常应变六面体单元的集合体，又将每个六面体看作似以六面体角点的常应变四面体的集合体，应力、应变、节点不平衡力等变量均在四面体上进行计算，六面体单元的应力应变取值为其四面体的体积加权平均。这种方法既避免了常应变六面体单元常会遇到的位移剪切锁死现象，又使得四面体单元位移模式可以充分适应一些本构的要求，如一四面体，节点编号为 1 到 4，第 n 面表示与节点 n 相对的面，设其内一点的速率为 v_i，由高斯公式得

$$\int_V v_{i,j}\mathrm{d}V=\int_S v_i n_j \mathrm{d}S \tag{5.1}$$

式中：V 为四面体的体积；S 为四面体的外表面；n_j 为外表面的单位法向向量分量。对于常应变单元，v_i 为线性分布，n_j 在每个面上为常量，由式可得

$$v_{i,j}=\frac{1}{3V}\sum_{i=1}^{4}v_i^l n_j^{(l)}S^{(l)} \tag{5.2}$$

式中：上标 l 表示 i 的变量；(l) 表示面 l 的变量。

（2）运动平衡方程

快速拉格朗日分析以节点为计算对象，将力和质量均集中在节点上，然后通过运动方程在域内进行求解。节点运动方程可表示为如下形式：

$$\frac{\partial v_i^l}{\partial l}=\frac{F_i^l\left(t\right)}{m^t} \tag{5.3}$$

其中，$F_i^l(t)$ 为在 t 时刻 l 节点在 i 方向的不平衡分量，可由虚功原理导出。m^t 为 l 节点的集中质量。对于静态问题，采用虚拟质量以保证数值稳定，对于动态问题；则采用实际的几种质量。将上式左端用中心差分来近似，则可得：

$$v_i^l\left(t+\frac{\Delta t}{2}\right)=v_i^l\left(t-\frac{\mathrm{V}t}{2}\right)+\frac{F_i^l\left(t\right)}{m^l}\Delta t \tag{5.4}$$

（3）应变、应力及节点不平衡力

快速拉格朗日分析用速率来求某一时步的单元应变增量，即

$$\Delta e_{ij}=\frac{1}{2}\left(v_{i,j}+v_{j,i}\right)\Delta t \tag{5.5}$$

有限差分法是建立在给定初值和边界值条件下，将求解域划分为差分网格，用有限个网格节点代替连续求解域的数值计算方法。与有限元相比，该方法是一种直接将微分问题简化为代数问题的近似数值模拟，可以基于较小内存空间就能够求解大范围的三维问题，两种方法的最终方程是一样的。

FLAC 近年来在岩土工程中得到了很大的发展和应用，并且取得了行业内的认可。由于该方法是用有限个网格节点将计算域划分为若干单元，单元网格随材料的变形而变形，对于模拟材料的屈服、塑性流动、软化直至大变形等领域的工程实践活动有独到的优点。如图 5.33 为本次计算的典型模型。

图 5.33　典型计算模型

5.1.7.2　数值模拟方案

根据工作区的水文地质与工程地质条件，以及工作区地裂缝的影响因素，本次数值模拟采用的模拟方案技术如下。

（1）数值模拟范围与地层结构

数值模拟的计算模型以黄庄－高丽营断裂（地裂缝）为纵轴，长度取 3500 m，在横向上以纵轴为基准轴线，下盘侧取 1000 m，上盘侧取 1800 m，即模型宽 2800 m。如图 5.34 所示，对于模型深度，以地层标高控制，其中地面标高北部为 35 m，南部为 29 m，基岩层底标高为 −1300 m，河流河床为 25 m，即模型深度在 1325 ~ 1335 m 范围。如图 5.35 所示，为计算模型立体图及简化的地层结构。

断裂带（地裂缝）宽度暂取 10 m。根据勘探结果，断裂带的倾角在 67° ~ 81° 之间，但多数部位呈 76°，因此，本次数值模拟的断裂带倾角取 76°。根据典型钻孔资料，上盘（南东侧）基岩面标高取 −1084 m，下盘（北西侧）基岩面标高取 −429 m。

（2）数值模拟工况

根据工作区水文地质工程地质条件，特别是断裂带的产状、活动状态，以及地下水活动状态，数值模拟时，分别模拟地块在构造应力作用下，断块（基岩上盘）垂直位移达 0.2 m、0.5 m、1 m 和 2 m 时，以及区模拟地块在地下水作用下（水位下降），以承压水为主，水位下降 5 m、10 m 和 15 m 时，断裂带（地裂缝）的发展趋势及其影响范围（含应力场、位移场）。

5.1.7.3　数值模拟结果

通过数值模拟，分别得到了研究地块在构造应力和地下水作用下，断裂带（地裂缝）的发展趋势及其影响范围，并根据相关国家规范和计算成果，给出了断裂带（地裂缝）的安全避让距离。

图 5.34　数值模拟范围

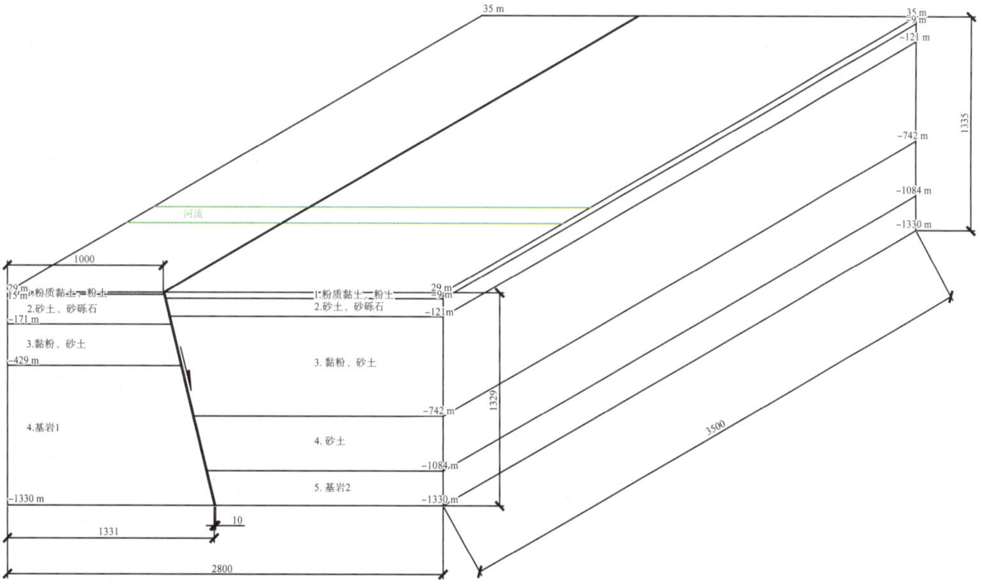

图 5.35　计算模型立体图

（1）构造应力作用下地裂缝发展及其影响

在构造应力作用下，基岩断块上、下垂直位移，将会引发第四系松散地层地裂缝的发展变化。本次数值模拟，选择当基岩断块垂直位移为 0.2 m、0.5 m、1 m、2 m、5 m 时，断裂带（地裂缝）的影响范围。

通过模拟计算，分别得到当基岩断块垂直位移为 0.2 m、0.5 m、1 m、2 m、5 m 时，活动断裂两侧垂直沉降分布图和最大主应力分布图，见图 5.36 至图 5.40。

在工作区域垂直于地裂缝轴线，选择河流北侧 600 m 测线，拾取测线上的地表沉降，可以得到测线上的地表沉降曲线图。

从位移分布图和地表沉降曲线可知，在地裂缝两侧存在明显的差异沉降，在剖面上呈现“牵引挠曲”现象。工作区地表沉降和水平位移随着基岩断块的垂直位移距离增大而增大。

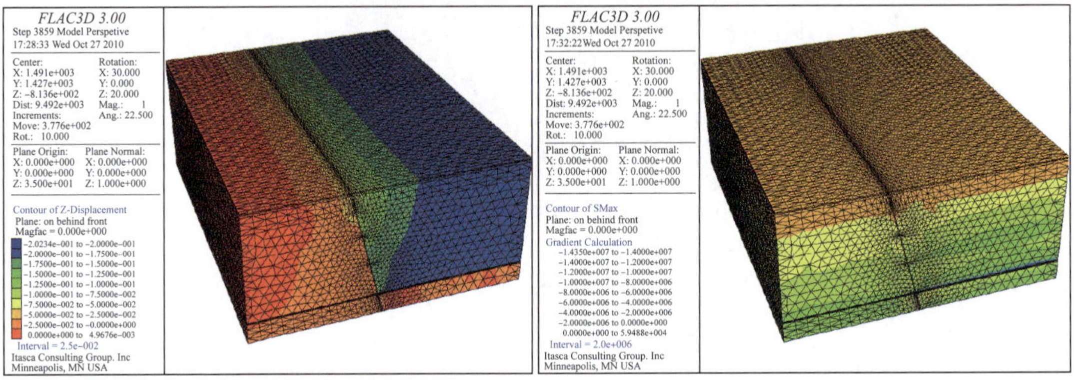

图 5.36　垂直沉降分布和最大主应力分布图（基岩垂直位移 0.2 m）

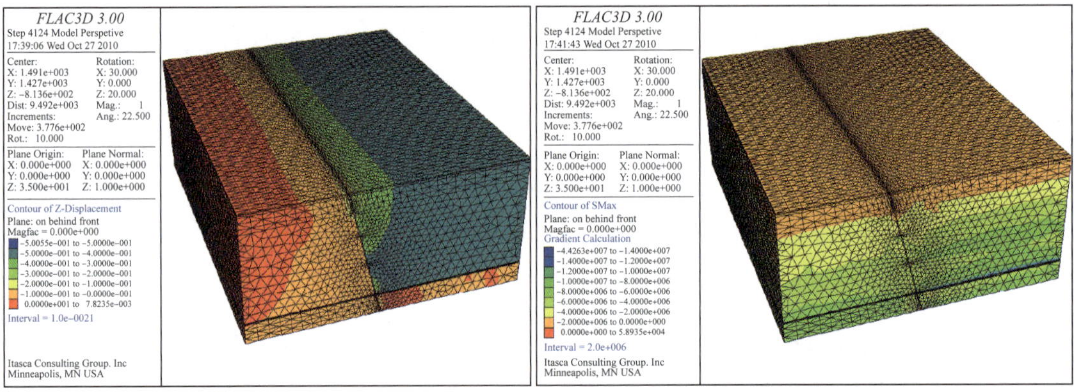

图 5.37　垂直沉降分布和最大主应力分布图（基岩垂直位移 0.5 m）

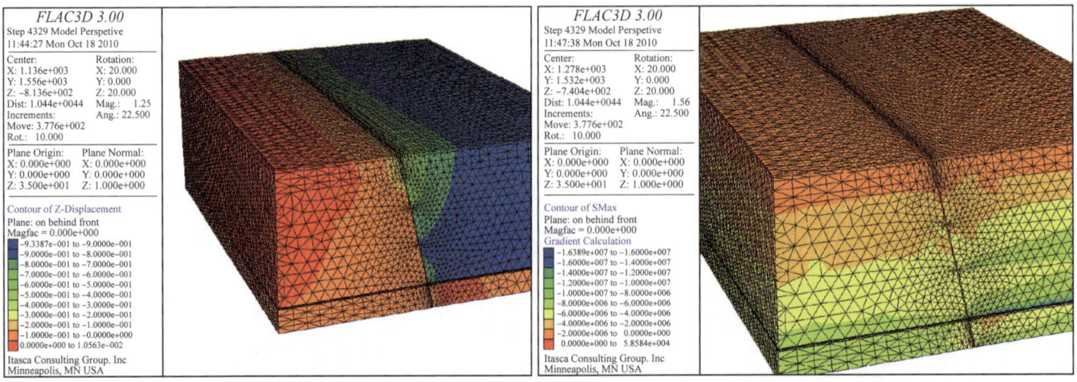

图 5.38　垂直沉降分布和最大主应力分布图（基岩垂直位移 1 m）

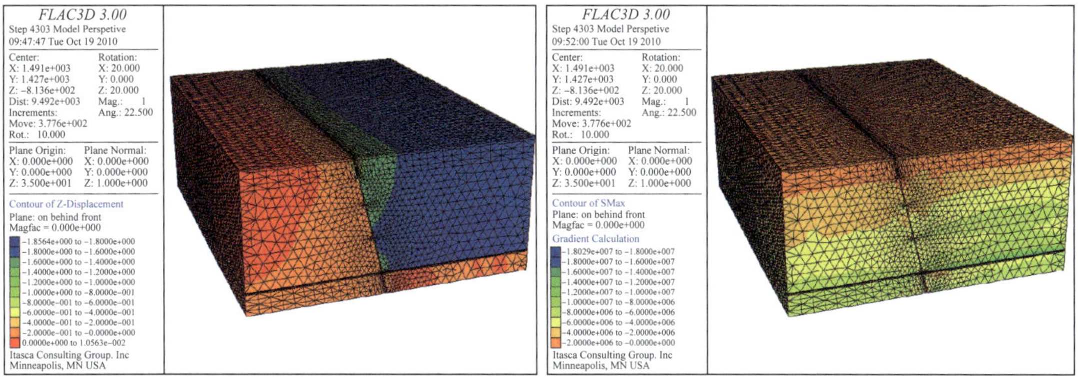

图 5.39　垂直沉降分布和最大主应力分布图（基岩垂直位移 2 m）

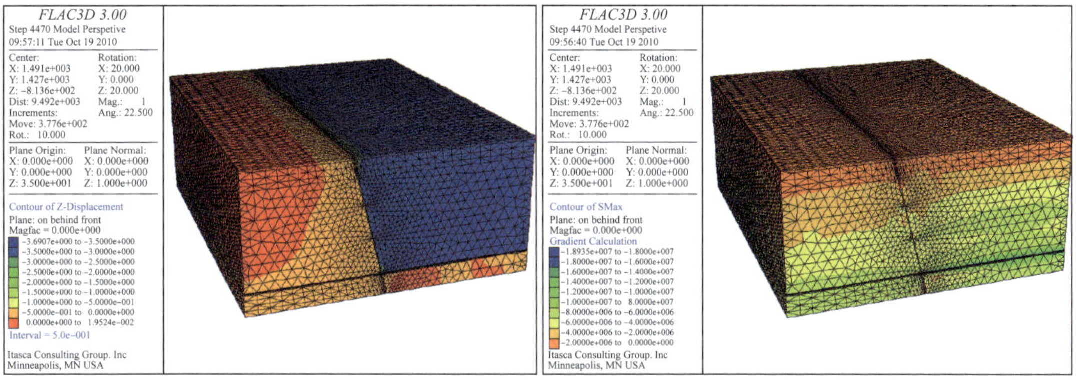

图 5.40　垂直沉降分布和最大主应力分布图（基岩垂直位移 5 m）

对于河流北侧 600 m 测线来说（图 5.41），当基岩垂直位移达到 0.2 m 时，两侧差异沉降量可达到 52 mm，其地层变形主要集中在两侧 20 m 范围内，其中上盘为 10 m，下盘为 10 m。当垂直位移达到 0.5 m 时，两侧差异沉降量可达到 175 mm；当垂直位移达到 1 m 时，两侧差异沉降量可达到 464 mm；当垂直位移达到 2 m 时，两侧差异沉降量可达到 1218 mm；当垂直位移达到 5 m 时，两侧差异沉降量可达到 2727 mm。

（2）地下水作用下地裂缝发展及其影响

地下水作用主要表现为含水层中的孔隙水压力变化，导致土体压缩的有效应力改变。随着地层中孔隙水压力的降低，土体中的有效应力增加，土体在附加荷载的作用下，进一步压缩沉降。承压水头的降低，也将在地裂缝两侧产生明显的差异沉降，工作区地表沉降量随着承压水头的降低而增大。由于本地区承压水动态变化明显，近 20 年来，承压水头降低达 15 m，如小汤山长观孔 206-3A。因此，本次数值模拟，主要针对承压水位的降低，计算由此引发的断裂带（地裂缝）的发展规律和影响范围。

通过模拟计算，分别得到当承压水水头下降 5 m、10 m 和 15 m 时，活动断裂两侧垂直沉降分布图和最大主应力分布图，见图 5.42 至图 5.44。

对于河流北侧 500 m 处测线来说（图 5.45），当承压水水头下降 5 m 时，两侧差异沉降量可达到 122 mm，当承压水水头下降 10 m 时，两侧差异沉降量可达到 240 mm，当承压水水头下降 15 m 时，两侧差异沉降量可达到 350 mm。

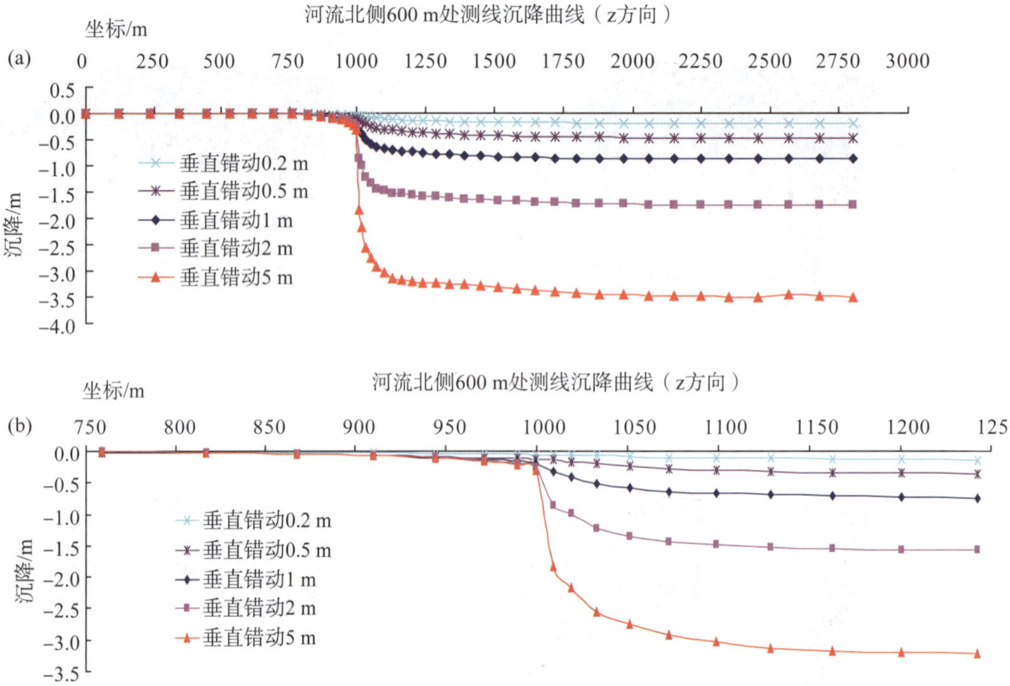

图 5.41　测线断面的地表变形曲线

（a）沉降（全部）；（b）沉降（局部）

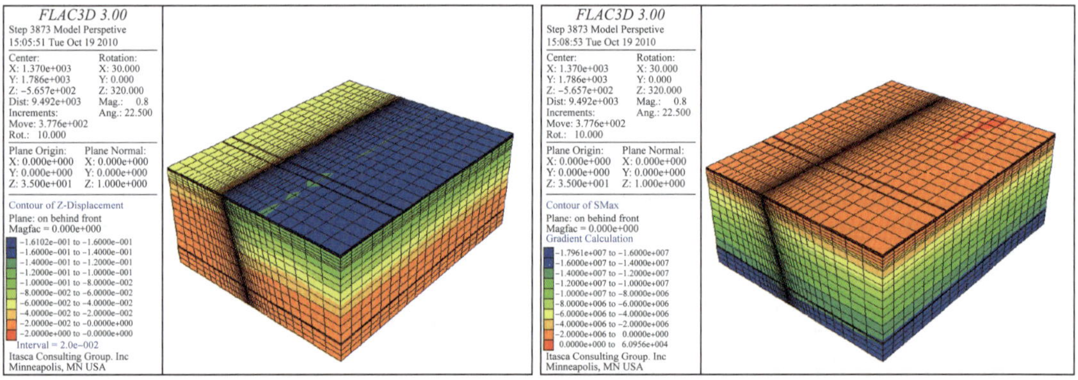

图 5.42　垂直沉降分布和最大主应力图（承压水位降低 5 m）

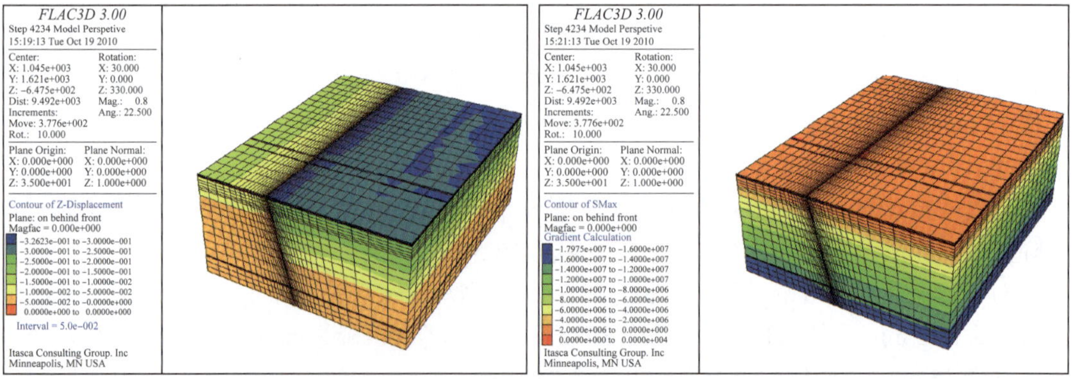

图 5.43　垂直沉降分布和最大主应力图（承压水位降低 10 m）

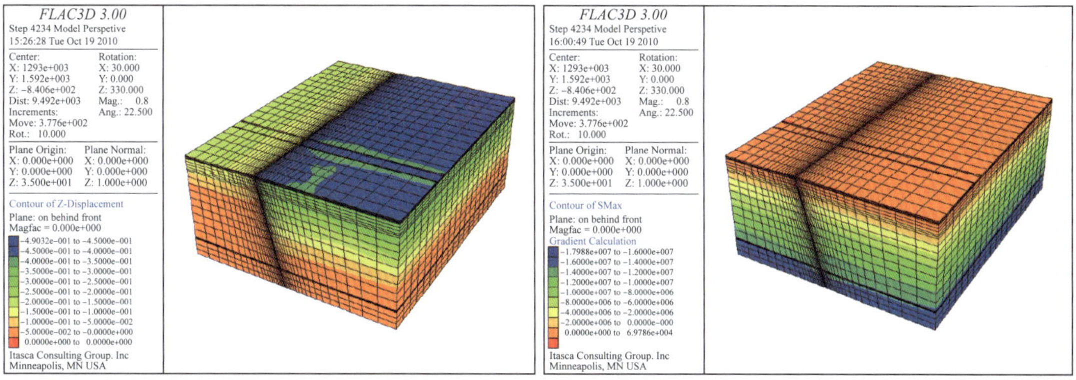

图 5.44　垂直沉降分布和最大主应力图（承压水位降低 15m）

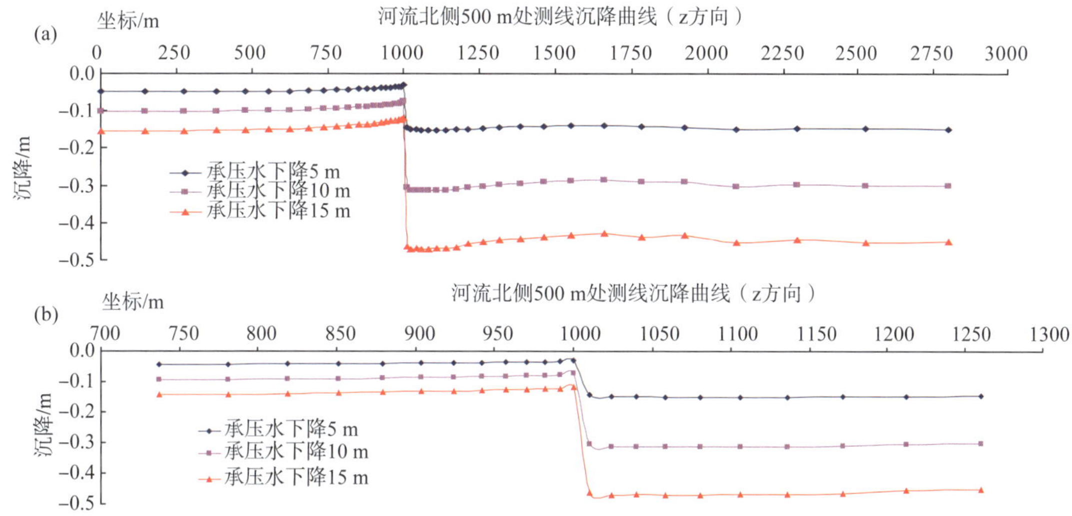

图 5.45　测线的地表（地基）变形曲线

（a）沉降（全部）；（b）沉降（局部）

（3）变形影响距离预测

数值模拟计算结果显示，地裂缝两侧均产生沉降和变形，其中，远离地裂缝均产生均匀沉降，对建筑物的影响不大，但在地裂缝附近则产生明显的差异沉降，对建（构）筑物影响巨大，因此可采用倾斜或局部倾斜的指标来确定其影响带。

中华人民共和国国家标准《建筑地基基础设计规范》(GB50007−2002）规定，建筑物的地基变形允许值按表 5.12 执行。

根据各类建筑物地基变形允许值的最严格标准，考虑到本次勘查区内多为建设用地，因此采用倾斜值 0.002（即 2‰）进行控制。通过数据拾取和倾斜计算得到不同工况、不同距离的倾斜值，确定其预测状况下的变形影响距离。

通过计算得到，对于河流北侧 600 m 测线来说，当基岩垂直位移达到 0.2 m 时，两侧差异沉降量可达到 52 mm，其地层变形主要集中在两侧 20 m 范围内，其中上盘为 10 m，下盘为 10 m；当垂直位移达到 0.5 m 时，两侧差异沉降量可达到 175 mm，其地层变形主要集中在两侧 62 m 范围内，其中上盘为 52 m，下盘为 10 m；当垂直位移达到 1 m 时，两侧差异沉降量可达到 464 mm，其地层变形主要集中在两侧 84 m 范围内，其中上盘为 74 m，下盘为 10 m；当垂直位移达到 2 m 时，两侧差异沉降量可达到 1218 mm，其地层变形主要集中在两侧 106 m 范围内，其中上盘为 86 m，下盘为 20 m；当垂直位移达到 5 m 时，两侧差异沉降量可达到 2727 mm，其地层变形主要集中在两侧 150 m 范围内，其中上盘为 130 m，下盘为 20 m。

表 5.12　建筑物的地基变形允许值

变形特征	地基土类别	
	中、低压缩性土	高压缩性土
砌体承重结构基础的局部倾斜	0.002	0.003
工业与民用建筑相邻柱基的沉降差 （1）框架结构 （2）砌体墙填充的边排柱 （3）当基础不均匀沉降时不产生附加应力的结构	 0.002l 0.0007l 0.005l	 0.003l 0.001l 0.005l
单层排架结构（柱距为 6 m）柱基的沉降量 /mm	（120）	200
桥式吊车轨面的倾斜（按不调整轨道考虑） 纵向 横向	 0.004 0.003	
多层的高层建筑的整体倾斜 $H_g \leqslant 24$ $24 < H_g \leqslant 60$ $60 < H_g \leqslant 100$ $H_g > 100$	0.004 0.003 0.0025 0.002	
体型简单的高层建筑基础的平均沉降量 /mm	200	
高耸结构基础的倾斜 $H_g \leqslant 20$ $20 < H_g \leqslant 50$ $50 < H_g \leqslant 100$ $100 < H_g \leqslant 150$ $150 < H_g \leqslant 200$ $200 < H_g \leqslant 250$	0.008 0.006 0.005 0.004 0.003 0.002	

注：（1）本表数值为建筑物地基实际最终变形允许值；（2）有括号者适用于中压缩性土；（3）l 为相邻基的中心距离（mm）；H_g 为自室外地面起算的建筑物高度（m）；（4）倾斜指基础倾斜方向两端点的沉降差与基础距离的比值

当承压水水头下降 5 m 时，两侧差异沉降量可达到 122 mm，其地层变形主要集中在两侧 20 m 范围内，其中上盘为 10 m，下盘为 10 m；当承压水水头下降 10 m 时，两侧差异沉降量可达到 240 mm，其地层变形主要集中在两侧 20 m 范围内，其中上盘为 10 m，下盘为 10 m；当承压水水头下降 15 m 时，两侧差异沉降量可达到 350 mm，其地层变形主要集中在两侧 30 m 范围内，其中上盘为 20 m，下盘为 10 m（表 5.13）。

表 5.13　不同工况下差异沉降量及变形带宽度统计表

工况		两侧差异沉降量 /mm	变形带宽度 /m		
			上盘	下盘	合计
基岩垂直位移	0.2 m	52	10	10	20
	0.5 m	175	52	10	62
	1 m	464	74	10	84

续表

工况		两侧差异沉降量 /mm	变形带宽度 /m		
			上盘	下盘	合计
基岩垂直位移	2 m	1218	86	20	106
	5 m	2727	130	20	150
承压水头下降	5 m	122	10	10	20
	10 m	240	10	10	20
	15 m	350	20	10	30

通过趋势分析可知，在未来 50 年内，地裂缝两侧的差异沉降量可能达到 668.64 mm，其中由于基岩蠕滑变形造成的差异沉降量达 400 mm。由表 5.13 可以看出，由基岩垂直位移错动造成两侧差异沉降量为 464 mm 时，其两侧变形带宽度为 84 m，其中上盘为 74 m，下盘为 10 m。由地下水水位下降造成两侧差异沉降量为 240 mm 时，其两侧变形带宽度为 20 m，上盘为 10 m，下盘为 10 m。因此，当差异沉降量约 700 mm 时，地裂缝两侧变形宽度为 104 m。基岩蠕滑变形和地下水水位造成的差异沉降量应是较为复杂的非线性叠加，但本次将由基岩蠕滑变形和地下水水位造成的差异沉降量进行了线性叠加，因此，当差异沉降量为近 700 mm 时，地裂缝两侧变形带宽度应小于 104 m。

5.1.8 地裂缝影响带及建筑避让距离确定

由于地裂缝活动中的构造应力对建筑物地基基础和上部结构都具有应力传递作用，加上建筑物上部自重应力作用，导致建筑物拉裂、剪断而破坏。如果楼房、平房、墙体、大厅库房、厂房、路基、窑洞、井渠等，其地基凡有地裂缝穿越者，都遭到不同程度的损坏、破坏，乃至结构失效，建筑物报废拆除。但是地裂缝对建筑物的破坏在空间上有一定的规律，通过调查发现，在主干地裂缝延伸方向其损坏程度相对严重，在裂缝两侧横向上致灾具有一定的宽度界限。总体上裂缝两侧致灾程度由内向外衰减，且其破坏和影响在一定的范围和界限之内，在此范围之外，建筑物基本上不会受到地裂缝的破坏和影响，将此范围之内定义为地裂缝影响带。减轻地裂缝灾害的途径和效果主要依赖于对地裂缝带影响范围的正确划分和建筑安全距离的确定。因此，划定地裂缝的影响带和避让距离对如何避免其对建筑物的破坏至关重要。

5.1.8.1 影响带和避让距离确定依据

地裂缝影响范围和建筑物避让距离的确定，应建立在多种手段调查、试验、测试和监测结果的基础上，应参考以下信息和遵循以下原则：

（1）重点参考地裂缝对地表建筑物损坏情况，确定其破坏宽度，因为地表建筑物的破坏是地裂缝灾害效应的最直接标志；

（2）依据探槽、人防工程等土体中发育的主裂缝、次级裂缝的情况进行统计分析，特别是要参考探槽中最直接形象反映的地层变形情况，往往变形带范围内地裂缝对建筑物的破坏强度最大；

（3）根据物化探测试异常情况确定地裂缝的影响宽度和范围；

（4）上述方法得出的不同数据要进行综合比较。一般情况下由探槽揭露的土体变形宽度小于其影响范围，但其范围内的建筑物受破坏强度最大、程度最高。而物化探方法得出的更多的是反映土体宏观破坏宽度，此外还反映土体内微破裂和变形影响，其异常边界往往可以视为影响带与安全带的边界，或是其异常带宽度可能大于影响带范围。

（5）未来地下水开采将极大地影响地裂缝的活动，因此，对于地裂缝影响范围和建筑避让距离的确定应充分考虑未来地下水开采趋势。

5.1.8.2 地裂缝影响带确定

现状条件下地裂缝影响带主要依据不同工作手段的结果，不同数据进行综合比较所得。在本次工作中，现状影响带宽度主要包括野外调查的地裂缝破坏情况、探槽开挖显示的地层拖曳变形情况，物化探综合剖面确定的物化探异常带多种手段得到的数据。因第四章中对其都分别有详细的描述，因此此处不再赘述。

在多种手段调查、试验、测试和监测结果的基础上，确定以地裂缝延展方向为轴线，选取多种工作手段中确定的影响范围的最大值，那么垂直轴向向两侧的地裂缝影响范围为：下盘为 17.43 m，上盘为 49.51 m，共计 66.94 m，见表 5.14。

表 5.14 影响带宽度统计表

内容	工作手段	编号	宽度 /m		
			下盘	上盘	总计
现状值	探槽	TC1	7.2	25	32.2
		TC11	9	25	34
		TC12	4.5	24.5	29
	地表调查	西王路 1 组	8.7	23.91	32.61
		西王路 2 组	17.43	19.47	36.9
		唐自头	13.75	21.7	35.45
		肉鸡场	5	35.66	40.66
		纸箱厂	—	49.51	49.51
		北七家卫生院	—	28.3	28.3
	物化探	剖面 1			61
		剖面 2			72.6
		剖面 3			58.6
		剖面 4			80

5.1.8.3 建筑避让距离确定

由于构造地质作用所引发的地裂缝是人为所不能改变的，地裂缝本质是深部构造活动向地表延伸的断裂活动之痕迹，因此人类活动无法阻止其活动，地基处理也不能阻止其发展，因此对于地裂缝两侧必须采取一定的建筑物避让措施。

地裂缝建筑避让距离应是以地裂缝延展方向为轴线，垂直轴线向两侧（上盘、下盘）确定的保护建（构）筑物的有效距离。

目前北京市尚无针对地裂缝避让距离的相关规范、条例可供参考。陕西省 1988 年颁布的《西安地裂缝场地勘察与工程设计规程》(DBJ24-6-88)中规定，对于建筑类别为Ⅰ、Ⅱ类的建筑，其避让距离应不小于地裂缝影响带距离的 1.5 倍；对于建筑物类别为Ⅲ类的建筑，其避让距离应不小于地裂缝影响宽度的 1.2 倍。

根据地裂缝影响带宽度，结合预测所得的地裂缝两侧避让距离，综合考虑，给出地裂缝场地建筑物避让安全系数及距离如表 5.15 所示。

表 5.15　地裂缝场地建筑物避让距离建议值

建筑物类别	安全系数	避让距离 /m		
		上盘	下盘	合计
Ⅰ、Ⅱ类	不小于 1.5	74.265	26.145	100.41
Ⅲ类	不小于 1.2	59.412	20.916	80.328

对于Ⅰ、Ⅱ类建筑物，建议取安全系数为 1.5，以地裂缝延展方向为轴线，地裂缝两侧避让距离为 100.41 m，上盘为 74.27 m，下盘为 26.14 m；对于Ⅲ类建筑物，建议取安全系数为 1.2，地裂缝两侧避让距离为 80.33 m，上盘为 59.41 m，下盘为 20.92 m。在避让带范围内用地宜用作道路、园林绿化等用途。

5.2　区域城市规划地面沉降和地裂缝勘查评价

《北京城市总体规划(2004 ~ 2020 年)》规划了通州、顺义、亦庄、大兴、房山、昌平、怀柔、密云、平谷、延庆、门头沟 11 个新城。这些新城是北京“两轴－两带－多中心”城市空间结构中两个发展带上的重要节点，是在原有卫星城基础上，承担疏解中心城人口和功能、集聚新的产业，带动区域发展的规模化城市地区。其中，位于平原区的顺义、通州、昌平、平谷、亦庄和大兴新城都存在不同程度的地面沉降或地裂缝问题。因此，对地面沉降和地裂缝勘察和评价应作为规划新城区域工程地质勘察方法体系当中的一个重要组成部分。

以 2007 年开展的顺义规划新城前期区域工程地质勘察为例。该新城位于北京市东北部，是北京市重点发展的 3 个新城之一。规划新城由 3 部分组成：潮白河以西地区为顺义中心区和现代制造业基地，包括顺义仁和镇、马坡镇和牛栏山镇；天竺空港区包括空港工业区、北京天竺空港出口加工区和后沙峪地区，重点发展高新技术产业和以空港为依托的物流业；潮白河以东地区包括北小营镇和南彩镇，主要为城市远期发展预留空间，适时启动建设。规划新城面积 368.73 km^2。工作区面积 1000 km^2。通过对顺义规划新城开展前期基础地质、环境地质和工程地质等调查，查明规划区内活动断裂、地裂缝、地面沉降和砂土液化等地质灾害的分布和发育情况，并对其危险性进行评估；对顺义新城规划区场地的稳定性和适宜性作评估；建立顺义新城规划区适用于规划阶段的工程地质模型；提出对顺义新城规划和建设的建议，提出科学合理的防治和治理措施，确保新城建设的安全，为新城科学规划提供科学依据。

在充分收集资料的基础上，此次勘查采用了遥感解译、野外调查、三维地震、大地可控源、地质雷达、氡气测量、钻探、槽探、室内实验、模型建立和综合研究等多种研究方法。见图 5.46 至图 5.51。

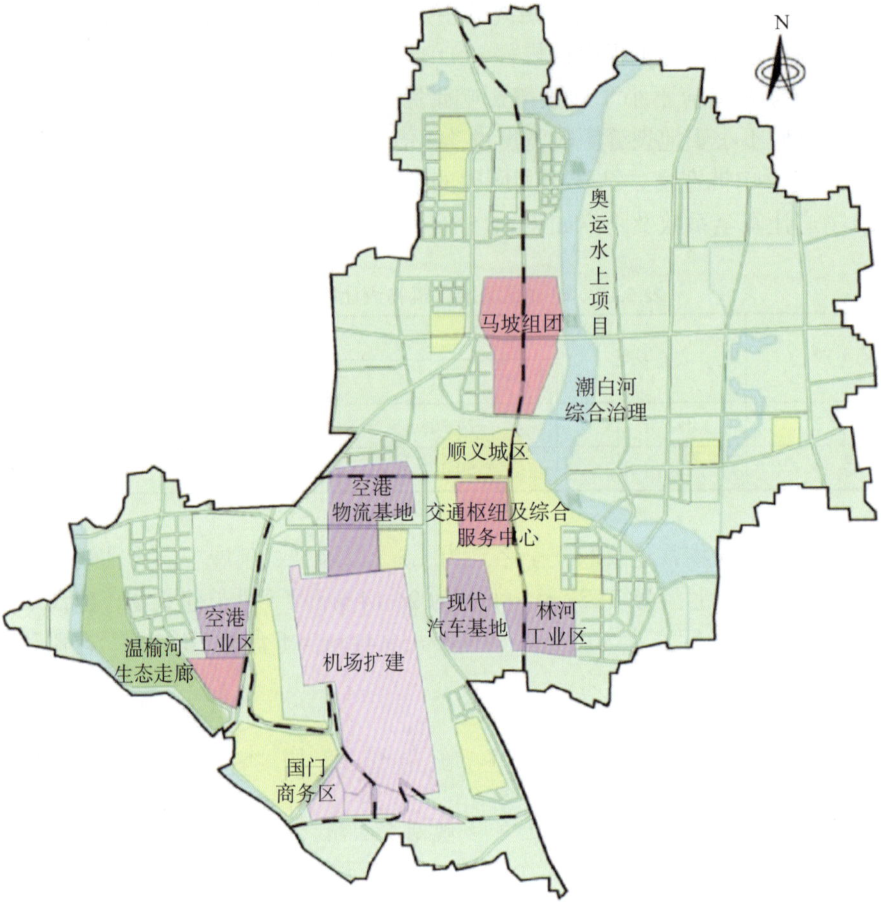

图 5.46　北京顺义规划新城范围

图 5.47　野外调查

图 5.48　三维地震野外施工现场

5.2.1　顺义新城主要地质灾害勘查

5.2.1.1　活动断裂

工作区内活动断裂主要有顺义断裂、黄庄－高丽营断裂和南口－孙河断裂（图 5.52）。

图 5.49　地质雷达测量

图 5.50　钻探施工

图 5.51　样品取样

（1）顺义断裂

顺义断裂沿首都机场、塔河、杨家营、军营、顺义城区、北彩等地穿过规划新城，呈北东 35° ~ 45° 展布，断裂倾向南东，倾角 60° ~ 80°。顺义油库探槽揭露在地表下 5 m 左右有一次明显的错断事件，垂直最大错动 14 cm，发生在晚更新世晚期，断裂面贯穿全部第四系地层，错距从下到上依次减小，属全新活动断裂（图 5.53）。

在顺义城南地区顺义断裂两侧新生界厚度相差 250 多米，在顺义断裂附近，基岩顶界面构成十分壮观的古陡崖或古陡坎。上覆新生界厚度为 700 m 左右。

顺义活动断裂勘查采用了以高分辨率三维地震为主与二维横波地震联合勘探的技术方法，在国内尚属首次，取得了丰富的地质成果（图 5.54）。

（2）黄庄－高丽营断裂

黄庄－高丽营断裂经北七家、西王路、高丽营、前桑园、高各庄向北一线通过，呈北东 40° ~ 60° 展布，断裂倾向南东，倾角 60° ~ 80°，根据探槽挖掘发现断裂直达地表，错断全部第四系，近地表断距达 1.5 m 左右，黄庄－高丽营断裂属全新活动断裂（图 5.55）。

针对顺义断裂和黄庄－高丽营断裂分别开挖的顺义油库探槽和西王路探槽，首次揭示了第四纪活动断裂地层错动情况，对研究北京地区活动断裂、地裂缝与活动断裂关系、分析古地震事件等具有重要意义。

（3）南口－孙河断裂

南口－孙河断裂呈北西向展布，在规划新城南部边缘通过，属全新活动断裂。

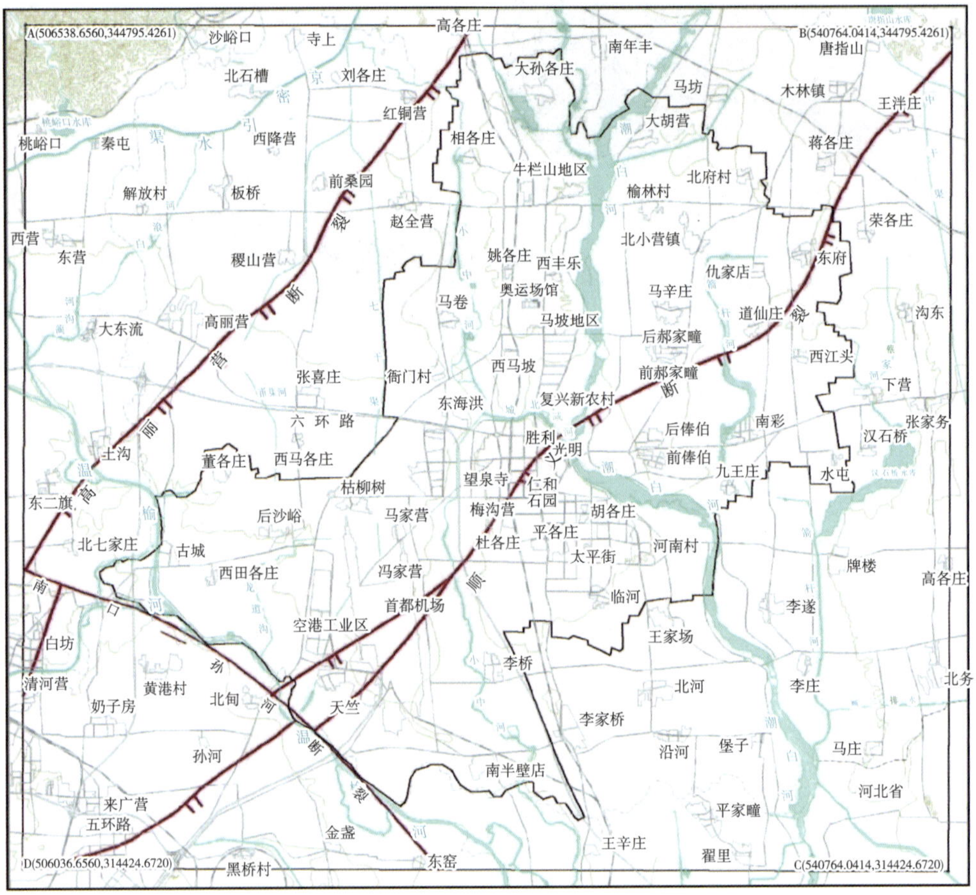

1000 m 0 1 2 3 4 km

活动断裂　规划新城区

图 5.52　北京顺义规划新城活动断裂分布图

图 5.53　顺义油库探槽地层错动

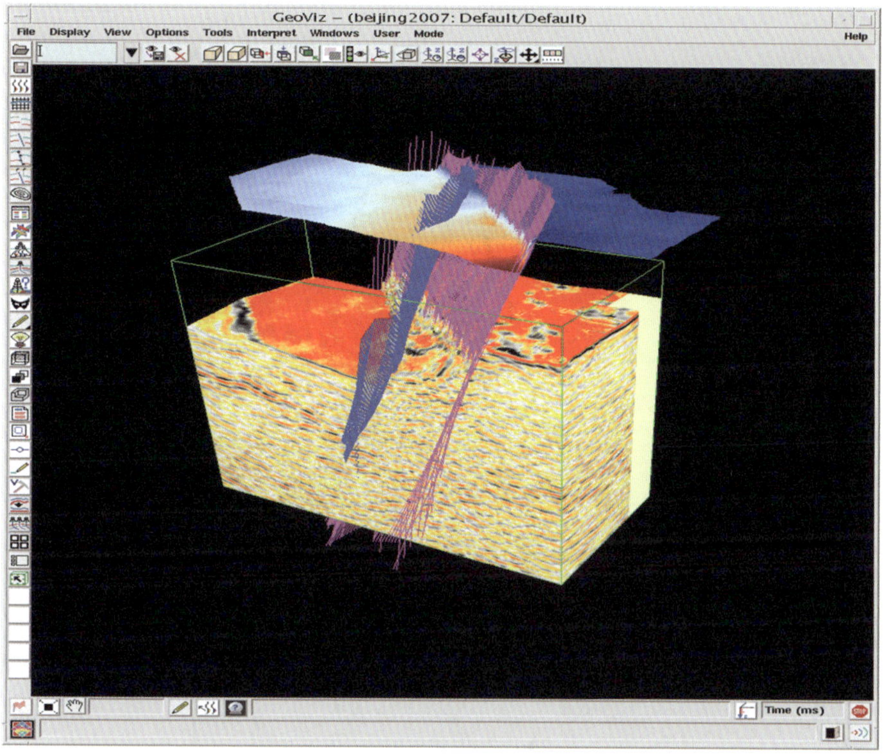

图 5.54　三维地震数据处理与资料解释成果

图 5.55　探槽西壁断裂错断情况

5.2.1.2　地裂缝

工作区主要发育有顺义地裂缝、北小营地裂缝、高丽营地裂缝和苇沟地裂缝（图 5.56）。其中顺义地裂缝和北小营地裂缝处于规划新城内。

（1）顺义地裂缝

顺义地裂缝主要分布在顺义城区西南原橡胶二厂、杜各庄、梅沟营、军营、杨家营、

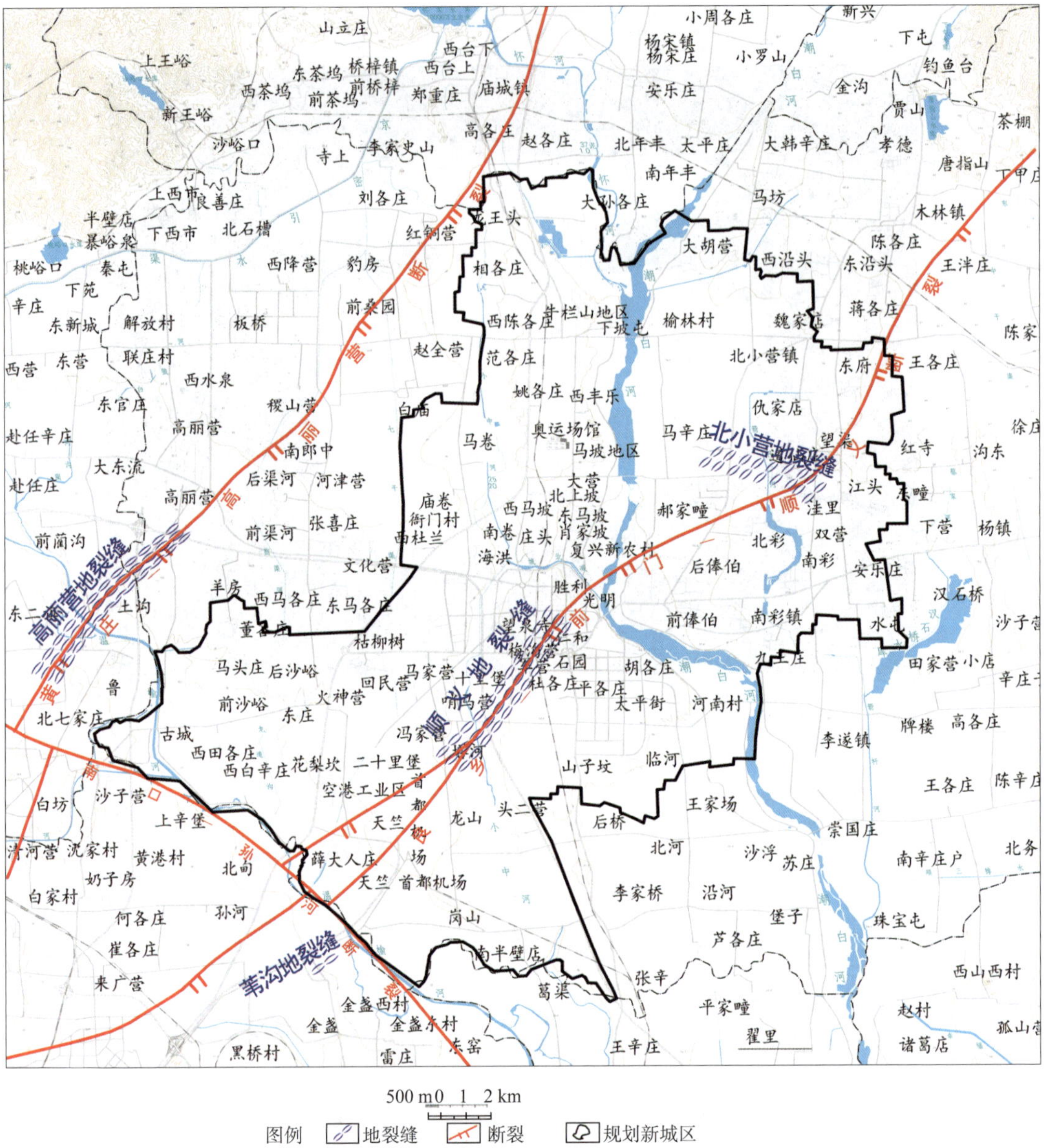

图 5.56　北京顺义规划新城地裂缝分布图

吴家营至塔河一带，长约 3 km，裂缝带宽度达 200 m 左右，地裂缝已造成建筑物的损坏，在原橡胶二厂表现最为突出。

探槽、地质雷达等勘查结果表明顺义断裂一直延伸到地表，位置正好与墙体开裂位置一致，说明该处地裂缝的产生受顺义断裂的控制（图 5.57）。

（2）北小营地裂缝

北小营地裂缝主要分布在马辛庄、黄家场、桥头、道仙庄一带，呈片状分布，面积约 5 km^2，地裂缝总体呈北东向。已造成建筑物损坏。

（3）高丽营地裂缝

高丽营地裂缝最早发现于 20 世纪 90 年代初，分布最大宽度为 300 m，断续延伸长度

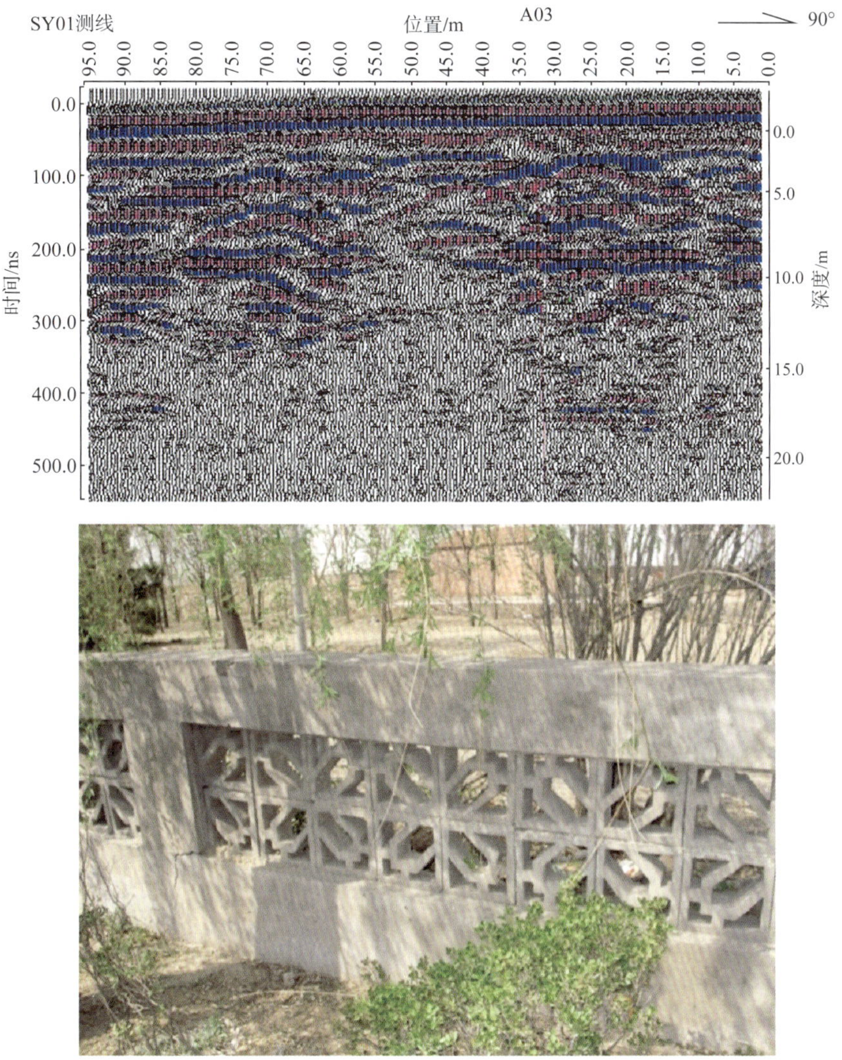

图 5.57　顺义城区橡胶二厂地质雷达图像与墙体开裂对比图

为 2.5 km 左右，总体走向北东 45° ~ 60°，主要分布在沿黄庄 - 高丽营断裂两侧的土沟村、唐自头村、西王路村，在高丽营镇西王路村表现最为突出。地裂缝造成了村民住房损坏和地面塌陷，高泗公路也因地裂塌陷一度中断。

高丽营地裂缝与黄庄 - 高丽营断裂有密切的关系。地裂缝带上村民住房墙体及墙基、地坪开裂均表现为东南侧下降，西侧相对上升并且有水平扭动，呈现右旋特征，与黄庄 - 高丽营断裂东南盘下降，西北盘上升，呈正断顺扭性质相一致。探槽发现地裂缝位置与断裂位置相吻合，在探槽东侧养殖场围墙上的裂缝与断裂面到达地表的位置一致（图 5.58）。表明断裂的蠕滑变形，断裂东南盘下降，造成地面差异变形，形成地裂缝。

（4）苇沟地裂缝

苇沟地裂缝于 2006 年 8 月被发现，走向北东 40°，长 200 m，宽 20 m（图 5.59）。本次野外调查过程中没有发现苇沟附近有房屋和墙体开裂情况，苇沟地裂缝的形成原因有待于进一步研究。

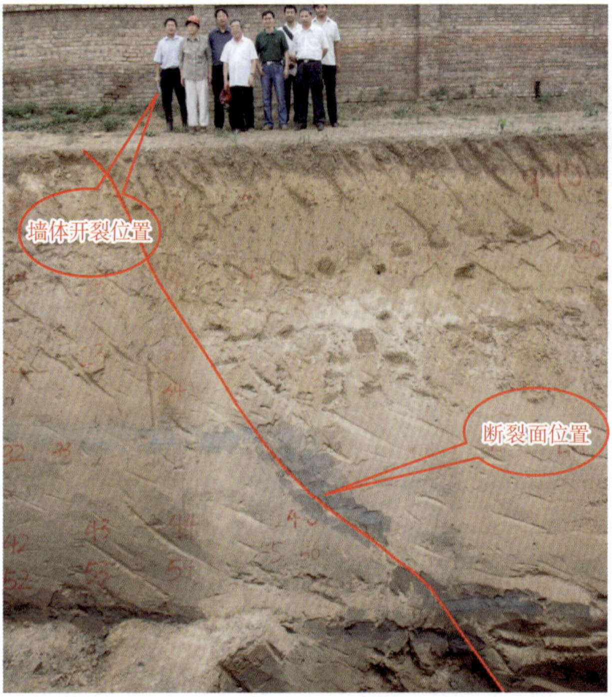

图 5.58　黄庄－高丽营断裂面与围墙开裂位置

图 5.59　苇沟地裂缝

5.2.1.3　地面沉降

到 2006 年底工作区最大累计沉降量达 1096 mm，沉降量大于 300 mm 的面积为 329.01 km^2，大于 500 mm 的面积为 75.37 km^2，大于 1000 mm 的面积为 0.27 km^2（图 5.60）。

工作区内发育有 3 个沉降区。其中，平各庄沉降区位于规划新城内，到 2006 年底最大累计沉降量达 445 mm，位于平各庄地区；沙河－八仙庄沉降区位于工作区西部，到 2006 年底最大沉降量为 1096 mm，位于八仙庄地区；来广营沉降区位于工作区西南角，到 2006 年底最大沉降量为 746 mm，位于来广营地区。

区内地面沉降近几年沉降速率较大，天竺地面沉降监测站地面标 2005 年和 2006 年年沉降量分别为 43.002 mm、38.073 mm。

为了研究和防治地面沉降的发生和发展，工作区内建立了比较完善的地面沉降监测网。

5.2.2　综合分区评价

5.2.2.1　地质灾害分区评价

规划新城按地质灾害危险性分小区、中等区、较大区和大区 4 个区（图 5.61；表 5.16）。其中危险性小区和中等区面积为 294.24 km^2，占规划新城面积的 79.8%；危险性较大区面积为 48.88 km^2，占规划新城面积的 13.26%。主要分布在顺义断裂两侧各 300 ~ 1000 m 范围内，主要地质灾害为活动断裂和地裂缝；危险性大区面积为 25.61 km^2，占规划新城面积的 6.94%。主要分布在顺义断裂两侧各 300 m 范围内，北小营镇马辛庄、桥头、道仙庄地区，主要地质灾害为活动断裂和地裂缝。

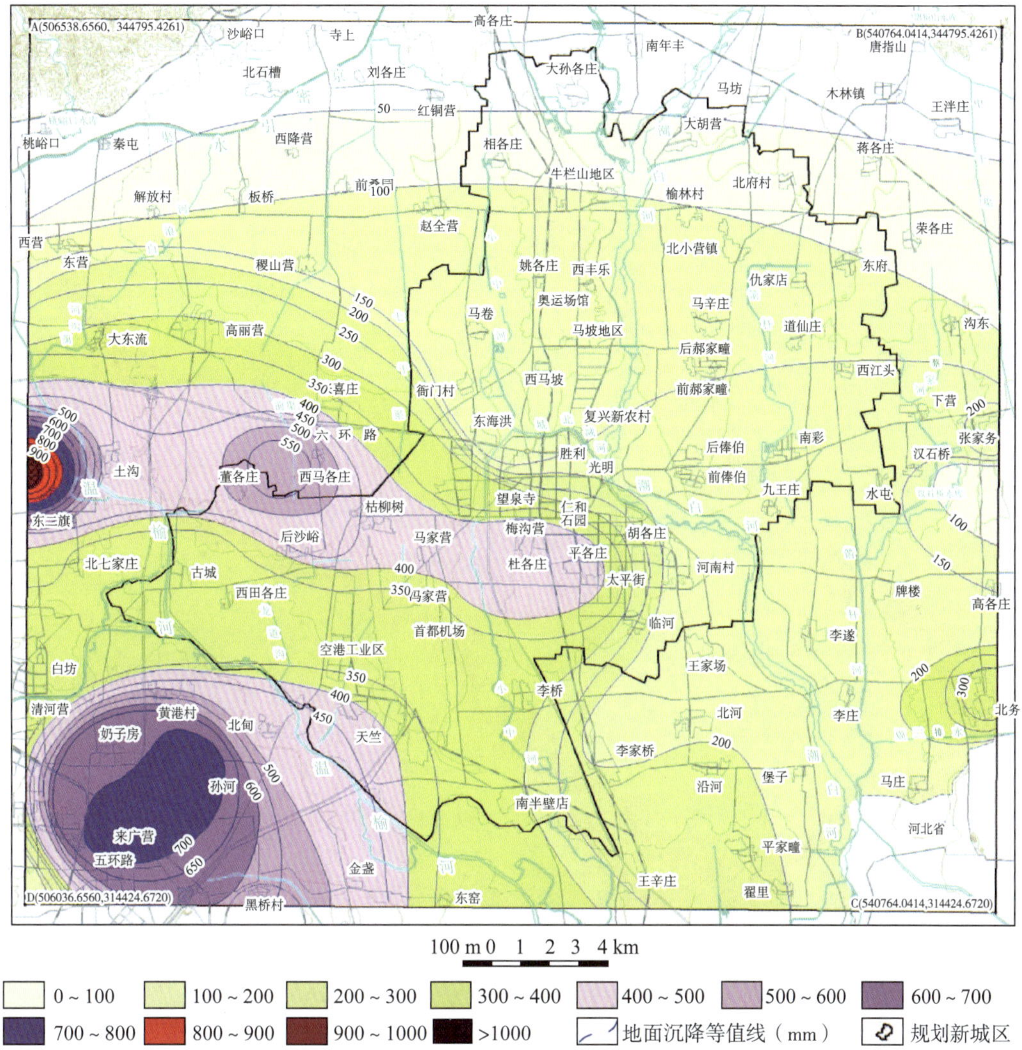

图 5.60　北京顺义规划新城 1955 ~ 2006 年累计地面沉降等值线图

表 5.16　地质灾害危险性分区结果

分区	在工作区内的分布		在规划新城区内的分布	
	面积 /km²	比例 /%	面积 /km²	比例 /%
危险性小区	498.45	49	172.43	46.76
危险性中等区	325.63	32.01	121.81	33.04
危险性较大区	128.69	12.65	48.88	13.26
危险性大区	64.47	6.34	25.61	6.94

5.2.2.2　工程地质条件分区评价

规划新城按工程地质条件分较好区、一般区和较差区 3 个区（图 5.62；表 5.17）。其中较好区面积为 142.39 km²，占规划新城面积的 38.62%；一般区面积为 187.29 km²，占规划新城面积的 50.79%，主要分布在北小营、南彩等潮白河沿岸地区和小中河沿岸，主要工程地质问题为砂土液化；较差区面积为 39.05 km^2，占规划新城面积的 6.94%。主要分布在新城南部温榆河沿岸，是区内软土的主要分布区域。

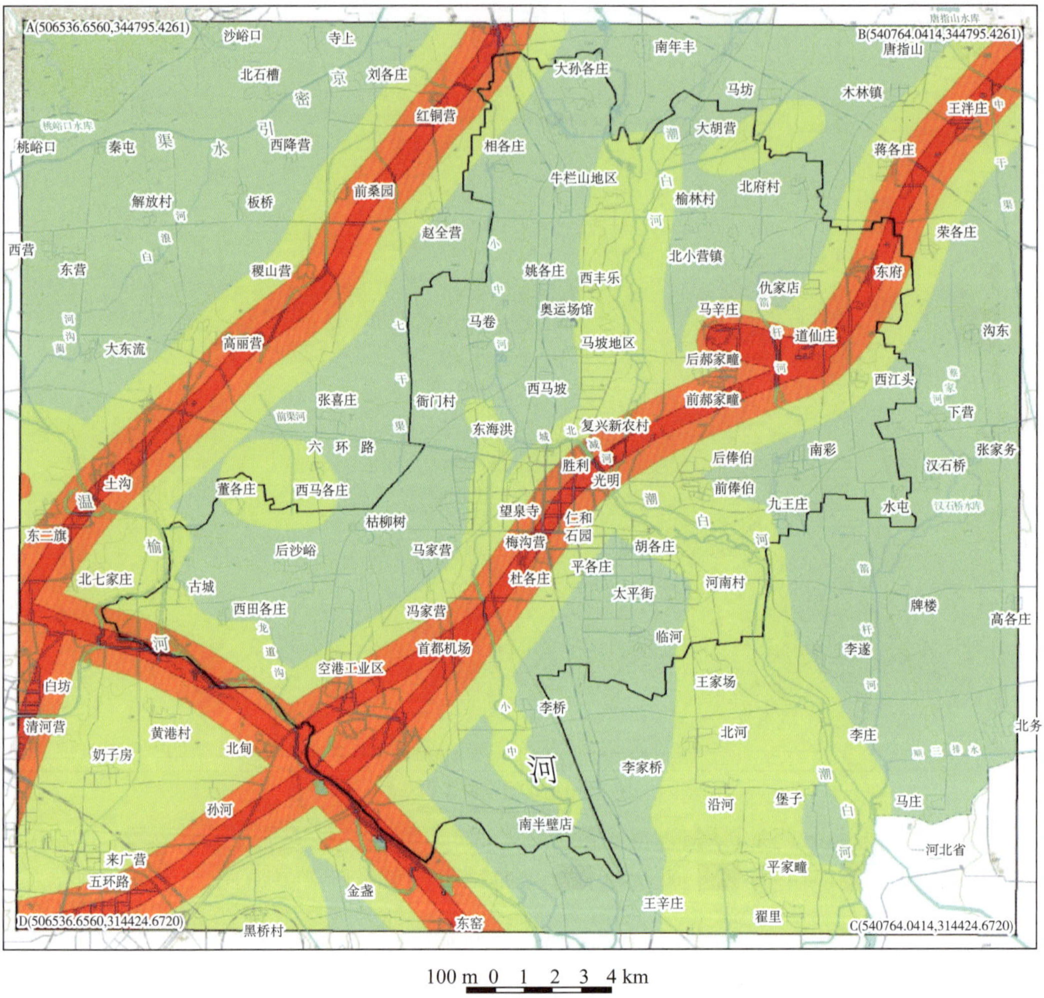

图 5.61　北京顺义规划新城地质灾害危险性分区图

表 5.17　工程地质条件分区结果

分区	在工作区内的分布		在规划新城区内的分布	
	面积 /km^2	比例 /%	面积 /km^2	比例 /%
良好区	9.74	0.96		
较好区	497.95	48.95	142.39	38.62
一般区	370.38	36.41	187.29	50.79
较差区	139.17	13.68	39.05	10.59

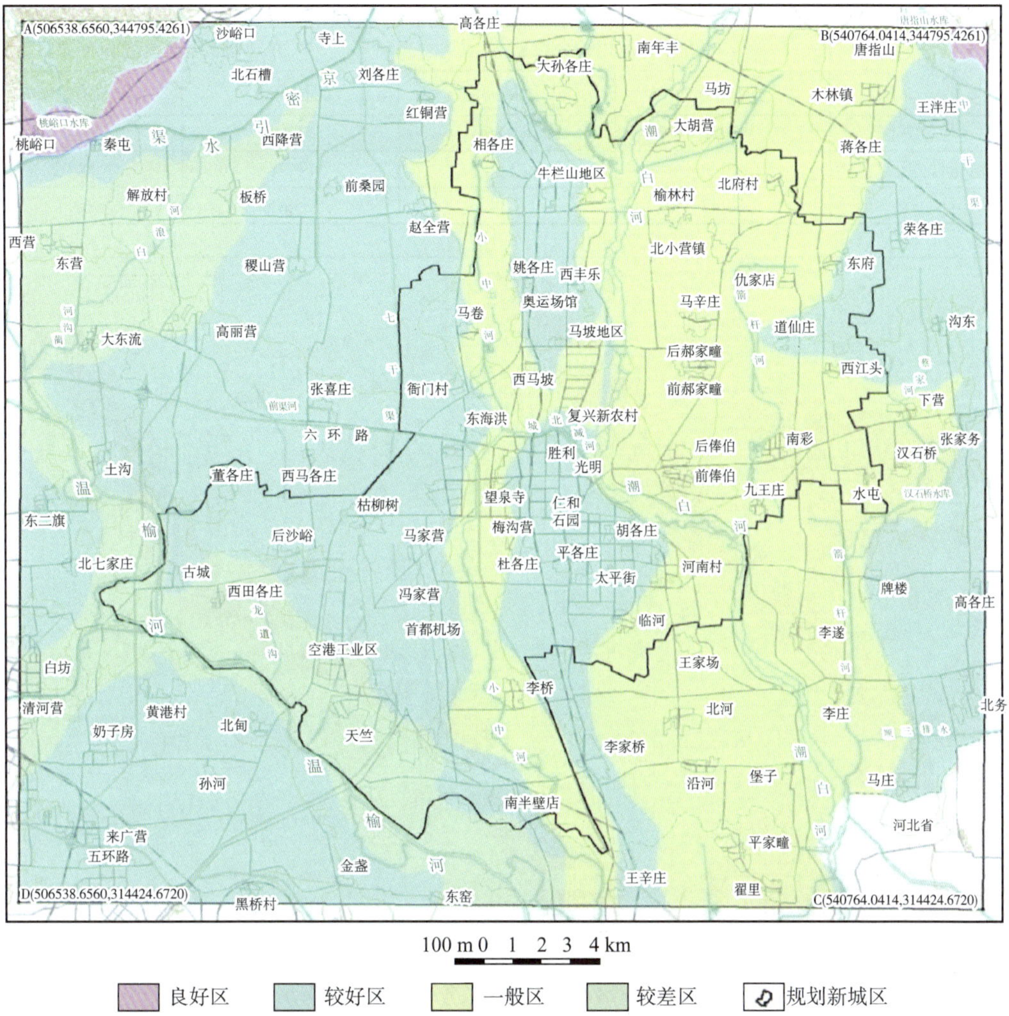

图 5.62　北京顺义规划新城工程地质条件分区图

5.2.2.3　场地稳定性分区评价

规划新城按稳定性分为稳定区、稳定性较差区、稳定性差区和不稳定区 4 个区（图 5.63；表 5.18）。其中稳定区和稳定性较差区面积为 273.36 km^2，占规划新城面积的 74.14%；稳定性差区面积为 69.76 km^2，占规划新城区面积的 18.92%，主要分布在顺义断裂两侧各 300 ~ 1000 m 范围内，温榆河沿岸地区，该区工程地质条件较差，地质灾害危险性较大；不稳定区面积为 25.61 km^2，占规划新城面积的 6.94%，主要分布在顺义断裂两侧各 300 m 范围内，北小营镇马辛庄、黄家场、桥头一带，该区地质灾害危险性大。

表 5.18　场地稳定性分区结果

分区	在工作区内的分布		在规划新城区内的分布	
	面积 /km^2	比例 /%	面积 /km^2	比例 /%
稳定区	256.94	25.26	81.26	22.04

续表

分区	在工作区内的分布		在规划新城区内的分布	
	面积 /km²	比例 /%	面积 /km²	比例 /%
稳定性较差区	466.57	45.86	192.1	52.1
稳定性差区	229.26	22.54	69.76	18.92
不稳定区	64.47	6.34	25.61	6.94

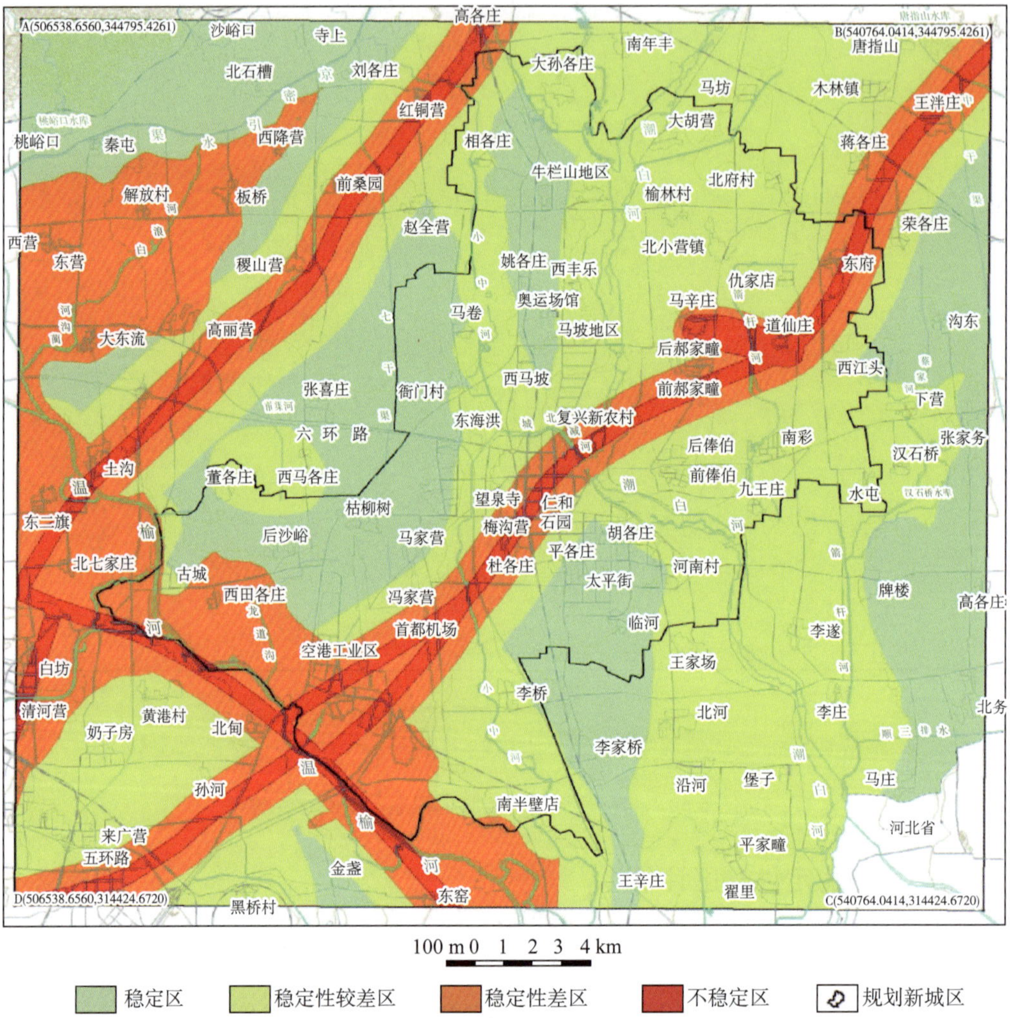

图 5.63　北京顺义规划新城场地稳定性分区图

5.2.2.4　场地工程建设适宜性分区评价

规划新城按适宜性分适宜区、较适宜区、适宜性差区和不适宜区 4 个区（图 5.64；表 5.19）。其中大部分地区为适宜区和较适宜区，面积为 260.99 km²，占规划新城面积的 70.78%；适宜性差区面积为 68.06 km²，占规划新城面积的 18.46%，主要分布在顺义断裂两侧各 300 ~ 1000 m 范围内；不适宜区面积为 39.68 km²，占规划新城面积的 10.76%。主要分布在顺义断裂两侧各 300 m 范围内，北小营镇马辛庄、桥头、道仙庄，潮白河及河两岸 50 m 范围内保护区。

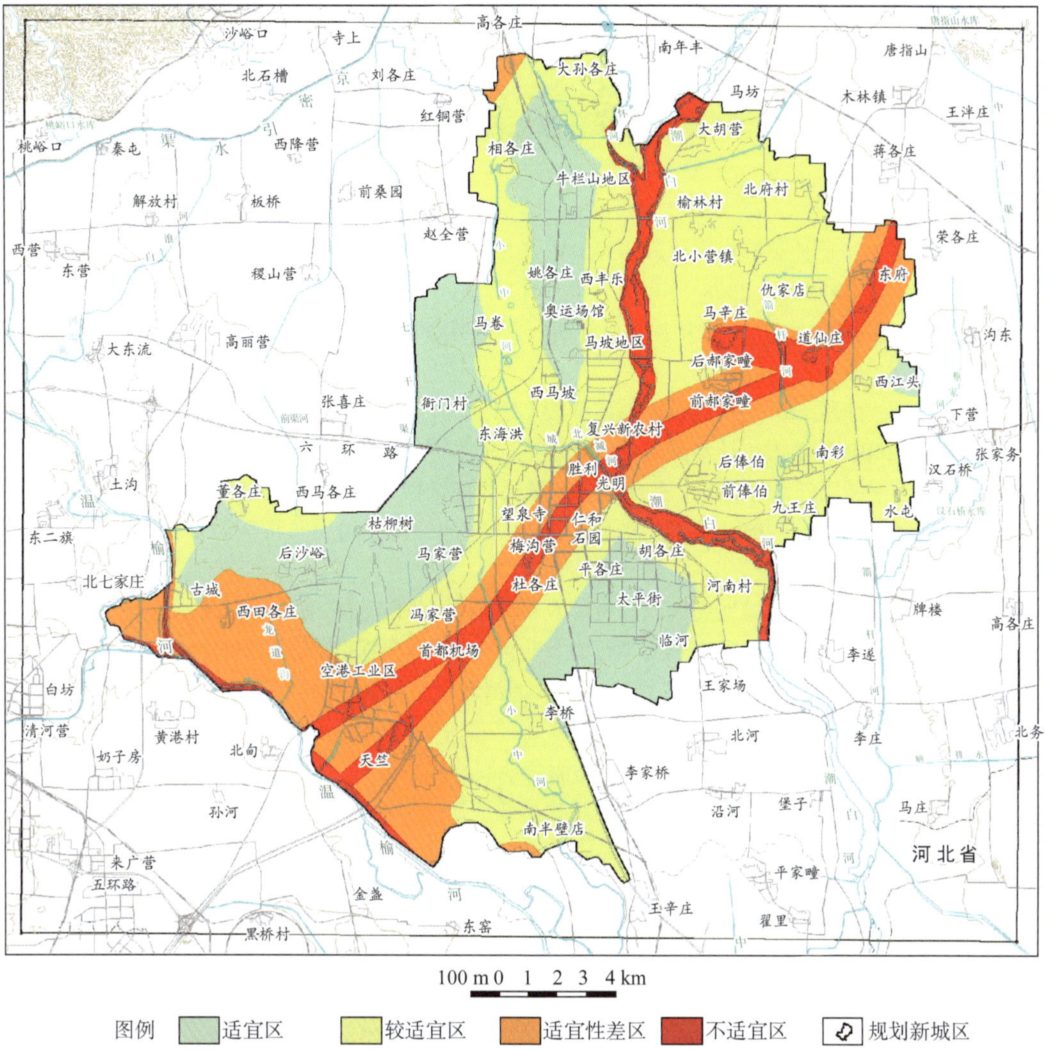

图 5.64　北京顺义规划新城场地工程建设适宜性分区图

表 5.19　场地工程建设适宜性分区结果

适宜性分区	面积 /km^2	比例 /%
适宜区	81.26	22.04
较适宜区	179.73	48.74
适宜性差区	68.06	18.46
不适宜区	39.68	10.76

参考文献

安海波 . 2011. 华北平原地裂缝成因机理研究 [D]. 长安大学
北京市地质矿产勘查开发局 . 2008. 北京地下水 [M]. 北京：中国大地出版社 .
曾海柏，林漫，陈孝刚 .2016. 综合物探方法在机场滑行道地裂缝探测中的应用 [J]. 地质灾害与环境保护，27（1）：82-85.
陈立伟，彭建兵，孙萍 . 2007. 跨地裂缝墙体开裂形态分析 [J]. 工程地质学报，（3）：407-411.
陈佩佩，武强 . 2001. 基于人工神经网络的地裂缝危险性评价系统 [J]. 煤田地质与勘探，（3）：44-47.
杜建军，马寅生，谭成轩，等 .2008. 京津地区区域地壳稳定性评价 [J]. 地球学报，29（4）：502-509.
杜文凤，彭苏萍，师素珍 .2016. 基于三维地震勘探研究地裂缝空间展布特征 [J]. 岩石力学与工程学报，35（4）：778-783.
冯利斌 . 2001. 北京未来科技城地裂缝成因机理及其防治对策研究 [D]. 西安：长安大学 .
高欢 . 2019. 城市云轨跨地裂缝带变形力学行为及防治对策研究 [D]. 西安：长安大学 .
郭晋燕，卢玉东，张骏，彭建兵 . 2013. 基于 GIS 的渭河盆地地裂缝灾害危险性评价 [J]. 防灾减灾工程学报，33（5）：586-593.
郭萌，王荣，王海刚，等 .2013. 北京土沟 - 高丽营地裂缝成因分析 [J]. 城市地质，8（2）：5-8.
韩文卿 . 2018. 正断型隐伏地裂缝破裂扩展活动速率效应研究 [D]. 西安：长安大学 .
韩月萍，杨国华，董运宏，等 .2009. 首都圈地区现今地壳垂直形变特征 [J]. 华北地震科学，27（1）：13-16.
胡波，陈志谋，吴洋，等 .2018. 利用 DInSAR 技术检测地裂缝分布及走向 [J]. 测绘通报，（2）：103-106.
胡宏伟 . 2019. 地裂缝断层控制成因机理研究 [D]. 北京：中国矿业大学 .
胡平，丁彦慧，蔡奇鹏，等 .2011. 第四纪地层中断层同震错动行为的离心机试验研究 [J]. 地球物理学报，54（9）：2293-2301.
黄强兵，彭建兵，石玉玲，闫金凯 . 2009. 地裂缝活动对地铁区间隧道地层应力与位移影响的试验研究 [J]. 岩土工程学报，31（10）：1525-1532.
黄强兵，彭建兵，闫金凯，陈立伟 .2009. 地裂缝活动对土体应力与变形影响的试验研究 [J]. 岩土力学，30（4）：903-908.
贾三满，郭萌 .2007. 从高丽营探槽分析黄庄—高丽营断裂与地裂缝的关系 [J]. 城市地质，（4）：24-28.
贾三满，姜媛，赵越 .2015. 北京市地质环境质量综合评价 [J]. 城市地质，10（S1）：111-116.
姜媛，王荣，田芳，刘明坤 . 2014. 北京地区地面沉降与地裂缝关系研究 [J]. 城市地质，9（4）：6-10.
李明芝 . 2017. 北京市平原区地裂缝发育与新构造活动的关系 [D]. 西安：长安大学 .
李清照 . 2019. 地裂缝对机场建（构）筑物的变形破坏效应研究 [D]. 西安：长安大学
李晓，路世豹，廖秋林，杜国栋 . 2006. 充填法开采引起的地裂缝分布特征与现场监测分析 [J]. 岩石力学与工程学报，（7）：1361-1369.
李忠生，宋彦辉，彭建兵，等 .2006 黄土构造节理型地裂缝的地球物理勘探 [J]. 工程勘察，（6）：67-71.

刘聪，彭建兵，陈立伟，等.2012. 西安地裂缝场地地震效应分析 [J]. 工程地质学报，20（6）：979-985.
刘德成，靳小平，周自梁.2010. 灰色关联度分析法在北京通州区地裂缝灾害危险性评价中的应用 [J]. 中国地质灾害与防治学报，21（3）：73-76.
刘方翠，祁生文，彭建兵，等.2016. 北京市地裂缝分布与发育规律 [J]. 工程地质学报，24（6）：1269-1277.
刘明坤，贾三满，陈柘舟，郭高轩.2014. 北京平原区高丽营地裂缝带活动性及灾害特征研究 [J]. 上海国土资源，35（4）：53-57.
刘明坤. 2015. 京沈客专北京段地面沉降、地裂缝发育特征及其危害性研究 [D]. 长春：吉林大学.
刘一冬，朱琳，于军，王彦兵.2016. 一种地裂缝地质体三维模型建模方法 [J]. 地理与地理信息科学，32（2）：51-54，66.
卢全中，彭建兵，邓亚虹，等.2014. 北京北七家－高丽营地裂缝破坏特征及影响带宽度 [J]. 工程勘察，42（6）：5-11.
卢全中，赵富坤，彭建兵，薄峰.2013. 隐伏地裂缝破裂扩展研究综述 [J]. 工程地质学报，21（6）：898-907.
马秀芳，赵晋泉，薛晓东，等.2016. 山西清徐地裂缝调查与灾害损失评估研究 [J]. 地震工程学报，38（S2）：308-313.
乔建伟，彭建兵，邓亚虹，等.2015. 临汾盆地地裂缝基本特征研究 [J]. 工程地质学报，23（5）：856-865.
乔学军，王琪，杨少敏，等. 2008. 首都圈地区现今地壳活动的 GPS 观察与构造活动模拟 [J]. 武汉大学学报，33（7）：692-697.
瞿伟. 2011. 基于空间大地测量反演理论的汾渭盆地地壳形变及地裂缝群发机理研究 [D]. 西安：长安大学.
任俊杰，张世民，唐荣余. 2007. 北京顺义地裂缝带的活动特征及减灾措施 [J]. 城市地质，（1）：33-38.
邵长庆，杨强，李浩，等.2019. 活动断层作用下地裂缝开裂机理研究 [J]. 水文地质工程地质，46（4）：34-41.
邵长庆.2015. 地裂缝构造背景与坳陷伸展构造环境的关系 [J]. 中国水土保持，（4）：53-56，69.
宋晓春，张婉，华永超，等.2014. 地裂缝上框架结构的抗震性能分析 [J]. 防灾科技学院学报，16（3）：9-13.
孙建中，张景昭，鼓建兵，等.1998. 关中活断层和地裂缝的年代学研究 [J]. 地质力学学报，（4）：90，93-99.
田苗壮，王荣，赵龙，等.2017. 高密度电法在北京宋庄地裂缝中的应用 [J]. 上海国土资源，38（3）：90-93.
万佳威，李滨，谭成轩，等.2019. 中国地裂缝的发育特征及成因机制研究：以汾渭盆地、河北平原、苏锡常平原为例 [J]. 地质论评，65（6）：1383-1396.
王海刚，贾三满，田芳.2013. 基于年龄测试的黄庄－高丽营断裂活动性研究 [J]. 城市地质，8（1）：32-34.
王海刚.2011. 北京市顺义地区高丽营地裂缝灾害照片说明 [J]. 中国地质灾害与防治学报，22（3）：134-135.
王凯. 2018. 保定地区地裂缝发育机制分析 [D]. 西安：长安大学.
王若柏，杨国华，耿世昌，等.1994. 北京地区地壳形变场及其动态特性 [J]. 地震地质 16（1）：1-9.

王万平 . 2008. 西安地裂缝两盘地层岩土物理力学性质研究 [D]. 西安：长安大学
王媛 . 2013. 隐伏地裂缝向上扩展的地表影响带宽度研究 [D]. 西安：长安大学 .
吴明，彭建兵，邓亚虹，等 .2014. 地裂缝场地铁路客运专线路堤动力响应分析 [J]. 铁道标准设计，58（8）：18–22.
吴树仁，韩金良，石菊松，等 .2004. 区域地壳稳定性研究现状和发展趋势 [J]. 工程地质学报，（12）：26–30.
武强，陈佩佩，张宇，等 .2002. 我国城市地裂缝灾害问题与对策 [J]. 中国地质灾害与防治学报，（2）：72–74+81.
武强，陈佩佩 .2003. 地裂缝灾害研究现状与展望 [J]. 中国地质灾害与防治学报，（1）：25–30.
武晓忠，张勤，刘忠 . 2006. 西安地面沉降与地裂缝 GPS 监测网的设计与实现研究 [J]. 测绘技术装备，（2）：3–5.
徐继山，马润勇，彭建兵，等 .2012. 河间地区地裂缝分形特征研究 [J]. 自然灾害学报，21（3）：177–183.
薛守中 . 2016. 地裂缝与断裂共生机制研究 [D]. 西安：长安大学 .
杨国华，韩月萍，谢觉民，等 .2002. 首都圈地壳垂直形变与未来强震活动 [J]. 地震，22（3）：27–32.
杨国华，韩月萍，周晓燕 .2002. 华北地壳运动新特征 [J]. 大地测量与地球动力学 22（3）：28–33.
杨涛，宫辉力，赵文吉，等 .2010. 北京顺义区地裂缝分布特征及成因分析 [J]. 自然灾害学报，19（6）：100–106.
易立新，侯建伟，要根明 . 2005. 廊坊市地面沉降灾害与城市可持续发展对策 [J]. 工程地质学报，13（S1）：30–331.
应力，耿世昌，陈德民，等 .1982. 华北地区地壳垂直形变及其现代构造运动意义 [J]. 地震，（2）：24–27.
应绍奋 .1982. 京津唐地区地壳形变及现代构造运动 [J]. 地震地质，4（2）：3–10.
张存德，向家翠 . 1990. 华北地区的现代构造运动 [J]. 地震地质，12（3）：265–271.
张结红，储春妹，门玉明 . 2011. 西安地铁隧道不同角度穿越地裂缝时的有限元变形分析 [J]. 南水北调与水利科技，9（2）：94–97，100.
张鹏 . 2021. 北京顺义隐伏活动断裂及其诱发地裂缝灾害研究 [D].2021. 北京：中国地质科学院 .
张勤，瞿伟，彭建兵，等 .2012. 渭河盆地地裂缝群发机理及东、西部地裂缝分布不均衡构造成因研究 [J]. 地球物理学报，55（8）：2589–2597.
张世民，刘旭东，任俊杰，刘光勋 . 2005. 顺义地裂缝成因与顺义 – 良乡断裂北段第四纪活动性讨论 [J]. 中国地震，（1）：84–92.
赵俊彦，王海刚，卢全中，乔建伟 . 2018. 运城盆地和峨眉台地地裂缝基本特征 [J]. 中国地质灾害与防治学报，29（6）：58–67.
赵龙，李玉梅，崔文君，等 .2018. 北京宋庄地裂缝灾害特征及影响因素分析 [J]. 工程地质学报，26（6）：1600–1610.
赵龙，罗勇，李玉梅，等 .2019. 北京平原区地裂缝受灾体形态特征及影响因素 [J]. 水文地质工程地质，46（6）：156–164.
赵忠海 .2002 北京市顺义城区地裂缝的成因及防治措施初探 [J]. 北京地质，（3）：22–25+10.
赵忠海 .2006. 北京地区地裂缝灾害的分布特征及其成因探讨 [J]. 地质灾害与环境保护，（3）：75–78.
朱琳，苏小四，林学钰，等 .2009.VR–GIS 技术在无锡西部地区地裂缝研究中的应用 [J]. 吉林大学学报（地球科学版），39（2）：317–322.

Ayalew L, Yamagaishi H, Reik G. 2004. Ground cracks in Ethiopian rift valley: facts and uncertainties[J]. Engineering Geology, 75 (3−4): 309−324.

BOUWER H.2010. Land subsidence and cracking due to groundwater depletion [J].Groundwater, 15（5）: 358−364.

Budhu M.2011. Earth fissure formation from the mechanics of groundwater pumping[J]. International Journal of Geomechanics,11 (1): 1−11.

Jachens R C, Holzer T L.1982. Differential compaction mechanism for earth fissures near Casa Grande, Arizona[J]. Geological Society of America Bulletin,93 (10): 998−1012.

Qu F, Zhang Q, Lu Z. 2014. Land subsidence and ground fissures in Xi'an, China 2005−2012 revealed by multi−band InSAR time series analysis[J]. Remote Sensing of Environment, 155: 366−376.